机电一体化技术专业群"双高"项目建设成果

高等职业教育机电一体化技术专业系列教材

工程制图与 AutoCAD

ENGINEERING DRAWING WITH AUTOCAD

◎ 主　编　杨　川

◎ 副主编　吴　冬　蒋雨芯

◎ 参　编　李雨宣　王桃芬

机械工业出版社

CHINA MACHINE PRESS

本书共分为九章，主要内容包括绪论、工程制图基础与制图基本技能、投影作图基础、组合体的表示方法、图样的表示方法、常用件与标准件的表示方法、零件图、装配图、AutoCAD绘制工程图样及焊接图简介。读者通过循序渐进式的学习，能够独立手工绘制和使用AutoCAD绘制较为复杂的符合国家标准的工程图样，并能较为熟练地识读工程图样。

本书可作为高等职业院校和成人院校机械、机电类专业学生的教材，也可作为相关行业技术人员及准备参加全国CAD技能等级考试"工业产品类（一级）"的备考人员辅助教材。

本书配套有电子课件及微课等教学资源，同时在智慧职教MOOC学院平台建有相关的在线课程，方便线上线下混合式教学。

图书在版编目（CIP）数据

工程制图与 AutoCAD / 杨川主编 . — 北京：机械工业出版社，2024.4
高等职业教育机电一体化技术专业系列教材 机电一体化技术专业群
"双高"项目建设成果
ISBN 978-7-111-75275-2

Ⅰ.①工… Ⅱ.①杨… Ⅲ.①工程制图 – AutoCAD 软件 – 高等职业
教育 – 教材 Ⅳ.① TB237

中国国家版本馆 CIP 数据核字（2024）第 050276 号

机械工业出版社（北京市百万庄大街 22 号 邮政编码 100037）
策划编辑：于奇慧 责任编辑：于奇慧
责任校对：杨 霞 陈 越 封面设计：张 静
责任印制：邓 博
北京盛通数码印刷有限公司印刷
2024 年 7 月第 1 版第 1 次印刷
184mm × 260mm · 21.75 印张 · 480 千字
标准书号：ISBN 978-7-111-75275-2
定价：65.00 元

电话服务 网络服务
客服电话：010-88361066 机 工 官 网：www.cmpbook.com
　　　　　010-88379833 机 工 官 博：weibo.com/cmp1952
　　　　　010-68326294 金 书 网：www.golden-book.com
封底无防伪标均为盗版 机工教育服务网：www.cmpedu.com

前言

　　"工程制图与CAD"是高等职业院校工科机械类、机电类和建筑类等专业的一门必修的专业基础课程,是高职学生,在学习其他专业课课程之前必须学习并掌握的一门课程。

　　重庆工程职业技术学院机电一体化技术专业群在"双高专业群"建设背景下,为适应智能制造行业发展,组织校内专业教师与企业一线工程技术人员结合"机电一体化专业群"的岗位要求,讨论、制定了本课程的课程标准,明确了学生在完成本课程的学习后,应具有绘制和识读工程图样的工作能力,耐心细致、精益求精、一丝不苟的工作作风,严谨、认真的工作态度,严格遵循国家相关技术标准和规范的工作习惯,并为后续"机械基础""金属工艺学""机械制造技术"等相关课程学习奠定基础。基于此,编者根据多年的教学经验,结合时代的发展,编写了本书。本书在编写中主要突出以下几点:

　　1.根据高等职业教育培养目标和特点,按照以必需、够用为度并与实际工作场景相结合的原则,在内容选取时,省略了轴测图的相关内容,增加了中国图学学会举办的全国CAD技能等级考试"工业产品类(一级)"的考试内容解析及应试指导,以适应机电一体化专业群人才培养方案的要求。

　　2.全面贯彻《技术制图》及《机械制图》的现行国家标准及与制图有关的其他行业标准,并对焊接图进行了简要的介绍。

　　3.为便于读者阅读和理解,本书采用双色印刷。

　　全书共有九章,由重庆工程职业技术学院杨川担任主编,吴冬、蒋雨芯任副主编,李雨宣、王桃芬参与编写。具体编写分工为:杨川编写绪论、第一章、第四章、第八章,吴冬编写第六章、第七章,蒋雨芯、杨川编写第三章、第九章,李雨宣编写第二章,王桃芬编写第五章,最终由杨川统稿。本书统稿时,西南交通大学2021级安全科学与工程专业在读硕士陈春江给予了很大的帮助,在此表示感谢。

　　本书配套的课程在智慧职教MOOC学院平台建有在线课程,方便线上线下混合式教学。课程网址:https://icvemooc.icve.com.cn/cms/courseDetails/index.htm?classId=0445156299c597881b37bf423a041c6c。

　　由于编者水平有限,书中缺点与错误之处在所难免,恳请广大同仁与读者批评指正。

编　者

目录

绪论

本课程包含两个方面的内容：工程制图与 AutoCAD 制图。

在机电设备制造、建筑施工等生产实践中都离不开图样。设计者通过图样表达设计思想和要求，制造者依据图样进行加工和生产，施工者依据图样进行施工、建设，使用者借助图样了解结构、性能、使用及维护方法。可见图样不仅是指导生产的重要技术文件，而且是进行技术交流的重要工具，是"工程技术界的共同语言"。

GB/T 13361—2012 中对图样是这样定义的：根据投影原理、标准或有关规定，表示工程对象，并有必要的技术说明的图，称为图样。工程制图的学习内容简言之就是两个方面的内容：一是正确绘制符合国家标准的工程技术图样，二是正确识读、理解图样所表达的工程对象（物体）与相关的技术要求。工程技术人员要具备绘制和阅读图样的技能。AutoCAD 制图则是利用 AutoCAD 软件作为绘图工具完成工程图样的绘制。本书用九章内容来实现上述内容的学习。

第一章为工程制图基础与制图基本技能，介绍和说明我国颁布并实施的《技术制图》和《机械制图》国家标准中关于图幅、比例、字体、图线及尺寸标注等一系列规定，并对尺规绘图的常用工具与常见绘图方法进行了讲解。通过本章的学习，读者能够使用绘图工具绘制符合国家标准的平面图形。

第二章为投影作图基础，主要内容包括求作点、线、面、体这些基本几何要素的三面投影及其投影特性，求作平面与立体相交、立体与立体相交的投影。通过本章的学习，读者能够利用投影规律正确作出各种几何要素及截交线、相贯线的投影。本章是本课程最基础、最核心的内容，是学习并掌握后续章节的前提。

第三章为组合体的表示方法，包括三方面内容：其一是在前一章的基础上，讲述理想化的复杂物体在三投影面体系中如何通过三视图正确地反映其形状和结构；其二，通过对看图方法的学习，训练读者通过对视图的分析，将视图表达的空间物体抽象、还原出来，想象出其形状和结构；其三，讨论完整、正确、清晰地标注组合体的方法。通过本章的学习，读者应基本具备绘制与识读工程图样的能力。

第四章为图样的表示方法，学习在三视图表达空间物体的基础上对工程中可能遇到的工作情况、具体问题进行补充。主要内容包括物体内部结构的表达方法以及国家标准中的剖视图、断面图、局部放大图的各种规定画法及简化画法。本章内容紧贴生产实际，涉及标准化的内容繁多，需要读者学习时加强记忆并特别注意各种表达方法的具体应用。

第五章为常用件与标准件的表示方法，主要讲述生产实践中常用的标准件和常用件的表示方法，重点是螺纹、螺纹紧固件和齿轮的规定画法。

第六章为零件图，是本课程最重要的内容之一，讲述生产中零件的正确表达方法，包括典型零件的表达方法、零件的尺寸和技术要求的注写，以及如何识读零件图、如何测绘零件。通过本章的学习，读者应清楚零件的属类，并能通过类比的方式，正确绘制中等复杂程度零件的零件图，为进入工作岗位打下坚实基础。

第七章为装配图，同样是本课程最重要的内容之一，讨论的是如何绘制和识读装配图。因装配图中涉及零件较多，图样复杂，是本门课程中最难掌握的部分，因此需要读者具备较高的绘制与识读图样的能力。

第八章为AutoCAD绘制工程图样，主要根据中国图学学会CAD"工业产品一级"考试的要求，讲述如何使用AutoCAD绘制平面图形、三视图、零件图及装配图。通过本章的学习，读者能够在较短的时间内对CAD"工业产品一级"考试要求有一个完整的认识与了解。

第九章为焊接图简介，主要对焊接图所涉及的基本内容和知识进行解读。通过本章的学习，读者基本能完成焊接图的识读。

本课程涉及的内容繁多，理论性强，很抽象，同时还强调"学中做"与"做中学"有机结合。因此，教与学的过程中，宜采用围绕"教、学、做"结合的原则，在老师对学习内容分析与讲解时，读者应完成相应的课堂练习与课后练习，加深对知识的理解和掌握。值得注意的是，在本课程学习过程中，每个人不可避免地会遇到许许多多的问题和困难，这是正常的情况，需正确对待。只要不懈努力、刻苦研读、反复练习，总结规律，脚踏实地，日积月累，最终都会有满满的收获。

特别提醒读者还应注意以下两个方面的问题：

一是标准与规范的问题。我们在过去的教学实践中发现，有相当多的读者学习本课程时，认为只要学好了投影理论，能够正确将物体通过视图表达出来即可，而忽视（忽略）标准与规范的学习，比如尺寸标注、视图标注、规定画法等内容。这些问题如不能纠正，其绘制的图样最终也无法指导生产。

其次，在本课程学习中，合作学习也很重要。从过去的教学实践中，我们发现读者之间加强交流和讨论会有显著的助学效果。同时，通过合作还有利于培养读者的交际能力、团队精神和集体观念。

本书是针对机电一体化专业群的人才培养计划编写的，在使用时，可根据各自专业的专业人才培养计划对书中内容进行删减，总学时数在 48~96 之间均可。

千里之行始于足下，让我们一起努力，开始本课程的学习吧！

第一章

工程制图基础与制图基本技能

【学习目标】

1. 清楚国家标准《技术制图》《机械制图》中有关图纸幅面与格式、比例、字体、图线的基本规定。

2. 熟悉尺寸标注的基本规定及常见平面几何要素的尺寸标注方法。

3. 掌握常用绘图工具的正确使用方法。

4. 掌握直线与圆的等分方法、斜度与锥度的画法及标注，以及圆弧连接的作图方法。

5. 掌握平面图形的尺寸分析和线段分析的方法，正确绘制平面图形。

【素质目标】

1. 培养学生一丝不苟、精益求精、严格遵循标准与规范的职业素养和工匠精神。

2. 努力促使学生养成互帮互助、团结友爱、不怕困难的良好品质。

3. 培养学生团队合作与人际交流、沟通的能力。

【重点】

1. 国家标准《技术制图》《机械制图》中有关图纸幅面与格式、比例、字体、图线的基本规定。

2. 尺寸标注的基本规定及常见平面几何要素的尺寸标注方法。

3. 平面图形的绘制方法与步骤。

【难点】

1. 尺寸标注。

2. 平面图形的绘制。

工程图样是工程建设或机器制造过程中重要的技术文件，是工程界的技术语言。为便于交流与技术管理，我国依据国际标准化组织 ISO 制定的国际标准，颁布并实施了《技术制图》和《机械制图》等一系列标准，要求工程技术人员在绘制工程图样的实际工作中严格遵照执行。

第一节　制图国家标准简介

一、图纸幅面与格式（GB/T 14689—2008）

1. 图纸幅面

制图国家
标准简介

图纸幅面指的是图纸宽度与长度组成的图面，简称图幅。根据（GB/T 14689—2008）的规定，绘制技术图样时，应优先采用 A0、A1、A2、A3、A4 五种基本幅面。五种基本幅面的具体尺寸见表 1-1，每一种幅面的长（L）、宽（B）之比为 $\sqrt{2}$。

表 1-1　图纸幅面代号和尺寸　　　　　　　　　　　　　　　　　　　　　　（单位：mm）

幅面代号	A0	A1	A2	A3	A4
$B \times L$	841 × 1189	594 × 841	420 × 594	297 × 420	210 × 297
a	25				
c	10			5	
e	20		10		

【友情提示】

（1）相邻幅面的关系是大一号幅面沿长边对折就得到小一号幅面，如 A0 幅面沿长边对折就得到 A1 幅面，A1 幅面沿长边对折就得到 A2 幅面，依次类推。

（2）显然，基本幅面代号 A 后数字的实质就是 A0 幅面沿长边依次对折的次数。五种基本幅面中，A0 幅面最大，A4 幅面最小，如图 1-1 所示。

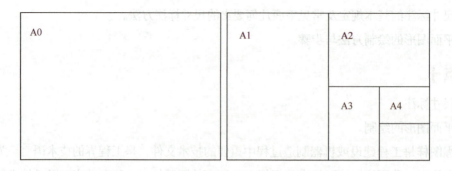

图1-1　基本幅面

绘图时，图纸可以横放或竖放，相应地，也被称为横幅或竖幅。

当基本幅面无法满足绘图要求时，国家标准规定也允许采用加长幅面图纸（详见 GB/T 14689—2008）。

2. 图框格式

图纸上限定绘图区域的线框称为图框。绘图时必须用粗实线绘制图框。

图框格式分为留装订边和不留装订边两种。图 1-2a 所示为留有装订边的图框格式，图 1-2b 所示为不留装订边的图框格式。图中各标注值（a、c、e）即粗实线边框距各边的值，见表 1-1。

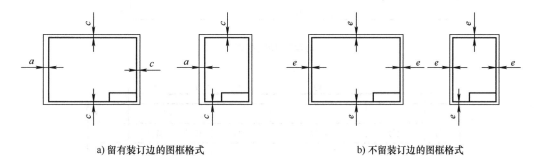

a) 留有装订边的图框格式　　　　　　b) 不留装订边的图框格式

图1-2　图框格式

【友情提示】

同一产品的图样只能采用同一种图框格式。机械图样普遍采用留装订边的格式。

3. 标题栏（GB/T 10609.1—2008、GB/T 10609.2—2009）

国家标准规定每张图样都必须画出标题栏，如图 1-3 所示（图中数值单位为 mm）。标题栏的位置一般应位于图纸的右下角，与看图方向一致。

国家标准中对零件图用标题栏及装配图用标题栏和明细栏的内容、尺寸和格式有详细规定。

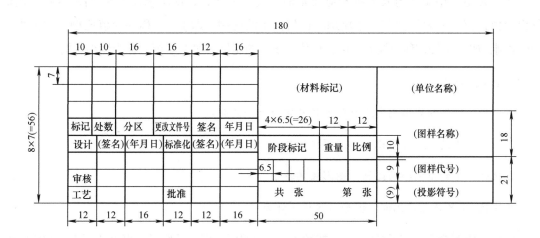

图1-3　标题栏尺寸

在校学生制图作业推荐按图 1-4 所示简化标题栏和明细栏样式绘制（图中数值单位为 mm）。

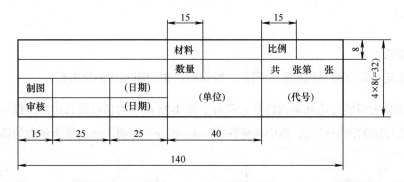

a) 零件图用标题栏

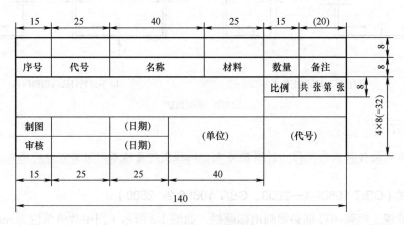

b) 装配图用标题栏和明细栏

图1-4　简化标题栏和明细栏

二、比例（GB/T 14690—1993）

比例是指图中图形与其实物相应要素的线性尺寸之比，简单来说就是"图：物"。比值分为原值比例、放大比例和缩小比例。比值为 1 的比例，即 1∶1，称为原值比例；比值大于 1 的比例，如 2∶1 等，称为放大比例；比值小于 1 的比例，如 1∶2 等，称为缩小比例。

【友情提示】

可以根据比例的比值判定绘制的图样与实物大小的关系：

凡比值 > 1 的是放大的比例，图形较实物大。

凡比值 < 1 的是缩小的比例，图形较实物小。

凡比值 =1 的是原值比例，图形与实物一样大。

国标对比例的选用作了规定：一般按照表 1-2 中的值选用，必要时，也可选用表 1-3 中的值。绘图时尽量采用 1∶1 的原值比例。

表1-2　一般选用的比例

种类	比例
原值比例	$1:1$
放大比例	$2:1,\ 5:1,\ 1\times10^{n}:1,\ 2\times10^{n}:1,\ 5\times10^{n}:1$
缩小比例	$1:2,\ 1:5,\ 1:1\times10^{n},\ 1:2\times10^{n},\ 1:5\times10^{n}$

注：n 为正整数。

表1-3　允许选用的比例

种类	比例
放大比例	$2.5:1,\ 4:1,\ 2.5\times10^{n}:1,\ 4\times10^{n}:1$
缩小比例	$1:1.5,\ 1:2.5,\ 1:3,\ 1:4,\ 1:6,\ 1:1.5\times10^{n},\ 1:2.5\times10^{n},\ 1:3\times10^{n},\ 1:4\times10^{n},\ 1:6\times10^{n}$

注：n 为正整数。

比例一般标注在标题栏中，必要时可在视图名称的下方或右侧标出。

【友情提示】

不论采用哪种比例绘制图形，尺寸数值均按原值注出，与绘图所采用的比例无关。

三、字体（GB/T 14691—1993）

字体是指图样中的汉字、数字、字母的书写形式。图中书写字体必须做到：字体工整、笔画清楚、间隔均匀、排列整齐。

工程中，用字体的号数表示字体的大小。字体的号数就是字体的高度（mm），用 h 表示。国家标准规定，字体高度的公称尺寸系列为：1.8mm、2.5mm、3.5mm、5mm、7mm、10mm、14mm、20mm。如需要书写更大的字，其字体高度应按 $\sqrt{2}$ 的比率递增。用作指数、分数、注脚和尺寸极限偏差数值的数字，一般采用小一号字体。

1. 汉字

汉字应写成长仿宋体字，并应采用中华人民共和国国务院正式公布推行的《汉字简化方案》中规定的简化字。汉字的高度 h 不应小于 3.5mm，其字宽一般为 $h/\sqrt{2}$。长仿宋体字的书写要领是：横平竖直、注意起落、结构均匀、填满方格，如图 1-5 所示。

2. 字母

字母和数字分 A 型和 B 型两种。字体的笔画宽度用 d 表示。A 型字体的笔画宽度 $d=h/14$，B 型字体的笔画宽度 $d=h/10$。同一图样上，只允许采用一种形式的字体。

字母和数字可写成直体（正体）和斜体（常用斜体）。斜体字字头向右倾斜，与水平基准线成 75°。

图 1-6 所示是图样上常见字母与数字的书写示例。

10 号字

字体工整　笔画清楚　间隔均匀　排列整齐

7 号字

横平竖直注意起落结构均匀填满方格

5 号字

技术制图机械电子汽车航空船舶土木建筑矿山井坑港口纺织服装

3.5 号字

螺纹齿轮端子接线飞行指导驾驶舱位挖填施工引水通风闸阀坝棉麻化纤

图1-5　汉字书写示例

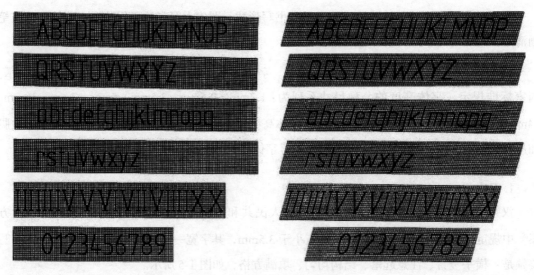

图1-6　常见字母与数字书写示例

四、图线（GB/T 17450—1998）（GB/T 4457.4—2002）

图样中为了表示不同内容，并能分清主次，必须使用不同线型、线宽的图线。国家标准《技术制图》规定了 15 种绘制技术图样的图线，而国家标准《机械制图》又规定用于绘制机械图样的 9 种线型，见表 1-4。图线粗、细线宽的比例为 2:1，绘制图样时图线宽度在 0.13mm，0.18mm，0.25mm，0.35mm，0.5mm，0.7mm，1mm，1.4mm，2mm 中选择。

表1-4　图线的名称、型式、宽度及用途

图线名称	图线型式	图线宽度	图线应用举例
粗实线	———	d	可见轮廓线；可见过渡线
细虚线	2~6 ≈1	$d/2$	不可见轮廓线；不可见过渡线
细实线	———	$d/2$	尺寸线、尺寸界线、剖面线、重合断面的轮廓线及指引线等
波浪线	～～～	$d/2$	断裂处的边界线等
双折线	——∿——	$d/2$	断裂处的边界线
细点画线	≈20 ≈3	$d/2$	轴线、对称中心线等
粗点画线	≈15 ≈3	d	有特殊要求的线或表面的表示线
双点画线	≈20 ≈5	$d/2$	极限位置的轮廓线、相邻辅助零件的轮廓线、假想投影轮廓线等
粗虚线	— — — —	d	允许表面处理的表示线

粗线宽度优先选择0.5mm和0.7mm。

图线应用示例如图1-7所示。

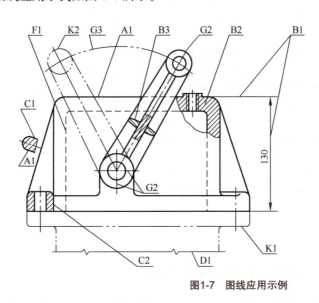

A1	可见轮廓线
B1	尺寸线及尺寸界线
B2	剖面线
B3	重合断面的轮廓线
C1	断裂处的边界线
C2	视图和剖视的分界线
D1	断裂处的边界线
F1	不可见轮廓线
G2	对称中心线
G3	轨迹线
K1	相邻辅助零件的轮廓线
K2	极限位置的轮廓线

图1-7　图线应用示例

第二节　尺寸标注

在工程图样中，图形只是用于表达零件的结构和形状。如果要确定物体上各部分形状和结构的大小，则必须借助于尺寸标注。只有在正确标注所有的尺寸后，才能够确定物体的真实形状并指导生产实践活动。

一、尺寸标注基本规则（GB/T 4458.4—2003）

尺寸标注

1）机件的真实大小应以图样上所注的尺寸数值为依据，与图形的大小及绘图的准确度无关。

2）图样中的尺寸，以毫米为单位时，不需标注计量单位的代号（或名称），如采用其他单位，则必须注明相应的单位符号。

3）图样中所注尺寸是该图样所示机件最后完工时的尺寸，否则应另加说明。

4）机件的每一尺寸，一般只标注一次，并应标注在反映该结构最清晰的图形上。

二、尺寸的组成

一个完整的尺寸应由尺寸界线、尺寸线及其终端、尺寸数字三个要素组成，如图1-8所示。

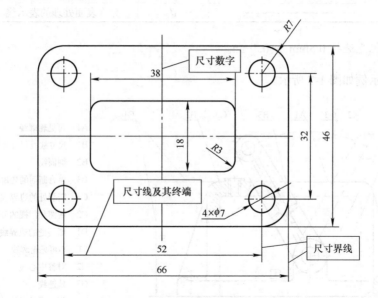

图1-8　尺寸标注及尺寸标注中的各要素

1. 尺寸界线

尺寸界线表示尺寸度量的范围，即所标注尺寸的起点和终点。

尺寸界线用细实线绘制，并应由图形的轮廓线、轴线或对称中心线处引出。也可利用轮廓线、轴线或对称中心线作尺寸界线。

尺寸界线一般应与尺寸线垂直，必要时才允许倾斜。在光滑过渡处标注尺寸时，必须用细实线将轮廓线延长，从它们的交点引出尺寸界线，如图1-9所示。

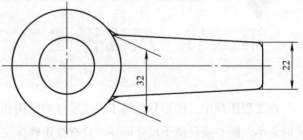

图1-9　尺寸界线示例

一般情况下，尺寸界线应超出尺寸线终端 2mm 左右。

2. 尺寸线及其终端

尺寸线表示尺寸度量的方向。

尺寸线必须用细实线单独画出，不能与图线重合或在其延长线上。标注线性尺寸时，尺寸线应与所标注的线段平行，如图 1-8 所示。

尺寸线与轮廓线的间距、相同方向上尺寸线之间的间距应大于 5mm。

同一图样中尺寸线间距大小应保持一致。

尺寸线终端有两种形式，如图 1-10 所示。

在机械图样中，尺寸线终端一般采用箭头的形式，箭头尖端与尺寸界线接触，不得超出也不得离开。

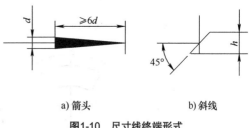

a) 箭头　　　　b) 斜线

图1-10　尺寸线终端形式

斜线用细实线绘制，图中 h 为字体高度。当尺寸线终端采用斜线形式时，尺寸线与尺寸界线必须相互垂直。建筑制图中多采用斜线作为尺寸线终端。

3. 尺寸数字

尺寸数字表示尺寸度量的类型和大小。

（1）线性尺寸数字　线性尺寸的尺寸数字分为三种情况，如图 1-11 所示。

1）尺寸线处于水平位置时，尺寸数字一般注写在尺寸线的上方中间处，字头朝上，从左向右书写。

2）尺寸线处于竖直位置时，尺寸数字一般注写在尺寸线的左方中间处，字头朝左，从下向上书写。

3）尺寸线处于倾斜位置时，尺寸数字保持朝上的趋势，按照水平位置注写方式书写尺寸数字。

同时，尽可能避免在图 1-11 所示 30° 范围内标注，若无法避免时，可按图 1-12 所示的形式标注。

（2）角度尺寸数字　国家标准规定，标注角度尺寸时，尺寸界线应沿径向引出（以角的两边或其延长线作为尺寸界线），以角的顶点为圆心、适当半径长画圆弧作为尺寸线，标注的角度尺寸数字一律水平书写，一般注写在尺寸线的中断处，必要时也允许注写在尺寸线上方或者外侧（或引出标注），如图 1-13 所示。

（3）尺寸数字字高　在同一张图样上注写的尺寸数字字高应保持一致。

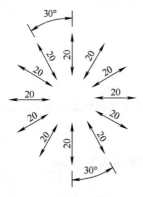

图1-11　线性尺寸标注（一）

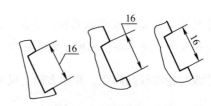

图1-12　线性尺寸标注（二）

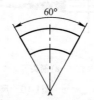

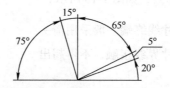

图1-13　角度尺寸标注

（4）尺寸数字与图线　尺寸数字不可被任何图线通过，当不可避免时，图线必须断开，如图1-14所示。

三、常见尺寸的标注

1. 圆、圆弧及球面尺寸的注法

1）标注圆或大于半圆的圆弧时，尺寸线通过圆心，以圆周为尺寸界线，尺寸数字前加注直径符号"ϕ"；也可以在非圆视图上标注直径，如图1-15所示。

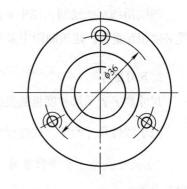

图1-14　断开图线标注数字

2）标注小于或等于半圆的圆弧时，尺寸线自圆心引向圆弧，只画一个箭头，尺寸数字前加注半径符号"R"。应当注意：半径尺寸只能注写在投影为圆弧的视图上，如图1-16所示。

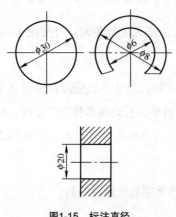

图1-15　标注直径

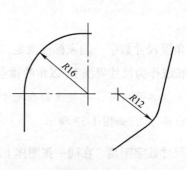

图1-16　半径标注

3）当圆弧的半径过大或在图样范围内无法标注其圆心位置时，可采用折线形式；若圆心位置不需注明，则尺寸线可只画靠近箭头的一段。应当注意，此时半径尺寸线应在该圆弧的法线位置上或垂直于该圆弧，如图 1-17 所示。

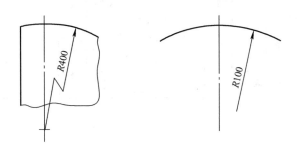

图1-17　大尺寸半径标注

4）标注球面的直径或半径时，应在尺寸数字前加注符号"$S\phi$"或"SR"。

2. 小尺寸的注法

对于小尺寸，在没有足够的位置画箭头或注写数字时，箭头可画在外面，或用小圆点或斜线代替两个箭头；尺寸数字也可采用旁注或引出标注，如图 1-18 所示。

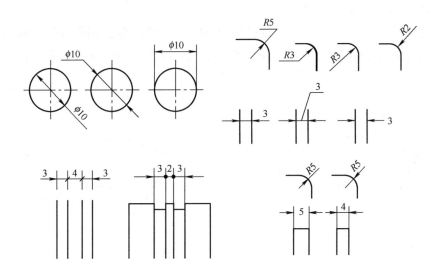

图1-18　小尺寸标注

3. 对称尺寸的注法

对于对称图形，尺寸应对称标注，如图 1-19a 中 $4 \times \phi7$mm 长度和宽度中心距尺寸 52mm 和 32mm 就是以对称的方式标注的。当对称图形只画一半或略大于一半时，尺寸线应超过对称中心线或断裂边界线，此时，尺寸线只有一个终端，如图 1-19b 所示；但不能只注写一半的尺寸，如图 1-19c 所示，尺寸"19""26""33"的标注方式是错误的。

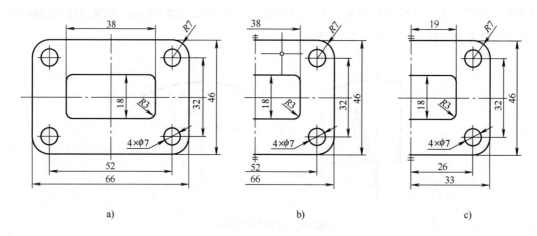

a)   b)   c)

图1-19 对称尺寸的标注

【友情提示】

标注对称图形中的对称尺寸时，无论对称结构绘制是否完整，都应标注其整体尺寸，而不能只注写一半。如只绘制一个尺寸线终端，尺寸线应超过对称中心线或断裂边界线。

4. 弦长或弧长的注法

标注圆弧的弦长和弧长时，尺寸线的形式不同，标注的内容也不同。图 1-20a 所示标注的是弦长，图 1-20b 所示标注的是弧长。标注弧长时，需要在尺寸数字前加上圆弧符号"⌒"。

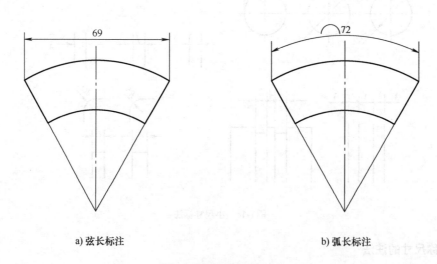

a) 弦长标注   b) 弧长标注

图1-20 弦长和弧长的标注

5. 板状零件的标注

标注板状零件的尺寸时，在厚度的尺寸数字前加注符号"t"，如图 1-21 所示。

6. 正方形结构的标注

标注机件正方形结构的尺寸时，可在边长尺寸数字前加注符号"□"，或用"14×14"代替"□14"，如图1-22所示。（图中相交的两条细实线是平面符号。）

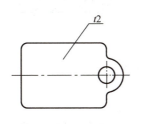

图1-21　板厚的标注

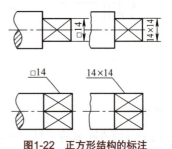

图1-22　正方形结构的标注

第三节　几何作图

一、常用绘图工具简介

常用的绘图工具有图板、丁字尺、三角板、圆规和分规，以及绘图铅笔等。正确、熟练地使用绘图工具、仪器，掌握正确的绘图方法，既能保证绘图质量，又能提高绘图速度。下面介绍一些最常用的绘图工具、仪器及其使用方法。

1. 图板、丁字尺、三角板

（1）图板　如图1-23所示，画图时，需将图纸平铺在图板上，因此，要求图板表面光洁、平整，四边平直且富有弹性。图板的左侧边称为导向边，必须平直。常用的图板规格有A0、A1和A2三种。

（2）丁字尺　丁字尺由尺头和尺身组成，主要用于画水平线。尺头和尺身的连接处必须牢固，尺头的内侧边与尺身的上边（称为工作边）必须

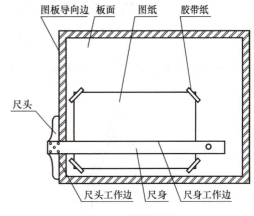

图1-23　图板与图纸

垂直。使用时，用左手扶住尺头，将尺头的内侧边紧贴图板的导向边，上下移动丁字尺，自左向右可画出一系列不同位置的水平线，如图1-24a所示。

（3）三角板　三角板有45°-90°角和30°-60°-90°角两种形式。将一块三角板与丁字尺配合使用，自下而上可画出一系列不同位置的直线，如图1-24b所示；还可画与水平线成特殊角度（如30°、45°、60°）的倾斜线，如图1-24c所示。

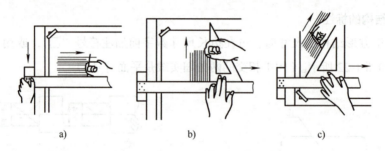

图1-24 用丁字尺、三角板画线

2. 圆规与分规

圆规是用来画圆或圆弧的工具。圆规固定腿上的钢针具有两种不同形状的尖端：带台阶的尖端用于画圆或圆弧时定心；带锥形的尖端可作分规使用。活动腿上有肘形关节，可随时装换铅芯插脚、鸭嘴脚及作分规用的锥形钢针插脚，如图1-25所示。

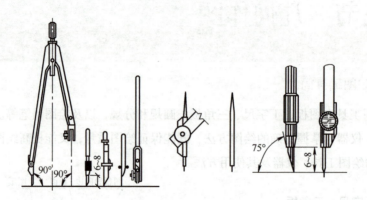

图1-25 圆规及其附件

圆规的使用方法如图1-26所示，其中，图1-26b所示为加长杆画大圆的方法。

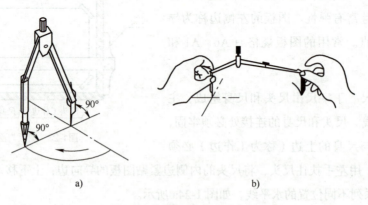

图1-26 圆规的使用方法

分规是用来量取尺寸和等分线段或圆周的工具，其两条腿在使用时均为钢针。在要求不高的场合，可以用圆规替代分规使用。

3. 铅笔

绘图时应采用绘图铅笔，绘图铅笔有软、硬两种，用字母 B 和 H 表示铅芯的软硬。H 为硬，B 为软；B（或 H）前面的数字越大，表示铅芯越软（或越硬）；字母"HB"表示铅芯软硬适中。

绘制工程图样时，常用 2H 或 H 铅笔画底稿线；用 HB 或 H 铅笔画细线，写字；用 B 或 2B 铅笔画粗线。

铅笔尖端根据作图线型不同可削成锥状和铲状。画底稿线、细线和写字用的铅笔，铅芯应削成锥状，如图 1-27a 所示；画粗线时，铅芯宜削成铲状，如图 1-27b 所示。

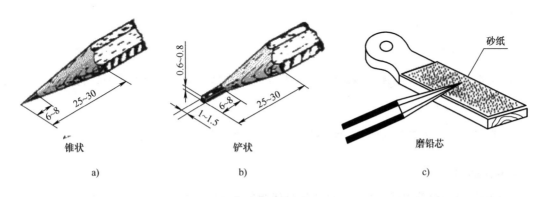

锥状　　　　　　　　铲状　　　　　　　　磨铅芯

a)　　　　　　　　　b)　　　　　　　　　c)

图1-27　铅笔的修磨

圆规用铅芯的修磨如图 1-28 所示。

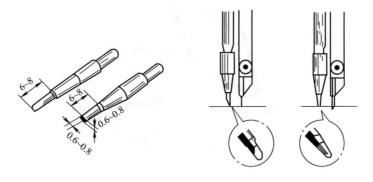

图1-28　圆规用铅芯的修磨

二、几何作图

工程中的图样是由直线、圆或圆弧及其他一些平面曲线所构成的。要熟练、快捷地绘制工程图样，必须等掌握常见的几何图形的绘制方法。

1. 直线的等分

直线的等分一般采用比例法。比例法等分直线段的方法如图 1-29 所示。

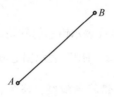 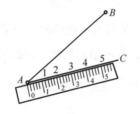 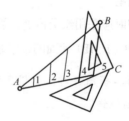

图1-29 比例法等分直线段

【例1-1】 试将直线 AB 五等分。

作图：

① 已知直线 AB。

② 过点 A 作任意直线 AC，在 AC 上从点 A 开始截取任意长度的 5 等分，得点 1、2、3、4、5。

③ 连 B5，然后过其余点作 B5 的平行线，交 AB 于四个等分点，直线 AB 按要求五等分。

2. 角度的等分

角度的等分一般采用试分法。试分法等分任意角度如图 1-30 所示。

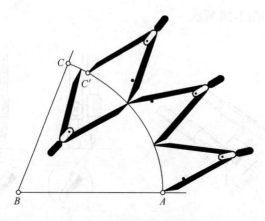

图1-30 试分法等分任意角度

【例1-2】 试将∠ABC 三等分。

作图：

① 以角顶点 B 为圆心，以适当长度（稍大一些）为半径，画圆弧 AC。

② 目测并调节分规，约为圆弧 AC 长的 1/3，一次截取后，再进行调整，直至将 AC 分尽。

③ 将角顶点 B 与各分点连接，即将角度等分。

3. 圆的等分（圆的内接正多边形）

工程中经常会遇到等分圆周或绘制圆的内接正多边形的问题，其中以五、六等分圆周或绘制圆的内接正五边形、正六边形最为常见。

（1）六等分圆周及作正六边形　一般利用正六边形的边长等于外接圆半径的原理六等分圆周或绘制圆的内接正六边形，绘制方法如图 1-31 所示。

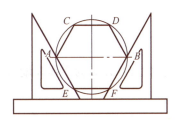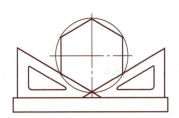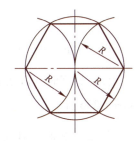

图1-31　六等分圆周及正六边形画法

（2）五等分圆周及作正五边形　五等分圆周或作圆的内接正五边形采用作图法，如图 1-32 所示。

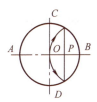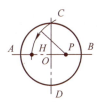

图1-32　五等分圆周及正五边形画法

【例 1-3】　作已知圆的内接正五边形。

作图：

① 作半径 OB 的垂直平分线，交 OB 于点 P。

② 以 P 为圆心，PC 长为半径画弧，交 OA 于点 H。

③ CH 即为五边形的边长（近似），等分圆周得五等分点 C、E、G、K、F。

④ 依次连接圆周各等分点，即得圆的内接正五边形。

4. 斜度与锥度

（1）斜度（GB/T 4096.1—2022、GB/T 4458.4—2003）　斜度是指一直线（或平面）对另一直线（或平面）的倾斜程度，代号为 S。斜度的大小以它们夹角 α 的正切值来表示，并将此值化为 1：n 的形式，如图 1-33a 所示。

斜度与锥度

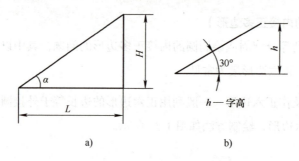

图1-33 斜度及斜度符号

即 $S = \tan\alpha = H : L = 1 : n$。

标注斜度时，需在 $1 : n$ 前加注斜度符号"∠"（斜度符号的线宽为 $h/10$，h 为字体高度），如图1-33b 所示。

标注斜度时，斜度符号的方向应与图形中的倾斜方向一致，其底线应与基准面（线）平行。

【例1-4】 画出图1-34所示过定直线 AB 上点 A 的 $1 : 6$ 的斜度。

作图与标注：

① 先在直线 AB 上自点 A 作6个单位长，得点 D，过点 D 作 AB 的垂线 ED，取 $ED = 1$ 个单位长。

② 连 AE，即为 $1 : 6$ 的斜度线。

③ 斜度标注一般采用引出标注，如图1-34所示。

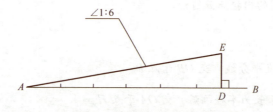

图1-34 斜度的画法与标注

（2）锥度（GB/T 157—2001、GB/T 4458.4—2003） 两个垂直圆锥轴线截面的圆锥直径 D 和 d 之差与该两截面之间的轴向距离 l 之比，称为锥度，其代号为 C。锥度也可以理解为圆锥体的底圆直径 D 与其高度 L 之比，并将此值化为 $1 : n$ 的形式，如图1-35a 所示。

标注锥度时，用引出线从锥面的轮廓引出，符号的尖端指向锥度小头方向，即尖端指向应与图形中大小端方向一致，并需在 $1 : n$ 之前加注锥度符号"◁"（锥度符号的线宽为 $h/10$，h 为字体高度）。锥度符号如图1-35b 所示，锥度标注如图1-36所示。

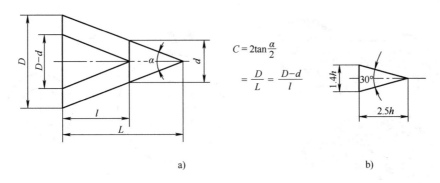

$$C = 2\tan\frac{\alpha}{2}$$

$$= \frac{D}{L} = \frac{D-d}{l}$$

a)　　　　　　　　　b)

图1-35　锥度及锥度符号

【**例1-5**】　画出图1-36所示锥柄右端1:3的锥度。

作图与标注：

① 先作 $ab = 3$ 个单位长，$cd = 1$ 个单位长（$ca = da = 0.5$ 个单位长）。

② 连接 c、b 和 d、b，即得1:3的锥度线。

③ 过点 e、f 分别作 cb、db 的平行线，即为所求。

④ 锥度标注一般采用引出标注，如图1-36所示。

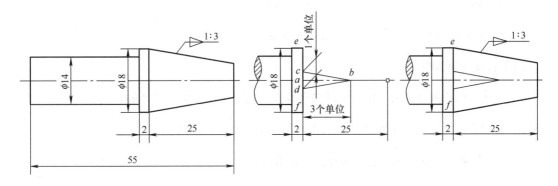

图1-36　锥度的画法与标注

【友情提示】

锥度需引出标注。标注时，锥度符号的尖端指向与锥度倾斜方向一致。

5. 圆弧连接

在绘制平面图形时，经常遇到从一条直线或圆弧光滑地过渡到另一条直线或圆弧的情况。这种光滑过渡就是平面几何中的相切，在制图中称为"连接"，切点称为"连接点"。工程图样中常见用一段圆弧连接已知的两条直线、两段圆弧或一条直线与一段圆弧等几种情况，这个连接圆弧即为"连接弧"，如图1-37所示。

绘制圆弧连接

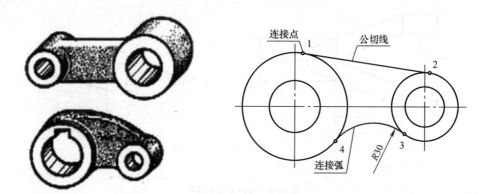

图1-37 圆弧连接

圆弧连接的实质是圆弧与圆弧，或圆弧与直线间的相切关系。常用轨迹法作圆弧连接，即利用求连接弧圆心轨迹的方法来绘制圆弧连接。

圆弧连接作图步骤为：

① 找圆心：即通过分析连接弧与被连接线段（直线或者圆弧）的相切关系，通过作图的方式找到连接弧的圆心（轨迹）。

② 求切点：即利用切点与圆心之间的几何关系，通过作图找到切点。

③ 画圆弧：用连接弧的半径从一个切点画至另一个切点。

下面，我们就来介绍圆弧连接的两种基本类型。

（1）直线与圆弧相切

1）连接弧圆心的轨迹为一平行于已知直线且距离等于连接弧半径 R 的直线。

2）由圆心向已知直线作垂线，其垂足即为切点，如图 1-38a 所示。

图中 O 与 R 为连接弧的圆心与半径，K 为切点。

（2）圆弧与圆弧相切

1）圆弧与圆弧外切。

① 连接弧圆心的轨迹为一与已知圆弧同心的圆，该圆的半径为两圆弧半径之和（$R + R_1$）。

② 两圆心的连线与已知圆弧的交点即为切点，如图 1-38b 所示。图中 O_1 与 R_1 为已知圆弧的圆心与半径。

2）圆弧与圆弧内切。

① 连接弧圆心的轨迹为一与已知圆弧同心的圆，该圆的半径为两圆弧半径之差的绝对值 $|R_1 - R|$。

② 两圆心的连线的延长线与已知圆弧的交点即为切点，如图 1-38c 所示。

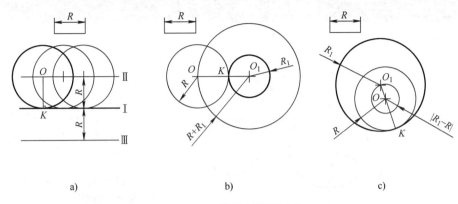

a)　　　　　　　　　b)　　　　　　　　　c)

图1-38　三种类型的圆弧连接

（3）圆弧连接作图方法　实际作图时，可根据具体要求，作出两条轨迹线的交点，即得到连接弧的圆心，然后确定切点，完成圆弧连接。表 1-5 为几种常见的圆弧连接作图方法。

表 1-5　几种常见的圆弧连接作图方法

连接类型		示例	作图方法
圆弧连接两已知直线	连接垂直两直线	连接弧半径为 R	以直线 ab、ac 的交点 a 为圆心、R 为半径画圆弧，交 ab、ac 于点 m、n（切点） 以点 m、n 为圆心、R 为半径画圆弧，交于点 O（连接弧圆心） 以 O 为圆心、R 为半径，从 m 至 n 画圆弧
	连接任意两直线	连接弧半径为 R	分别作与直线 ab、cd 距离为 R 的平行线 a_1b_1、c_1d_1，交于点 O（连接弧圆心） 过 O 分别向 ab、cd 作垂线，交于点 m_1、m_2（切点） 以 O 为圆心、R 为半径，从 m_1 至 m_2 画圆弧

（续）

连接类型	示例	作图方法
圆弧连接两已知圆弧 外切连接两圆弧	连接弧半径为 R	分别以两已知圆弧圆心 O_1、O_2 为圆心，$R+R_1$ 与 $R+R_2$ 为半径画圆弧，交于点 O（连接弧圆心） 连接 O_1O、O_2O，交已知弧于点 m_1、m_2（切点） 以 O 为圆心、R 为半径，从 m_1 至 m_2 画圆弧
内切连接两圆弧	连接弧半径为 R	分别以两已知圆弧圆心 O_1、O_2 为圆心，$\mid R{-}R_1 \mid$ 与 $\mid R{-}R_2 \mid$ 为半径画圆弧，交于点 O（连接弧圆心） 连接 O_1O、O_2O 并反向延长，交已知弧于点 m_1、m_2（切点） 以 O 为圆心、R 为半径，从 m_1 至 m_2 画圆弧
内外切连接两圆弧	连接弧半径为 R	分别以两已知圆弧圆心 O_1、O_2 为圆心，$\mid R{-}R_1 \mid$ 与 $R+R_2$ 为半径画圆弧，交于点 O（连接弧圆心） 连接 O_1O（反向延长）、O_2O 并交已知弧于点 T_1、T_2（切点） 以 O 为圆心、R 为半径，从 T_1 至 T_2 画圆弧

（续）

连接类型	示例	作图方法
圆弧连接直线和圆弧	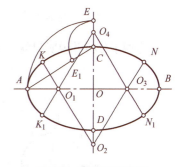连接弧半径为 R	以已知圆弧圆心 O_1 为圆心、$R+R_1$ 为半径画圆弧，再作与直线 ab 距离为 R 的平行线 a_1b_1，两者交于点 O（连接弧圆心） 连接 O_1O 交已知弧于点 m_1，再过 O 向 ab 作垂线交于点 m_2（切点） 以 O 为圆心、R 为半径，从 m_1 至 m_2 画圆弧

6. 椭圆

工程图中绘制椭圆，一般采用四心扁圆法，即用四段光滑连接的圆弧近似代替椭圆，其作图方法如下。

【例 1-6】 四心扁圆法作椭圆，如图 1-39 所示。

设椭圆的长轴为 AB，短轴为 CD。

① 连接 AC，以 O 为圆心、OA 为半径画弧，与 CD 的延长线交于点 E，以 C 为圆心、CE 为半径画弧，与 AC 交于点 E_1。

② 作 AE_1 的垂直平分线，与长、短轴分别交于点 O_1、O_2，再作对称点 O_3、O_4；O_1、O_2、O_3、O_4 即为四段圆弧的圆心。

③ 分别作圆心连线 O_1O_4、O_2O_3、O_3O_4 并延长。

图1-39 椭圆的近似画法

④ 分别以 O_1、O_3 为圆心，O_1A 或 O_3B 为半径画小圆弧 K_1AK 和 NBN_1，分别以 O_2、O_4 为圆心，O_2C 或 O_4D 为半径画大圆弧 KCN 和 N_1DK_1（切点 K、K_1、N_1、N 分别位于相应的圆心连线上），即完成近似椭圆的作图。

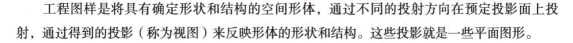

第四节 平面图形的分析与绘制

工程图样是将具有确定形状和结构的空间形体，通过不同的投射方向在预定投影面上投射，通过得到的投影（称为视图）来反映形体的形状和结构。这些投影就是一些平面图形。

图 1-40 所示就是某零件的一个投影。可以看出，这些投影是由若干直线或曲线按照零件本

身所规定的尺寸和形状构成的。

为正确绘制平面图形（草图），需要我们通过认真细致的分析，清楚构成这个图形的各线段之间的大小和相对的几何关系——平行或垂直，或相交，或相切，在此基础上确定正确的画图方法与步骤，正确完成图形的绘制。

平面图形的分析与绘制

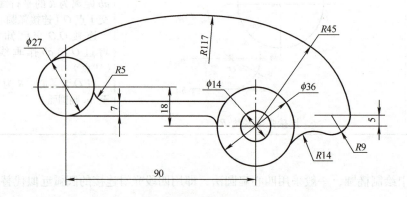

图1-40　平面图形（草图）实例

一、平面图形的组成分析

为便于分析并说明问题，我们把图1-40中的各线段进行了标记，如图1-41所示。

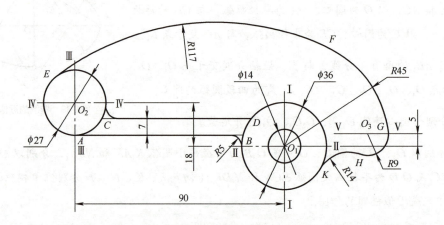

图1-41　平面图形组成分析

该平面图形的组成如下：

1）圆心在O_1处的2个同心圆，直径分别为$\phi36$mm、$\phi14$mm。

2）圆心在O_2处直径为$\phi27$mm的圆。

3）圆心在O_1处、半径为$R45$mm的圆弧FG及半径为$R117$mm的圆弧EF，半径为$R9$mm的圆弧GH和半径为$R14$mm的圆弧HK;

4）连接两圆 ϕ27mm 和 ϕ36mm 的 2 段直线 AB、CD 及 2 个半径为 R5mm 的圆角。

下面，对构成平面图形的各线段进行分析：

本例中，ϕ36mm、ϕ14mm 两圆同心，其中心线Ⅰ—Ⅰ、Ⅱ—Ⅱ分别处于竖直和水平位置；ϕ27mm 中心线Ⅲ—Ⅲ、Ⅳ—Ⅳ分别处于竖直和水平位置；圆弧 EF 与 ϕ27mm 的圆和圆弧 FG 相切（内切）；圆弧 FG 与圆弧 GH 相切（内切），且圆弧 FG 与 ϕ36mm、ϕ14mm 两圆同心；圆弧 GH 与圆弧 HK 相切（外切），且圆弧 GH 的圆心 O_3 在中心线Ⅴ—Ⅴ上；圆弧 HK 与 ϕ36mm 的圆相切（外切）；直线 AB、CD 处于水平位置，且直线 AB 与 ϕ27mm 的圆相切等。

另一方面，依次光滑连接的圆弧 EF、FG、GH 和 HK 的半径分别为 R117mm、R45mm、R9mm 和 R14mm；AB 与 CD、中心线Ⅱ—Ⅱ与Ⅳ—Ⅳ、中心线Ⅱ—Ⅱ与Ⅴ—Ⅴ之间的距离为 7mm、18mm 和 5mm；圆心在 O_1 处的 2 个同心圆直径分别为 ϕ36mm、ϕ14mm；圆心在 O_2 处的圆直径为 ϕ27mm。

对将绘制的平面图形有了初步的认识，为进一步对平面图形的分析与认识、正确绘制打下了基础。

二、平面图形的尺寸分析

平面图形的尺寸分析主要是分析图中尺寸的基准和各尺寸的作用，以确定画图时的先后顺序。

1. 定形尺寸

确定平面图形中各线段（或线框）形状大小的尺寸，称为定形尺寸。

如直线段的长度、圆的直径或半径、角度的大小等尺寸。图 1-41 中 O_1 处的 2 个同心圆 ϕ36mm、ϕ14mm 和 O_2 处的圆 ϕ27mm 的尺寸均为定形尺寸。

读者不妨试着在图 1-41 中找出另外的定形尺寸。

2. 定位尺寸

用以确定平面图形中各线段（或线框）间相对位置的尺寸，称为定位尺寸。

图 1-41 中尺寸"90""18"和"5"均属于定位尺寸：尺寸"90"是中心线Ⅰ—Ⅰ和Ⅲ—Ⅲ之间的水平距离，是长度方向的定位尺寸；尺寸"18"和"5"则分别是中心线Ⅱ—Ⅱ和Ⅳ—Ⅳ、Ⅴ—Ⅴ之间的垂直距离，是宽度方向的定位尺寸。

3. 尺寸基准

尺寸基准是指标注（量取）尺寸的起点。

如图 1-41 中 ϕ36mm 圆的两条对称中心线Ⅰ—Ⅰ、Ⅱ—Ⅱ分别为该平面图形竖直（长度）

和水平（宽度）方向的尺寸基准（主要基准）。

【友情提示】

平面图形有长度和宽度两个方向的尺寸，因此平面图形中就有长度和宽度两个方向的尺寸基准（竖直与水平方向）。这两个基准在画图时是必须首先画出的主要基准线。

通常将对称图形的对称线、较大圆的对称中心线及主要轮廓线等作为尺寸基准。

当图形在某个方向上存在多个尺寸基准时，应以一个为主（称为主要基准），其余的则为辅（称为辅助基准）。

应该说明的是，有时某些尺寸既是定位尺寸，又是定形尺寸。对于复杂的平面图形，某一方向上的尺寸基准不只一个。在这种情况下，基准与基准间应有相互联系的定位尺寸。

三、平面图形的线段分析

确定平面图形中任一线段（或线框）一般需要三个条件：长度和宽度方向上的定位条件和一个确定大小的定形条件。

如要画一个圆，只有在知道其圆心的位置（长度、宽度方向的位置）及直径或者半径尺寸的条件下，才能将其正确绘出。

凡已具备三个条件的线段，可直接画出，否则，要利用线段连接关系找出潜在的补充条件，才能画出。因此，绘制平面图形时，必须对图形中的线段（线框）进行分析。

平面图形中的线段一般可分为三种不同的性质。只有在清楚平面图形中每一线段（或线框）的具体性质后，才能明确哪条线段先画，哪条线段后画，或者说是哪条线段绘制完成后才能绘制该线段。

现以图 1-41 为例具体分析如下。

1. 已知线段

凡是定位尺寸和定形尺寸均齐全的线段，称为已知线段。

图 1-41 中 $\phi36mm$、$\phi14mm$、$\phi27mm$ 的圆，$R45mm$ 的圆弧及两条相距 7mm 的直线 AB 和 CD。

画图时应先画出已知线段。

2. 中间线段

定形尺寸齐全，但定位尺寸不齐全的线段，称为中间线段。

图 1-41 中，圆弧 GH 的圆心 O_3 只有一个宽度方向定位尺寸 "5"，长度定位尺寸缺失，故

圆弧 *GH* 为中间线段。

要画出圆弧 *GH*，必须先确定其圆心位置。通过对图形的分析可知，该圆弧与圆弧 *FG* 相内切且与水平中心线 Ⅱ—Ⅱ 的距离为 5mm，因此可先作一条与水平中心线 Ⅱ—Ⅱ 平行且距离为 5mm 的中心线 Ⅴ—Ⅴ，然后根据两圆弧 *GH*、*FG* 的内切关系，以圆心 O_1 为圆心、以半径为 36mm 画弧，该圆弧与所作中心线 Ⅴ—Ⅴ 的交点即为圆弧 *GH* 的圆心 O_3。

通过上述分析可知，中间线段（圆弧）需在其相邻的已知线段画完后才能画出。

3. 连接线段

只有定形尺寸，而无定位尺寸的线段，称为连接线段。

图 1-41 中的圆弧 *EF*、*KH* 和 *R*5mm 圆弧，它们分别与 φ27mm 和 *R*45mm、φ36mm 和 *R*9mm、φ27mm 和直线 *CD* 及 φ36mm 和直线 *AB* 相切，圆心需要作图方法求出，具体作法详见图 1-42。

四、平面图形的绘制

画平面图形时，在对其尺寸和线段进行分析之后，便可以开始绘制平面图形（草图）。现以图 1-41 为例，将平面图形（草图）的画图步骤归纳如下。

1. 先画出尺寸基准线

如图 1-42a 所示，先画 φ36mm 圆的两条中心线 Ⅰ—Ⅰ 和 Ⅱ—Ⅱ，然后由定位尺寸"90"和"18"，再画 φ27mm 圆的两条中心线 Ⅲ—Ⅲ 和 Ⅳ—Ⅳ。

2. 根据基准线，画已知线段

由中心线 Ⅰ—Ⅰ 和 Ⅱ—Ⅱ、Ⅲ—Ⅲ 和 Ⅳ—Ⅳ 所确定的圆心 O_1 和 O_2 绘制已知线段（φ36mm、φ14mm 和 φ27mm 圆）；画出 *R*45mm 圆弧及两条相距 7mm 的直线，如图 1-42b 所示。

3. 画中间线段

按连接关系画出中间线段（*R*9mm 圆弧）。前面已经分析知道，*R*9mm 圆弧的中心在定位尺寸为"5"的中心线 Ⅴ—Ⅴ 上，且 *R*9mm 圆弧与 *R*45mm 圆弧内切，可利用这种内切的几何关系，以 *R*45mm 的圆心 O_1 为圆心、36mm（45－9＝36）为半径画弧，该弧与中心线 Ⅴ—Ⅴ 的交点即为 *R*9mm 圆弧的圆心 O_3，以此绘制 *R*9mm 的圆弧，如图 1-42c 所示。

4. 画连接线段

前面分析已经知道，图 1-41 中连接线段有 *R*117mm、*R*14mm 圆弧，以及 φ36mm 圆、φ27mm 圆与直线相切的 *R*5mm 圆弧。

（1）连接线段 *R*117mm 的作图步骤 由于 *R*117mm 圆弧与 φ27mm 圆和 *R*45mm 圆弧内切，

其圆心可通过作图的方式求出。

分别以 O_2 和 O_1 为圆心，以 103.5mm（117 − 27/2 = 103.5）和 72mm（117 − 45 = 72）为半径画弧，两圆弧的交点 a 为 R117mm 圆弧的圆心；分别将连接圆弧圆心 a 与已知圆弧的圆心 O_1、O_2 相连并延长至已知圆弧，得到的交点 1 和 2 即为圆弧与 ϕ27mm 圆和 R45mm 圆弧的切点，然后以 a 点为圆心、117mm 为半径画弧，从交点 1 绘制到交点 2，即完成 R117mm 圆弧的绘制，如图 1-42d 所示。

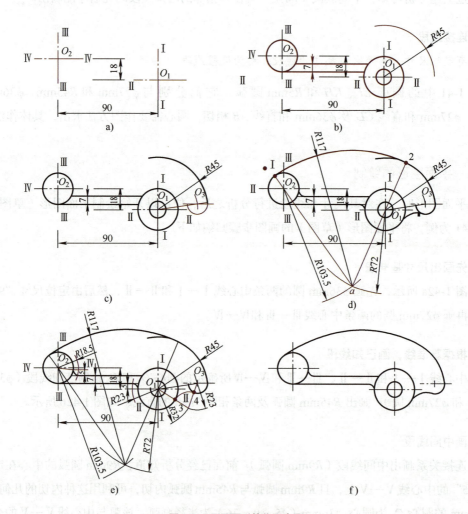

图1-42 平面图形的作图步骤

（2）连接线段 R14mm 的作图步骤　由于 R14mm 圆弧与 ϕ36mm 圆和 R9mm 圆弧外切，其圆心可通过作图的方式求出。

分别以 O_1 和 O_3 为圆心，以 32mm（36/2+14 = 32）和 23mm（9+14=23）为半径画弧，两圆弧的交点为 R14mm 圆弧的圆心；分别将连接圆弧圆心与已知圆弧的圆心 O_1、O_3 相连，得到与已知圆弧的交点 3 和 4，画出从交点 3 到交点 4 的 R14mm 连接圆弧，如图 1-42e 所示。

连接线段 *R*5mm 的作图过程如图 1-42e 所示，请读者自己分析。

检查无误后，擦去多余的作图线，整理图形，并加深图线，完成绘图。作图结果如图 1-42f 所示。

尺寸标注完成如图 1-40 所示。

五、尺规绘图

前面已经讨论了绘制平面图形的方法与步骤。下面学习在实际的工作环境中，如何正确、完整、清晰地将图形绘制到图幅中。尺规绘图方法和步骤如下。

1. 画图前的准备工作

准备必需的绘图工具和仪器，将图纸固定在图板的适当位置，使绘图时三角板、丁字尺移动自如。

2. 布置图形

根据所画图形的大小和选定的比例，确定图幅大小，合理布图。

1）要求：图形尽量均匀、居中，并要考虑标注尺寸的位置，确定图形的基准线。

2）方法：根据图形所占据的图纸空间大小和图纸除去标题栏等实际的空间大小，估算出图纸剩余的空间大小，然后进行合理分配，使图形的基准线在恰当的位置。

3. 画底稿

底稿宜用 H 或 2H 铅笔轻淡地画出。

画底稿的一般步骤是：先画轴线和对称中心线，再画主要轮廓，然后画细节。

4. 加深加粗图线

加深加粗图线之前，要仔细检查底稿，纠正错误，擦去多余图线和清洁图面，按标准线型加深加粗图线。

加深加粗图线的顺序为：先加深全部细线（H 或 2H 铅笔）；再加深加粗全部粗实线（B 或 2B 铅笔）。

图线加深加粗的方法和步骤：

1）先加深圆弧，后加深直线，加深圆弧的铅芯应比加深直线的铅笔软一号。

2）同类直线加深时一并完成。加深直线时，应按照从上至下、从左至右的顺序依次加深水平、竖直直线，然后再加深倾斜的直线。

水平直线段加深一般依靠丁字尺在图板上的上下移动来实现。

竖直直线段加深一般依靠丁字尺和三角板配合使用来实现。

对于倾斜的直线段，则是用三角板找准该线的端点，确定位置后加深。

5. 标注尺寸，填写标题栏

按照国家标准规定标注尺寸和填写标题栏。

【本章小结】

本章主要依据我国颁布并实施的国家标准《技术制图》和《机械制图》对图幅、比例、字体、图线及尺寸标注等基本规定进行了详细的阐述与说明，并对尺规绘图的常用工具与常见绘图方法进行了学习。通过学习，希望同学们养成严格遵守国家标准的良好习惯，并能够正确使用绘图工具绘制出符合国家标准的平面图样。

【知识拓展】

20世纪50年代，随着计算机、图形显示器、光笔、图形数据转换器等设备的生产和发展和人们对图学的理论探讨及应用研究，逐渐形成了一门新兴的学科：计算机图学，即用计算机绘制各种图形（图样）。

传统的手工绘图是使用三角板、丁字尺、圆规等简单工具绘制完成图样，是一项细致、复杂和冗长的劳动，不但效率低、质量差，而且周期长，不易于修改。计算机绘图则完全颠覆了这种模式，通过给计算机输入非图形信息，经过计算机的处理，生成图形信息并输出。因此，相对于手工绘图而言，计算机绘图是一种高效率、高质量的绘图技术。

一个计算机绘图系统可以有不同的组合方式，最简单的是由一台微型计算机加一台绘图仪组成。除硬件外，还必须配有各种软件，如操作系统、语言系统、编辑系统、绘图软件和显示软件等，如目前在机械行业中广泛应用的基于Windows系统的AutoCAD、UG、CATIA、CREO等国外制图软件与CAXA电子图板、天河CAD等国产制图软件。国产制图软件是基于我国的国家标准开发的，目前在市场上的应用有逐步扩大的趋势。

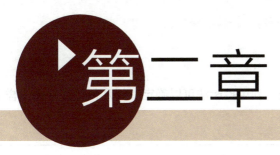

投影作图基础

【学习目标】

1. 建立投影法的概念，掌握正投影法的投影特性。

2. 掌握三视图的形成及投影规律。

3. 掌握点、直线、平面在三投影体系中的投影特性；在直线、平面上取点以及在平面上取直线的作图方法。

4. 掌握平面立体与曲面立体的投影特性及其三视图的绘图技巧；在平面立体与曲面立体表面取点、线的方法。

5. 了解截交线的形成、主要性质及绘制方法；掌握平面与立体相交的表面截交线的作图技巧。

6. 了解相贯线的形成、主要性质及绘制方法；掌握两回转体相贯的作图技巧。

【素质目标】

1. 培养学生求真务实的观念及严谨认真的工作作风。

2. 促使学生明白"不积跬步，无以至千里；不积小流，无以成江海"的道理，树立脚踏实地的工作作风。

3. 培养学生严谨求实、吃苦耐劳的职业素养。

4. 培养学生互帮互助、团结友善的良好品质。

【重点】

1. 正投影法的概念及投影特性。

2. 三视图的形成及投影规律。

3. 截交线的形成、主要性质、绘制方法。

4. 相贯线的形成、主要性质、绘制方法。

【难点】

1. 平面与立体相交表面截交线的作图技巧。

2.两回转体相贯的作图技巧。

投影法是工程图样的基本理论基础。利用投影法可以确定空间几何体在平面图样上的图形，能正确地表达物体的形状。

第一节　投影法基础及三视图的形成

一、投影法的概念

投影法的基础及三视图的形成

在日常生活中，人们发现只要物体被光源照射后就会在附近的墙面、地面上留下物体的影子，这就是自然界的投影现象。如图 2-1 所示，影子的外部轮廓线清晰而内部却是一片灰黑，无法准确地表达物体的结构。但是人们却从投影现象中总结出光线、物体、影子之间的关系，归纳出能够清晰表达工程物体形状大小的作图方法——投影法。运用投影法可以清晰地表达物体的外部轮廓，同时还能反映内部轮廓及形状，如图 2-2 所示。

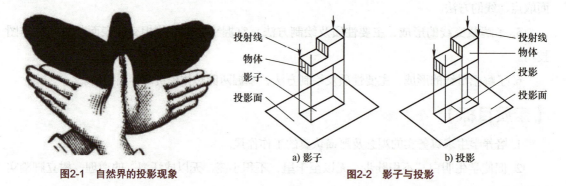

图2-1　自然界的投影现象　　　　图2-2　影子与投影

投射中心发出的投射线通过物体，向选定的面投射，并在该面上得到图形的方法，称为投影法。根据投影法得到的图形，称为投影。

二、投影法的种类

常见的投影法分为中心投影法和平行投影法两大类。

1. 中心投影法

定义：所有的投射线均交于投射中心一点 S 的投影法，称为中心投影法，如图 2-3 所示。

特点：用中心投影法所得的投影立体感强，建筑设计领域通常用中心投影法绘制建筑物的透视图，如图 2-4 所示。但该法所得投影大小会随着投射中心、投影面、物体三者之间距离的改变而改变，不能准确地反映物体的真实形状和大小，度量性差，所以一般不用中心投影法绘制机械图样。

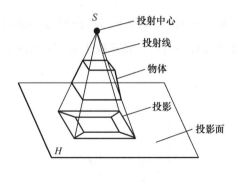

图2-3 中心投影法

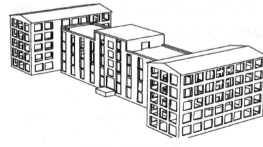

图2-4 教学楼的透视图

2.平行投影法

定义：所有的投射线相互平行的投影法，称为平行投影法。平行投影法分为正投影法与斜投影法，其区别在于投射线是否垂直于投影面，如图 2-5 所示。

（1）正投影法

定义：所有投射线垂直于投影面的平行投影法，称为正投影法，如图 2-5a 所示。工程制图主要采用此种投影法。

特性：当物体和投影面之间距离变化时，正投影法所得的投影不会随之改变。正投影法能准确地表达空间物体的真实形状和大小，且度量性好，作图简便，因而在工程图样中得到广泛的应用。

（2）斜投影法

定义：投射线倾斜于投影面的平行投影法，称为斜投影法，如图 2-5b 所示。斜投影法可用于绘制轴测图。

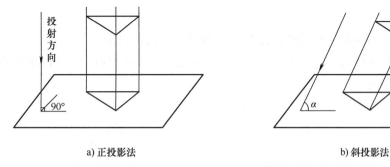

a) 正投影法   b) 斜投影法

图2-5 平行投影法

三、正投影法的主要特性

空间里的直线（平面）相对于投影面有垂直、平行、倾斜三种情况，因而采用正投影法时，得到的投影具备以下三种性质。

1. 真实性

如图 2-6a 所示，当线段 *AB* 与投影面 *H* 平行时，则在该面上的正投影 *ab* 反映线段 *AB* 的实际长度；如图 2-6b 所示，当一平面图形△ *ABC* 与投影面 *H* 平行时，其正投影△ *abc* 反映平面△ *ABC* 的实际形状。

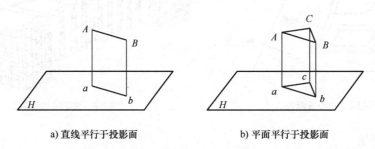

a) 直线平行于投影面   b) 平面平行于投影面

图2-6　真实性

2. 积聚性

如图 2-7a 所示，当线段 *CD* 垂直于投影面 *H* 时，则在该面上的投影有积聚性，其投影为一点 *c*（*d*）。如图 2-7b 所示，当一平面图形△ *DEF* 垂直于投影面 *H* 时，则在该投影面上的投影积聚为直线 *df*。

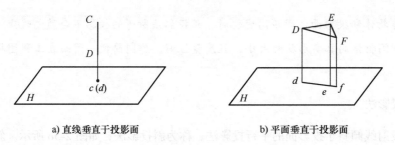

a) 直线垂直于投影面   b) 平面垂直于投影面

图2-7　积聚性

3. 类似性

如图 2-8a 所示，当空间直线 *EF* 倾斜于投影面 *H* 时，则在该面上的投影长度变短，即 *ef* = *EF*cos*α*；如图 2-8b 所示，当一平面图形△ *KLM* 倾斜于投影面 *H* 时，则在该面上所得投影△ *klm* 的面积变小且为类似形。

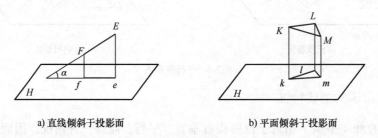

a) 直线倾斜于投影面   b) 平面倾斜于投影面

图2-8　类似性

四、三视图的形成

根据国家标准规定，用正投影法绘制出物体的图形称为视图。而一个投影面的视图只能反映物体一个方向的形状大小，一般情况下不能将物体表达清楚完整。工程上为了准确表达物体的空间形状，采用的是多面正投影，三视图则是准确表达形体的一种基本方法。

1. 三投影面体系的建立

三投影面体系是由三个互相垂直的投影面所组成的。三投影面分别为正立面（V面）、水平面（H面）和侧立面（W面）。三个的投影面的交线称为投影轴，如图2-9所示，分别由OX、OY、OZ表示，也可简称为X、Y、Z轴。三投影轴的交点为原点，用O表示。

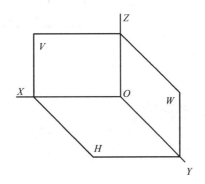

图2-9　三面投影体系

2. 三视图的形成

如图2-10所示，将物体置于三投影面体系内，并使其处于观察者与投影面之间，用正投影法分别向三个投影面投射，即可得到物体的三视图。

主视图——从前向后投射，在V面上所得的视图。

俯视图——从上向下投射，在H面上所得的视图。

左视图——从左向右投射，在W面上所得的视图。

工程上把这三个视图称为三视图。

把三个互相垂直的投影面展开，使其在一个投影面上，就可将三视图画在一张图纸上。投影面的展开方法为：正立面（V面）保持不动，将水平面（H面）绕着X轴向下旋转90°，然后将侧立面（W面）绕着Z轴向右旋转90°，这样就使V、H和W三个投影面在同一平面上，得到展开后的三视图，如图2-11所示。而在实际绘图时，投影轴和投影面的边框不画出来，各视图的名称不需要写出。

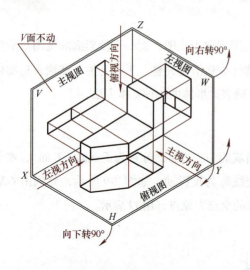

图2-10 三视图的形成

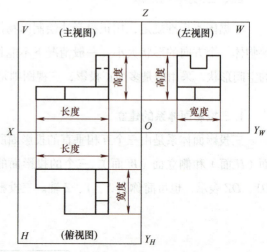

图2-11 展开后的三视图

第二节 点的投影

一、点的三面投影的形成

如图 2-12a 所示，在三投影面体系中有一点 A，过点 A 分别向三个投影面作垂线，其垂足 a、a'、a'' 即为点 A 在三个投影面上的投影。空间点用大写字母表示，如 A；水平投影用相应的小写字母标记，如 a；正面投影用相应的小写字母加一撇标记，如 a'；侧面投影用相应的小写字母加两撇标记，如 a''。将三投影面展开，展开方法如图 2-12b 所示。

点的投影、线的投影、面的投影

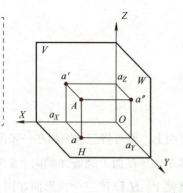

a)

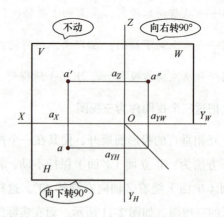

b)

图2-12 点的三面投影的形成

二、点的投影规律

从点的三面投影的形成过程，可得出点的三面投影规律。

规律 1：空间点在两个面的投影连线垂直于相应投影轴。

1）点的正面投影和水平投影的连线垂直于 OX 轴（$aa' \perp OX$）。

2）点的正面投影和侧面投影的连线垂直于 OZ 轴（$a'a'' \perp OZ$）。

3）点的水平投影和侧面投影的连线垂直于 OY 轴（$aa_{YH} \perp OY_H$　$a''a_{YW} \perp OY_W$）

规律 2：空间点到相应的投影面的距离等于点的投影到投影轴的距离。

1）点 A 到 H 面的距离 $=a'a_X=a''a_{YW}$。

2）点 A 到 V 面的距离 $=aa_X=a''a_Z$。

3）点 A 到 W 面的距离 $=aa_{YH}=a'a_Z$。

【例 2-1】 如图 2-13a 所示，已知点 A 的正面投影 a'，水平投影 a，求点 A 的侧面投影 a''。

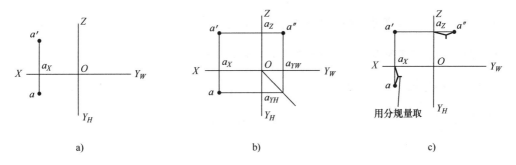

图2-13　求点的三面投影

作图：

方法一：为了作图方便，可利用 45° 辅助线，如图 2-13b 所示。过点 a' 作 OZ 的垂线 $a'a_Z$ 并延长，过点 a 作 OY_H 的垂线与 45° 辅助线相交，过交点作 OY_W 的垂线与 $a'a_Z$ 的延长线交于点 a''。

方法二：由点的投影规律 $aa_X=a''a_Z$，直接量取求出 a''，如图 2-13c 所示。

三、点的投影与直角坐标系的关系

将三面投影体系看作直角坐标系，则点 O 为坐标原点，各投影面为坐标面，各投影轴为坐标轴，如图 2-14 所示。

1）点 A 的空间位置可用（X，Y，Z）表示。而每个投影能反映点的两个坐标值。

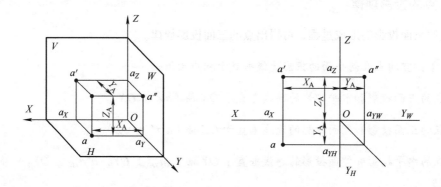

图2-14　点的投影与直角坐标系

点的正面投影 a' 反映 X、Z 坐标值。

点的水平投影 a 反映 X、Y 坐标值。

点的侧面投影 a'' 反映 Y、Z 坐标。

2）点到投影面的距离用点的坐标值表示。

点 A 到 W 面的距离等于点的 X 坐标值，$X_A = aa_{YH} = a'a_Z$。

点 A 到 V 面的距离等于点的 Y 坐标值，$Y_A = aa_X = a''a_Z$。

点 A 到 H 面的距离等于点的 Z 坐标值，$Z_A = a'a_X = a''a_{YW}$。

【例2-2】　如图2-15所示，已知空间点 B（20，10，20）。求作点 B 的三个投影。

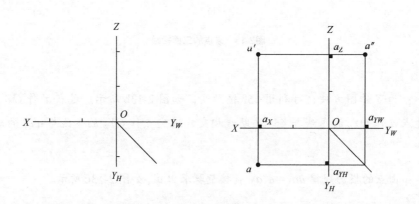

图2-15　求作点的三面投影

分析：已知空间点的三个坐标，可以沿轴准确量取点的 X、Y、Z 的值。

作图步骤：

① 在 OX 轴上量取20mm，确定 a_X 的位置；在 OZ 轴上量取20mm，确定 a_Z 的位

置；在 O_{YH} 上量取 10mm，确定 a_{YH} 的位置。

② 过 a_X 作 OX 轴的垂线，过 a_Z 作 OZ 轴的垂线，两条垂线相交于点 a'；过 a_{YH} 作 O_{YH} 的垂线与 $a'a_X$ 相交于点 a。在 $a'a_Z$ 的延长线上，从 a_Z 向右量取 10mm 得点 a''。

四、重影点及其投影的可见性

1. 两点的相对位置

两点间的相对位置是指空间两点之间的上下、左右和前后的位置关系。根据两点的坐标值可判断相对位置。

两点中：X 坐标值大，点在左；Y 坐标值大，点在前；Z 坐标值大，点在上。

【例 2-3】 如图 2-16 所示，试判断图中 A、B 两点的相对位置。

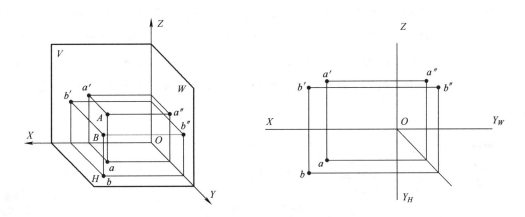

图2-16　判断两点的相对位置

解析：

点 B 的 X 坐标值大，点 B 在点 A 左方。

点 B 的 Y 坐标值大，点 B 在点 A 前方。

点 B 的 Z 坐标值小，点 B 在点 A 下方。

2. 重影点与可见性

重影点：若空间两点位于垂直于某一投影面的同一条投射线上时，则这两点在该投影面上的投影重合在一起，这两点称为对该投影面的重影点。重影点的坐标值中有两个相等。

如图 2-17 所示，A、B 两点到 V 面的距离相等，A、B 两点到 W 面的距离也相等。所以 A、B 两点处于垂直水平面 H 面的投射线上，它们在 H 面上的投影重合在一起，点 A 和点 B 的投影 a、b，称为对 H 面的重影点。从图 2-17 中可看出：A、B 两点的 X、Y 坐标值相等。

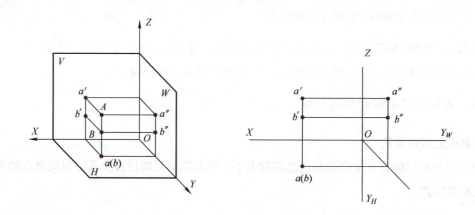

图2-17　重影点的三面投影

【友情提示】

当两点的投影重合时，就会有一个点的投影被挡住，作图时要判断被挡住的点，即判别重影点的可见性。可通过两重影点的不相等的坐标值来判别，一定是坐标值大的点挡住坐标值小的点。判别后，要将不可见投影用括号括住。从图2-17中可看出，A、B在H面上的投影重合，为水平重影点。由于点A的Z坐标值比点B的Z坐标值大，故点B的水平投影不可见，用(b)表示。

第三节　直线的投影

一、直线的三面投影

由于两点可以确定一条直线，因此作出直线上两端点的投影，即可得到该直线的投影。如图2-18a所示，已知直线AB在H面的投影ab，在V面的投影$a'b'$，求作直线AB在W面的投影$a''b''$。

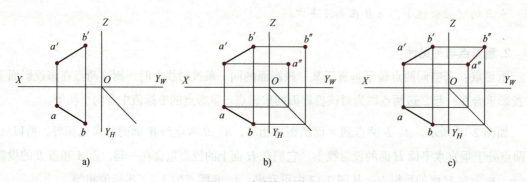

a)　　　　　　　　　　　　b)　　　　　　　　　　　　c)

图2-18　直线的三面投影

如图 2-18b、c 所示，只需根据已知条件作出直线上 A、B 两点在 W 面的投影 a''、b''，然后连接 a''、b'' 两点即为直线 AB 在 W 面的投影。

二、各种位置直线的投影及其特性

在三投影面体系中，直线相对于投影面的位置可分为平行、垂直、倾斜三种情况，因此可将这三种类型的直线称为投影面平行线、投影面垂直线、一般位置直线。

1. 投影面平行线

定义：平行于某一投影面，倾斜于另两投影面的直线，称为投影面平行线。

投影面平行线根据其所平行的投影面的不同，分为以下三种：

水平线——平行于 H 面，而与 V 面、W 面倾斜。

正平线——平行于 V 面，而与 H 面、W 面倾斜。

侧平线——平行于 W 面，而与 V 面、H 面倾斜。

表 2-1 列出了三种投影面平行线的立体图与投影。

表 2-1 三种投影面平行线的投影特征

名称	水平线	正平线	侧平线
立体图	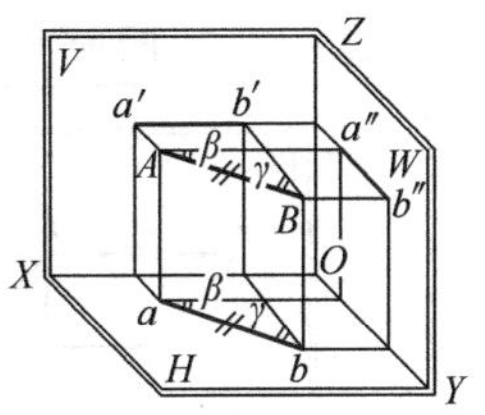	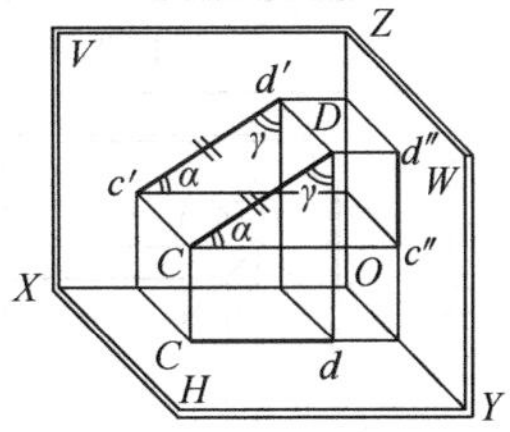	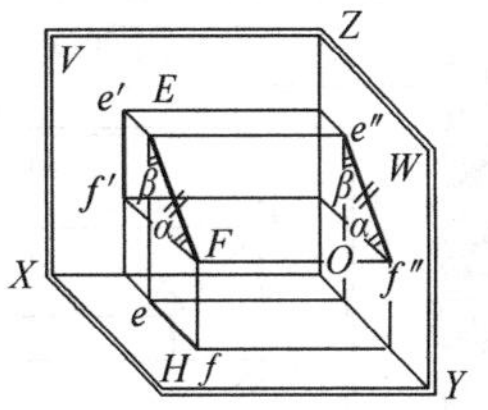
投影	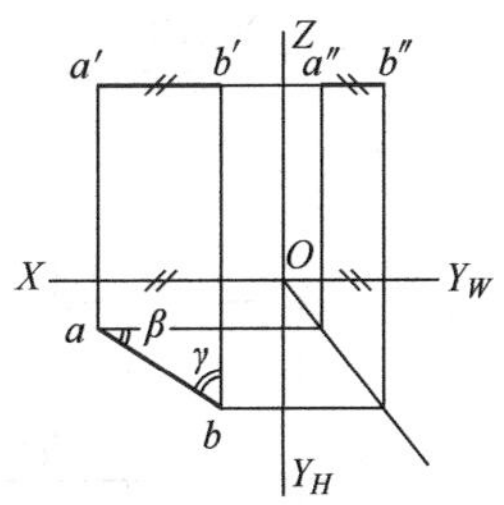	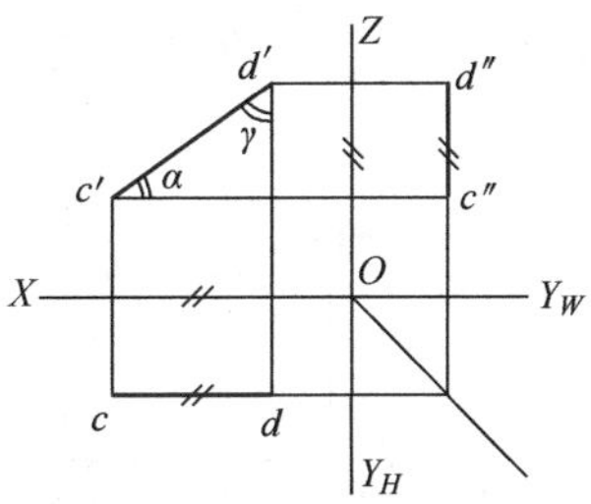	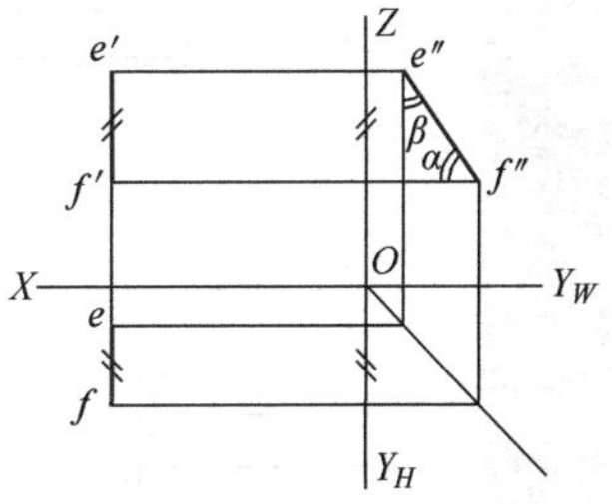
投影特征	1）水平投影 $ab=AB$（实长） 2）正面投影 $a'b'\|\|OX$ 轴，侧面投影 $a''b''\|\|OY_W$ 轴，且均小于实长。 3）水平投影 ab 与 OX 轴、OY_H 轴的夹角 β、γ 等于空间直线 AB 与 V 面、W 面的夹角	1）正面投影 $c'd'=CD$（实长） 2）水平投影 $cd\|\|OX$ 轴，侧面投影 $c''d''\|\|OZ$ 轴，且均小于实长。 3）正面投影 $c'd'$ 与 OX 轴、OZ 轴的夹角 α、γ 等于空间直线 CD 与 H 面、W 面的夹角	1）侧面投影 $e''f''=EF$（实长） 2）正面投影 $e'f'\|\|OZ$ 轴，水平投影 $ef\|\|OY_H$ 轴，且均小于实长。 3）侧面投影 $e''f''$ 与 OY_W 轴、OZ 轴的夹角 α、β 等于空间直线 EF 与 H 面、V 面的夹角

投影面平行线有以下特点：

1）投影面的平行线在其所平行的投影面上的投影为倾斜的直线，并反映实长（正投影的真实性）。

2）投影面的平行线在另外两个投影面上的投影分别平行于相应的投影轴，且投影长度小于该直线的真实长度。

3）反映实长的投影与投影轴所夹的角度，等于空间直线对相应投影面的倾角。

2. 投影面垂直线

定义：垂直于某一投影面，与另两投影面平行的直线，称为投影面垂直线。

投影面垂直线根据所垂直的投影面的不同，分为以下三种：

正垂线——垂直于 V 面，而与 H 面、W 面平行。

铅垂线——垂直于 H 面，而与 V 面、W 面平行。

侧垂线——垂直于 W 面，而与 V 面、H 面平行。

表 2-2 列出了三种投影面垂直线的立体图与投影。

表 2-2　三种投影面垂直线的投影特征

名称	铅垂线	正垂线	侧垂线
立体图	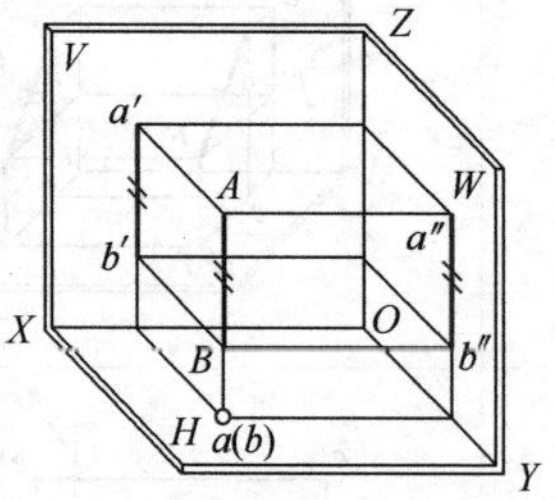	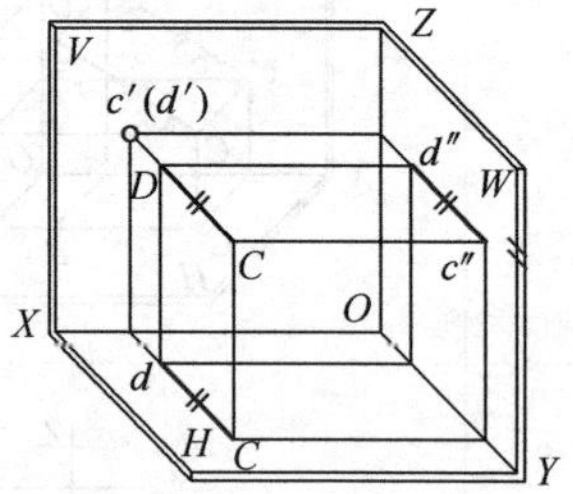	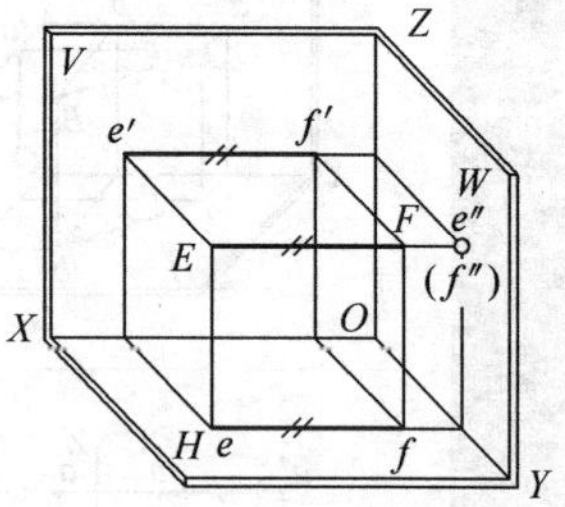
投影	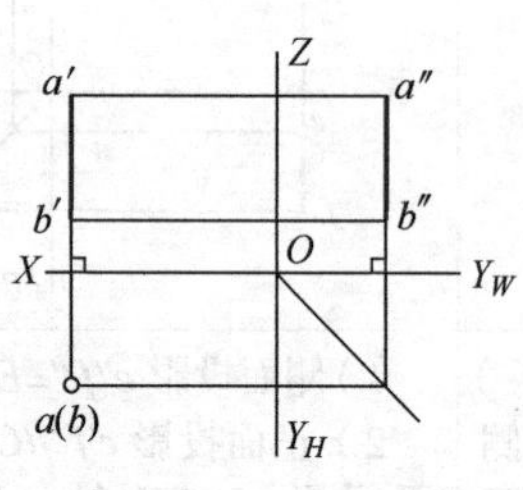	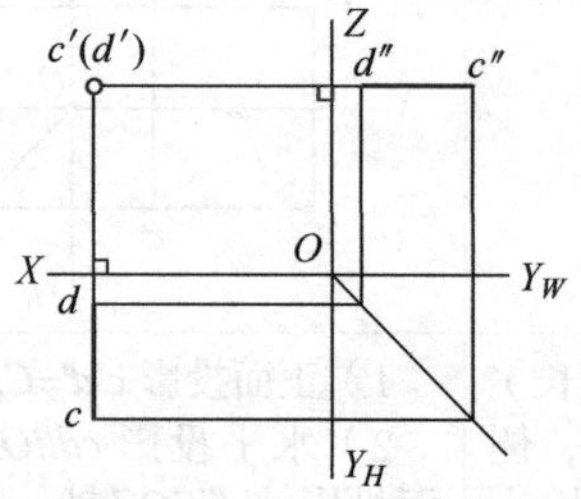	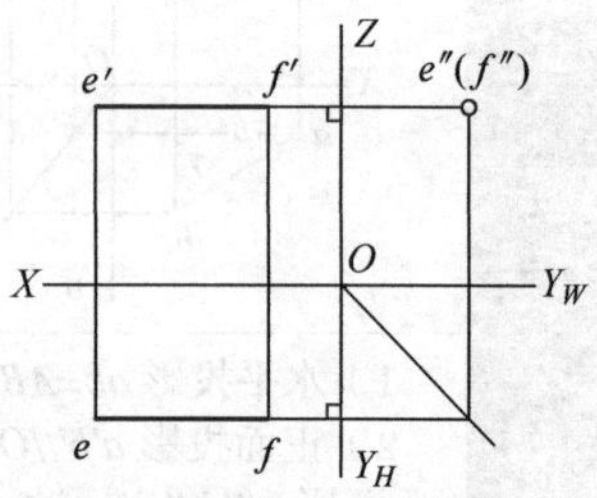
投影特征	1）水平投影 $a(b)$ 积聚为一点 2）$a'b'=a''b''=AB$（实长） 3）$a'b' \perp OX$ 轴，$a''b'' \perp OY_W$ 轴	1）正面投影 $c'(d')$ 积聚为一点 2）$cd=c''d''=CD$（实长） 3）$cd \perp OX$ 轴，$c''d'' \perp OZ$ 轴	1）侧面投影 $e''(f'')$ 积聚为一点 2）$e'f'=ef=EF$（实长） 3）$e'f' \perp OZ$ 轴，$ef \perp OY_H$ 轴

投影面垂直线有以下特点：

1）投影面垂直线在其所垂直的投影面上的投影积聚为一点。

2）投影面垂直线在另外两个投影面的投影垂直于相应的投影轴，并反映该条直线的实长。

3. 一般位置直线

定义：一般位置直线是指与三个投影面均倾斜的直线。

如图 2-19 所示，一般位置直线与它的水平投影、正面投影、侧面投影的夹角，分别称为该直线对投影面 H、V、W 的倾角，用 α、β 和 γ 表示。直线的实长、投影长度和倾角之间的关系为：

$ab=AB\cos\alpha$; $a'b'=AB\cos\beta$; $a''b''=AB\cos\gamma$

一般位置直线的投影特性为：

1）三个投影与投影轴都倾斜，投影长度均小于实长。

2）三个投影与投影轴的夹角，均不能反映 α、β 和 γ 的实际大小。

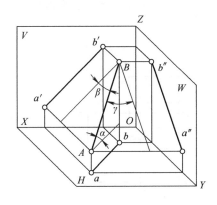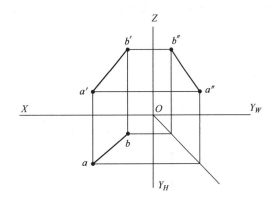

图2-19　一般位置直线

三、直线上的点的投影

直线上的点具有两个特性：

（1）从属性　若点在直线上，则点的各个投影必在直线的各同面投影上。如图 2-20a 所示，点 K 在直线 AB 上，则点 k、k'、k'' 分别在直线 ab、$a'b'$、$a''b''$ 上。（反之，若点的各个投影都在该直线的同面投影上，则该点必定从属于此直线。）

（2）定比性　属于线段上的点分割线段之比等于该点的投影分割线段投影长度之比。如图 2-20b 所示，点 K 在 AB 上，则 $AK/KB=ak/kb=a'k'/k'b'=a''k''/k''b''$。

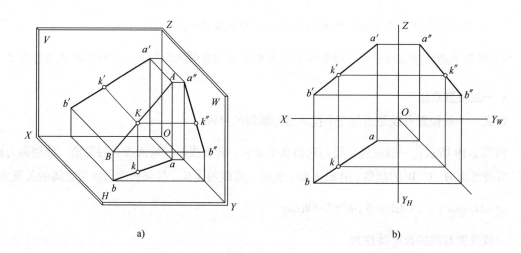

a)   b)

图2-20　直线上的点

【例2-4】 如图2-21所示，判断点C是否在线段AB上。

方法一：由图2-21可知，$a'c'/c'b' \neq ac/cb$，故点C不在直线AB上。

方法二：作出c''，由于c''不在直线$a''b''$上，所以点C不在直线AB上，如图2-22所示。

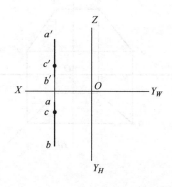

图2-21　判断点与直线的关系

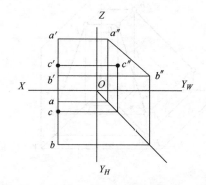

图2-22　直线与点的投影

四、空间两直线的相对位置

空间两条直线的相对位置有三种情况，即相交、平行和交叉。两条平行直线和两条相交直线属于共面直线，因为它们可以构成一个平面，而交叉的两条直线称为异面直线，它们不能构成一个平面。

1. 两直线平行

如图2-23所示，若空间两条直线为平行关系，则其各组同名投影必定平行。反之，若两直线的各组同名投影都平行，则该两直线在空间必定平行。

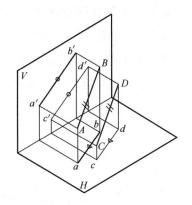 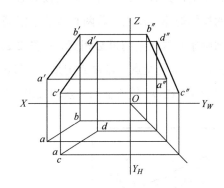

图2-23　两直线平行

【**例 2-5**】　已知图 2-24 所示 $ab /\!/ cd$、$a'b' /\!/ c'd'$，判断图中两条直线 AB、CD 是否平行。

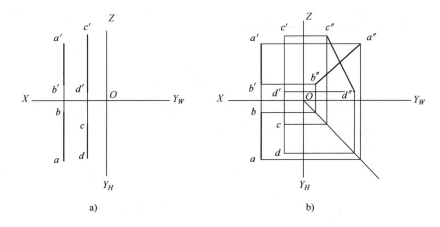

图2-24　判断两直线是否平行

分析：$ab /\!/ cd$、$a'b' /\!/ c'd'$，由两组同名投影互相平行能够判断空间直线 AB 与 CD 互相平行吗？可以先求出两条直线的侧面投影。

作图步骤：

① 首先求出直线 AB 的侧面投影 $a''b''$。

② 再求出直线 CD 的侧面投影 $c''d''$。

③ 由于所求的侧面投影 $a''b''$ 与 $c''d''$ 交叉，则空间直线 AB 不平行于 CD。

【友情提示】

对于一般位置直线，只要有两组同名投影互相平行，空间两直线就平行。对于特殊位置直线，只有两组同名投影互相平行，空间直线不一定平行。

2. 两直线相交

空间相交的两条直线，其各组同名投影必定相交，交点为两条直线的共有点，且交点的投影符合点的投影规律。反之，若两直线的各组同名投影都相交，且交点的投影符合空间点的投影规律，则两条直线在空间里必相交。如图 2-25 所示，若空间直线 *AB* 与 *CD* 相交于点 *K*，则点 *k* 必定是 *ab* 与 *cd* 的交点，点 *k'* 必定是 *a'b'* 与 *c'd'* 的交点，点 *k''* 也必定是 *a''b''* 与 *c''d''* 的交点，交点 *K* 的投影 *k*，*k'*，*k''* 符合空间一点的投影规律。

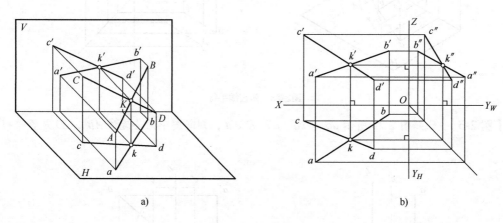

图2-25 两直线相交

【例2-6】 如图 2-26a 所示，已知空间直线 *AB* 与空间点 *C* 的正面投影与水平投影，过点 *C* 作一条水平线 *CD* 与 *AB* 相交，求直线 *CD* 的正面投影与水平投影。

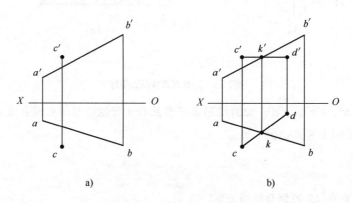

图2-26 求过定点的水平线

分析：因为 *CD* 为水平线，因此其正面投影 *c'd'* // *OX* 轴。因为直线 *AB* 与 *CD* 相交，因此交点 *K* 既属于 *AB* 也属于 *CD*，*k'* 既属于 *a'b'* 也属于 *c'd'*。*k* 既属于 *ab* 也属于 *cd*。且点 *K* 符合空间点的投影规律，*k'k* ⊥ *OX* 轴。

作图步骤：

① 过点 *c'* 作 *c'd'* // *OX* 轴，与 *a'b'* 交于点 *k'*。

②过点 k' 作 $k'k \perp OX$ 轴,与 ab 交于点 k。

③过点 d' 作 $d'd \perp OX$ 轴,与 ck 的延长线交于点 d。

cd 与 $c'd'$ 即为所求直线的投影,如图 2-26b 所示。

3. 两直线交叉

空间既不平行也不相交的两条直线即为交叉直线,其同名投影可能相交,但该交点实际上是直线上重影点的投影,不符合空间点的投影规律。如图 2-27 所示,投影的交点实际上是直线 AB 上的点 E 和直线 CD 上的点 F 的重影点。

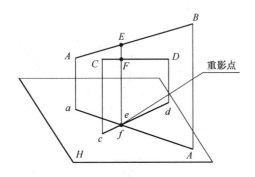

图2-27 两直线交叉

【例 2-7】 如图 2-28a 所示,已知空间直线 AB 与 CD 的正面投影与水平投影,判断两条直线的位置关系。

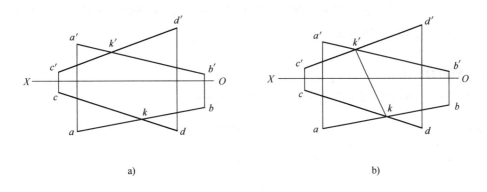

a)   b)

图2-28 判断两直线的位置关系

分析:由图 2-28a 可知, $a'b'$ 与 $c'd'$ 相交于点 k', ab 与 cd 相交于点 k。如图 2-28b 所示,连接 k、k' 两点,$k'k$ 不垂直于 OX 轴,不满足空间点的投影规律。

结论:空间直线 AB 与 CD 为交叉位置关系。

第四节 平面的投影

一、平面的表示法

点、线、面是构成物体的基本几何元素，这三个元素可以互相转换。平面的投影可以由平面上的点、直线的投影确定，因此平面的投影可以由图 2-29 所示的任一组几何要素的投影来表示。

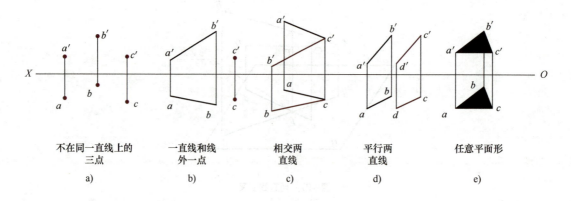

不在同一直线上的
三点
a)　　　一直线和线
外一点
b)　　　相交两
直线
c)　　　平行两
直线
d)　　　任意平面形
e)

图2-29　平面的表示法

二、各种位置平面的投影及特性

在三投影面体系中，根据平面对投影面的相对位置不同，将平面分为投影面的平行面、投影面的垂直面，投影面的倾斜面。

1.投影面的平行面

定义：投影面的平行面是指平行于一个投影面的平面。

分类：根据该平面所平行的平面的不同，将投影面的平行面分为以下三种。

正平面——平行于正立面（V 面）的平面。

水平面——平行于水平面（H 面）的平面。

侧平面——平行于侧立面（W 面）的平面。

投影面的平行面的立体图、投影及投影特征见表 2-3。

表2-3 投影面的平行面的投影及投影特性

名称	正平面（∥V面）	水平面（∥H面）	侧平面（∥W面）
立体图			
投影			
投影特征	1）正面投影反映实形 2）水平投影积聚为直线且平行于OX轴；侧面投影积聚为直线且平行于OZ轴	1）水面投影反映实形 2）正面投影积聚为直线且平行于OX轴；侧面投影积聚为直线且平行于OY_W轴	1）侧面投影反映实形 2）正面投影积聚为直线且平行于OZ轴；水平投影积聚为直线且平行于OY_H轴
	1）投影面的平行面在其所平行的投影面上的投影反映实形 2）投影面的平行面在其他两个投影面上的投影积聚成直线，且平行于相应的投影轴		

【友情提示】

投影面的平行面平行于一个投影面，必定与另外两个投影面垂直。

2. 投影面的垂直面

定义：投影面的垂直面是指垂直于一个投影面，倾斜于另外两个投影面的平面。

分类：根据该平面所垂直的平面的不同，将投影面的垂直面分为以下三种。

正垂面——垂直于正立面（V面），与水平面（H面）、侧立面（W面）倾斜。

铅垂面——垂直于水平面（H面），与正立面（V面）、侧立面（W面）倾斜。

侧垂面——垂直于侧立面（W面），与正立面（V面）、水平面（H面）倾斜。

投影面的垂直面的立体图、投影及投影特征见表2-4。

表2-4 投影面的垂直面的投影及投影特性

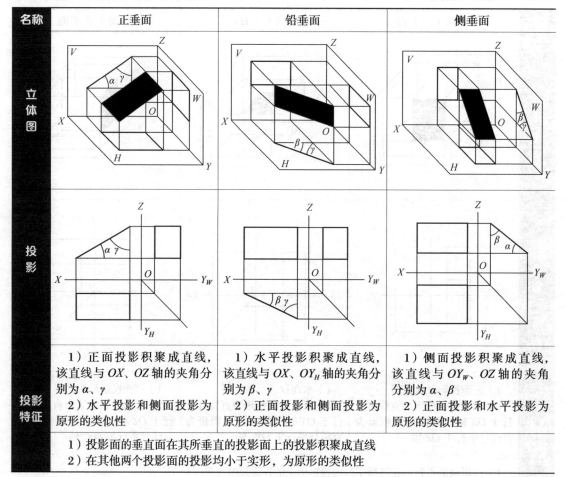

名称	正垂面	铅垂面	侧垂面
立体图			
投影			
投影特征	1）正面投影积聚成直线，该直线与 OX、OZ 轴的夹角分别为 α、γ 2）水平投影和侧面投影为原形的类似性	1）水平投影积聚成直线，该直线与 OX、OY_H 轴的夹角分别为 β、γ 2）正面投影和侧面投影为原形的类似性	1）侧面投影积聚成直线，该直线与 OY_W、OZ 轴的夹角分别为 α、β 2）正面投影和水平投影为原形的类似性
	1）投影面的垂直面在其所垂直的投影面上的投影积聚成直线 2）在其他两个投影面的投影均小于实形，为原形的类似性		

3. 投影面的倾斜面

定义：投影面的倾斜面是指与三个基本投影面都倾斜的平面。如图 2-30 所示，平面 *ABC* 为投影面的倾斜面，其正面投影 *a'b'c'*、水平投影 *abc*、侧面投影 *a"b"c"* 均为小于实形的三角形。

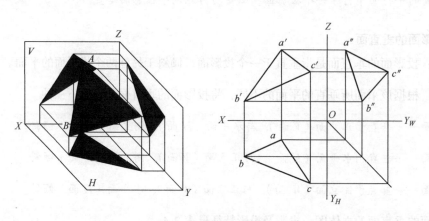

图2-30 投影面的倾斜面

投影面的倾斜面的投影特征：投影面倾斜面的三个投影均小于实形，为原形的类似形。

投影面的倾斜面的判断：如果平面的三面投影均为原形的类似形，即可判断该平面为投影面的倾斜面。

三、平面上的直线和点的投影

1. 平面上的点

点在平面内的几何条件：若点从属于给定平面内的任一直线，则该点从属于此平面。

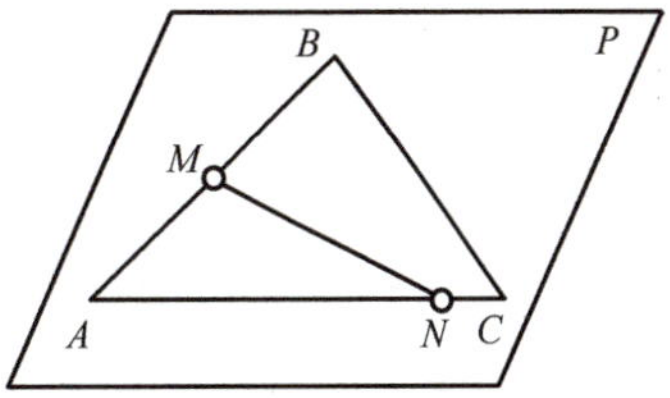

图 2-31 取平面上的点

如图 2-31 所示，已知△ABC确定一平面P，点M在直线AB上，点N在直线AC上，则点M、点N属于平面P。由此可得出，在平面上取点的一般方法为：先在平面上作辅助直线，然后在所作直线上取点。

【例 2-8】 如图 2-32 所示，点D在△ABC上，已知其正面投影d'，求点D的水平投影。

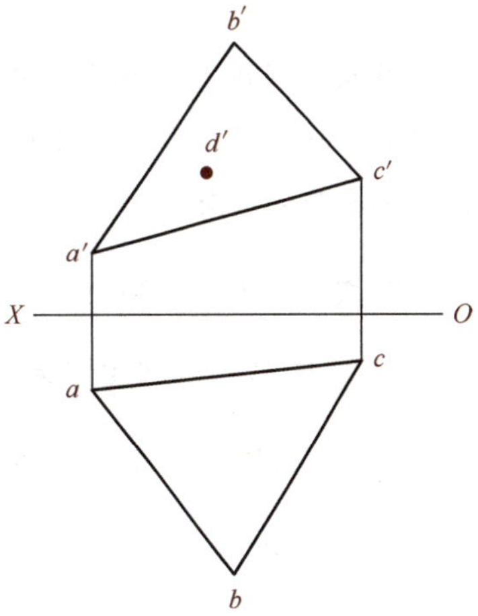

分析：因为点D属于△ABC，则可过点D在△ABC内作一条辅助直线，则点D的水平投影必定在该条辅助线的水平投影上。

作图步骤（图 2-33）：

① 连接$c'd'$，并将其延长与$a'b'$交于点e'。

② 过点e'向OX轴作垂线，与ab交于点e。

③ 连接ce，过点d'向OX轴作垂线，与直线ce交于点d，点d即为所求水平投影。

图 2-32 求平面上点的投影

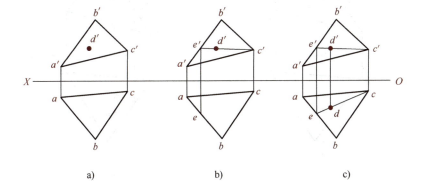

a)   b)   c)

图2-33 求平面上点的投影的方法

【例2-9】 如图2-34所示,已知△ABC确定一平面,判断点D是否属于该平面。

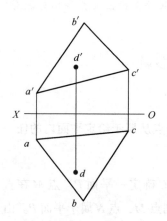

图2-34 判断点是否属于平面

分析:假设点D属于△ABC,过点D在△ABC内作一条辅助直线,则点D的水平投影必定在该条辅助线的水平投影上。反之,若点D的水平投影不在该条辅助线的水平投影上,则点D就不属于该平面。

作图步骤(图2-35):

① 连接c'd',将其延长与a'b'交于点e'。

② 过点e'向OX轴作垂线,与ab的交点即为点e。

③ 连接ce。

结论:点d不在直线ce上,因此点D不属于△ABC所在平面。

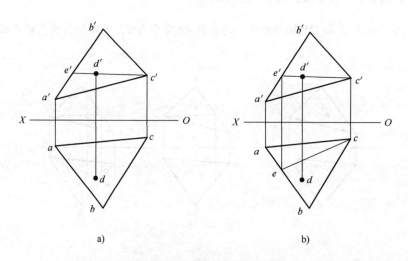

a)   b)

图2-35 判断点是否属于平面的方法

2. 平面上的直线

直线在平面上的几何条件为：

若一条直线经过平面内的任意两点，则这条直线必在该平面上。

若一条直线经过平面内的一点且平行于该平面内的一条直线，则这条直线必在该平面上。

如图 2-36a 所示，已知两条相交直线 *AB*、*BC* 确定一平面 *P*，在 *AB* 上取点 *M*、在 *BC* 上取点 *N*，则两点属于平面 *P*，故直线 *MN* 属于平面 *P*。在图 2-36b 中，已知两条相交直线 *AB*、*BC* 确定一平面 *P*，在直线 *AB* 上取点 *L*，则点 *L* 属于平面 *P*，作直线 *KL* ∥ *BC*，则直线 *KL* 属于平面 *P*。

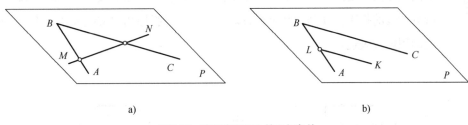

图2-36　直线在平面上的几何条件

【例 2-10】　如图 2-37a 所示，已知△ *ABC* 的正面投影和水平投影，求作一条水平线，使该水平线属于△ *ABC* 所在平面。

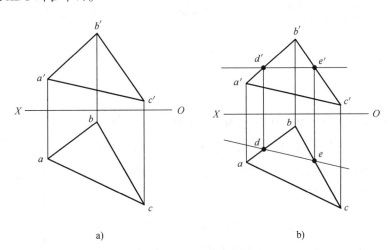

图2-37　求属于平面上的直线

作图步骤：如图 2-37b 所示。

① 作一条水平线的正面投影，该投影平行于 *OX* 轴，与 *a'b'* 交于点 *d'*、与 *b'c'* 交于点 *e'*，连接 *d'e'*。

② 过点 *d'* 向 *OX* 轴作垂线，与 *ab* 交于点 *d*；过点 *e'* 向 *OX* 轴作垂线，与 *bc* 交于点 *e*，连接 *de*。

③ 直线 *d'e'*、*de* 即为所求水平线 *DE* 的投影。

第五节 基本体的投影

一、平面立体

基本体的投影—平面立体

图 2-38 所示依次为长方体、三棱锥、六棱柱这些常见的平面立体。由图可以看出，平面立体的各个面都是平面多边形，平面多边形是由直线段围成。因此绘制平面立体的三视图，实际上是画出平面立体的各个表面的投影，或者是画出立体上所有棱线的投影，并判别其可见性。可见棱线的投影用粗实线表达，不可见棱线的投影用虚线表达。

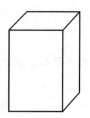

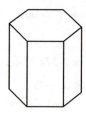

图2-38 平面立体

1. 正棱柱体

（1）正六棱柱的组成　图 2-39 所示为一正六棱柱，正六棱柱体由顶面、底面及六个侧棱面围成。顶面与底面为相同的正六边形且相互平行。六个侧棱面垂直于顶面与底面。侧棱面与侧棱面的交线称为侧棱线，侧棱线相互平行。

（2）正六棱柱的投影　正六棱柱的顶面和底面为平行于水平面的正六边形，所以其水平投影反映实形（正六边形），其正面投影和侧面投影积聚成直线段，如图 2-40a 所示。正六棱柱的前、后两个棱面平行于正立面（V 面），因此其正面投影反映实形（矩形），其水平投影和侧面投影积聚成直线段，如图 2-40b 所示。其

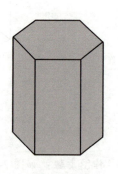

图2-39 正六棱柱

余四个侧棱面均垂直于水平面（H 面），是铅垂面，因此它们的水平投影积聚成直线，并与正六边形的边线重合，在正面投影和侧面投影面上的投影为类似形（矩形）。六棱柱的六条侧棱线均为铅垂线，在水平投影面上的投影积聚成一点，其正面投影和侧面投影都互相平行且反映实长，如图 2-40c 所示。

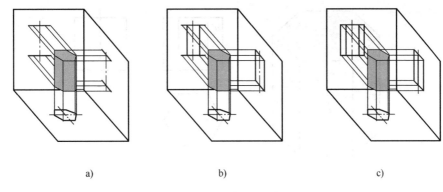

a)　　　　　　　　　　b)　　　　　　　　　　c)

图2-40　正六棱柱的三面投影

作图步骤：

① 先用点画线画出水平投影的中心线、正面投影和侧面投影的对称线，如图 2-41a 所示。

② 画正六棱柱的水平投影（正六边形），根据正六棱柱的高度画出顶面和底面的正面投影和侧面投影，如图 2-41b 所示。

③ 根据投影规律，连接顶面和底面的对应顶点的正面投影和侧面投影，即为侧棱线、棱面的投影，如图 2-41c 所示。

④ 最后检查、清理底稿，按规定线型加深，如图 2-41d 所示。

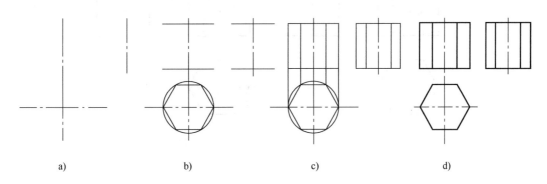

a)　　　　　　　　b)　　　　　　　　c)　　　　　　　　d)

图2-41　求作正六棱柱的三面投影

（3）正六棱柱表面上的点　在立体表面上取点，就是根据立体表面上的已知点的一个投影求出它的另外投影。由于棱柱的表面都是平面，所以在棱柱的表面上取点与在平面上取点的方法相同。

点的可见性判断：点所在表面的投影可见，点的投影也可见；若点所在表面的投影不可见，点的投影也不可见；若点所在表面的投影积聚成直线，点的投影视为可见。

如图 2-42 所示，若已知正六棱柱侧棱面上点 A 的正面投影 a′，点 B 的正面投影 (b′)，求 AB 两点其余投影。

— 59 —

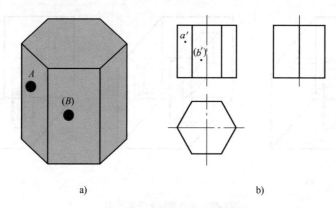

a)   b)

图2-42   正六棱柱表面上的点

求点 A 投影，首先确定点 A 在哪一个棱面上，由于 a' 点可见，故点 A 属于六棱柱左前棱面，此棱面为铅垂面，水平投影具有积聚性，因此可由 a' 向下作辅助线直接求出水平投影 a，然后可借助投影关系求出侧面投影 a''，如图 2-43a、b 所示。

求点 B 投影，同样需要先确定点 B 所在棱面，其正面投影不可见，可知点 B 位于后棱面，此面是正平面，在水平面和侧立面上的投影具有积聚性，所以可直接求得点 B 的其他投影，如图 2-43c、d 所示。

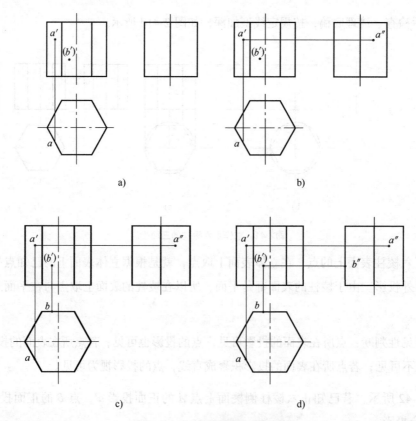

a)   b)

c)   d)

图2-43   正六棱柱表面取点的方法

2. 正棱锥体

棱锥体由一个底面和几个侧棱面围成。所有的侧棱线交于有限远的一点,称为锥顶。当棱锥的底面为正多边形,且从顶点到底面的垂足为底面的中心时,此棱锥为正棱锥。

(1)正三棱锥的三面投影 正三棱锥由一个底面(正三角形)、三个侧棱面围成。底面为水平面,其水平投影反映正三角形的实形,其正面投影和侧面投影积聚为一条直线。棱面 *SAC* 为侧垂面,其侧面投影为直线,正面投影和水平投影为类似形。另两个棱面(*SAB*、*SBC*)为一般位置平面,其三个投影均为类似形,如图 2-44 所示。

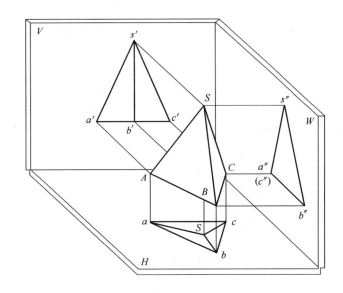

图2-44 正三棱锥的三面投影

作图步骤:

① 画反映实形的底面的水平投影(等边三角形),再画△*ABC* 的正面投影和侧面投影,它们分别积聚成水平直线段,如图 2-45a 所示。

② 根据锥高画顶点 *S* 的三面投影,如图 2-45b 所示。

③ 将锥顶 *S* 与点 *A*、*B*、*C* 的同面投影相连,即得到三棱锥的投影。最后检查、清理底稿,按规定线型加深,如图 2-45c 所示。

(2)正三棱锥表面上点的投影 若已知正三棱锥表面上两点 *M* 和 *N* 的正面投影,求其水平投影和侧面投影,如图 2-46a 所示。正三棱锥的底面 *ABC* 为水平面,*BCS* 面为侧垂面,这两个平面为特殊位置平面。其余表面均为一般位置平面。特殊位置平面上的点的投影,用可利用平面的积聚性直接作图求出,而一般位置平面上的点的投影,则一般采用辅助线法求出。

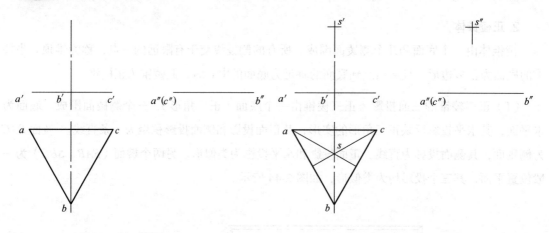

a) 作对称中心线及底面的水平投影　　　　　　　　b) 作锥顶的投影

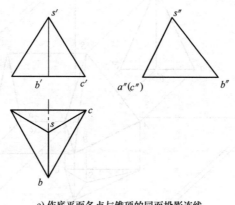

c) 作底平面各点与锥顶的同面投影连线

图2-45　正三棱锥三面投影作图步骤

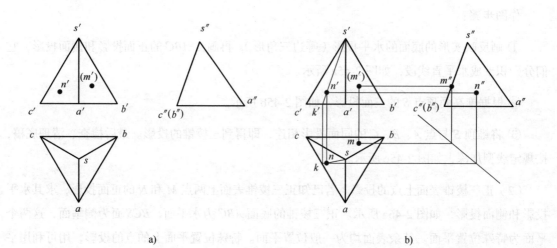

a)　　　　　　　　　　　　　　　　　b)

图2-46　正三棱锥表面上点的求法

首先求点 M 的水平投影和侧面投影。由图 2-46a 可知点 M 的正面投影为不可见，所以点 M 位于侧垂面 BCS 上，因为侧垂面 BCS 在侧平面上的投影积聚为一条直线，可以直接得出 m''，利用投影关系可求得 m。

求点 N 的水平投影和侧面投影。由图 2-46a 可知点 n' 为可见，因此点 N 位于一般位置平面 SAC 上，过点 N 作辅助直线 SK，可求得 SK 的水平投影和正面投影，点 N 属于直线 SK 上的一点，可利用求直线上一点的方法求得点 N 的水平投影，并根据投影关系求得其侧面投影，如图 2-46b 所示。

二、曲面立体

工程上常见的曲面立体有圆柱、圆锥、圆球、圆环等，如图 2-47 所示。这些常见的曲面立体表面上的曲面都是回转面，均为回转体。本节主要介绍常见曲面立体的投影及其表面上点的投影。

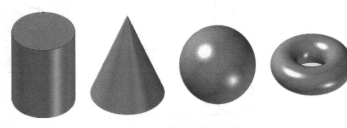

图2-47　常见的曲面立体

1. 圆柱

（1）圆柱的形成　由一条母线（直线或曲线）绕某一轴线回转而形成的曲面称为回转面，由回转面或回转面与平面所围成的立体称为回转体。

圆柱体由圆柱面和上、下底面围成。如图 2-48 所示，圆柱面是由直线 AA_1 绕与它平行的轴线 OO_1 旋转而成。直线 AA_1 称为母线，母线在回转面的任一位置称为素线。圆柱面上的素线都是平行于轴线的直线。

（2）圆柱的投影　如图 2-49 所示，圆柱体的上、下底面为水平面，故其水平投影为圆，反映其真实形状，上、下底面的正、侧面投影为直线。因圆柱面上所有素线为铅垂线，故其水平投影积聚为圆，其正面投影和侧面投影为矩形，矩形的上、下两边分别为圆柱上、下底面的积聚性投影。

作图步骤：

① 画出轴线和对称中心线，如图 2-50a 所示。

② 作出顶面和底面的投影，如图 2-50b 所示。

③ 作出圆柱面的投影，如图 2-50c 所示。

图2-48　圆柱的形成

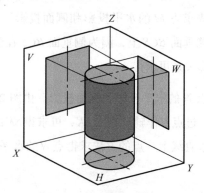

图2-49　圆柱的三面投影

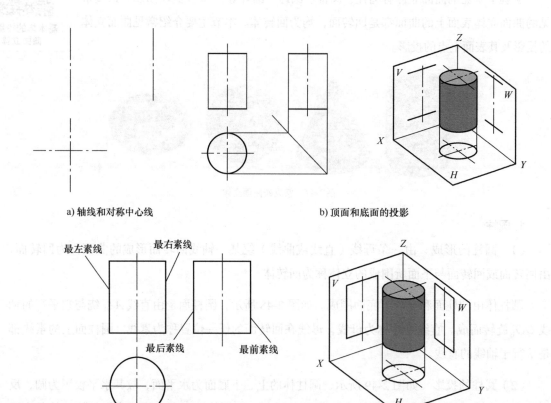

a) 轴线和对称中心线

b) 顶面和底面的投影

最左素线　　　最右素线

最后素线　　　最前素线

c) 圆柱面的投影

图2-50　圆柱三面投影的作图步骤

（3）圆柱表面上的点　轴线处于特殊位置的圆柱，其圆柱面及其上、下底面的投影都具有积聚性。因此，在圆柱表面上取点、线，均可利用积聚性作图求得。

【例2-11】　如图2-51所示，已知圆柱体表面上A、B两点的正面投影，求作它们的另外两个投影。

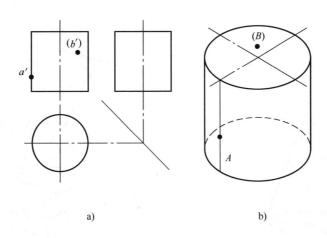

a)   b)

图2-51　圆柱表面上的点

分析：由图 2-51 可知圆柱轴线垂直于水平面，因此圆柱面的水平投影积聚为一个圆，点 A 和点 B 的水平投影在圆周上。点 A 位于转向轮廓线上，为特殊位置点。由于点 B 的正面投影（b'）点为不可见点，故点 B 在后半个圆周上。

作图步骤如图 2-52 所示。

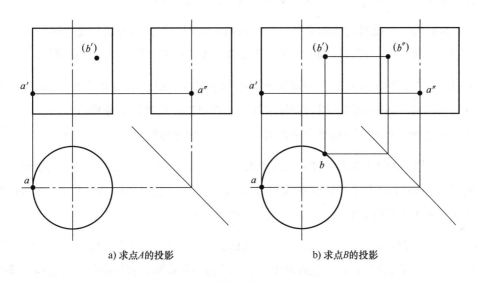

a) 求点A的投影   b) 求点B的投影

图2-52　求作圆柱表面上的点的投影

2. 圆锥

（1）圆锥的形成　圆锥由圆锥面和底面围成。圆锥面是由一母线绕与它相交的轴线回转而成的，如图 2-53 所示。在圆锥面上任一位置的素线，均交于锥顶。

（2）圆锥的投影　投影分析（图 2-54）：

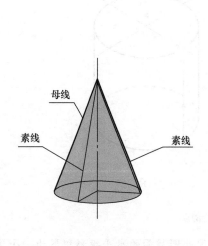

图2-53　圆锥的形成　　　　　　　　　　　图2-54　圆锥的三面投影

1）圆锥的底面为水平面，其水平投影为圆，反映了圆锥底面的实形。圆锥底面的正面投影和侧面投影均积聚为直线，且直线长度等于圆锥底面圆的直径。

2）圆锥面的三个投影均无积聚性。圆锥面的正面投影与侧面投影都是等腰三角形，圆锥面的水平投影为圆，且与圆锥底面的水平投影重合，整个圆锥面的水平投影都可见。

3）对于圆锥面的正面投影，要画出该圆锥面上最左、最右两条素线 SA、SB 的正面投影 $s'a'$、$s'b'$，它们也是圆锥面的正视转向轮廓线的正面投影。正视转向轮廓线是圆锥面在正面投影中前半个圆锥面（可见）和后半个圆锥面（不可见）的分界线。

4）对于圆锥面的侧面投影，要画出圆锥面上最前、最后两条素线 SC、SD 的侧面投影 $s''c''$、$s''d''$，它们也是圆锥面的侧视转向轮廓线的侧面投影。侧视转向轮廓线是圆锥面在侧面投影中左半个圆锥面（可见）和右半个圆锥面（不可见）的分界线。

作图步骤：如图 2-55 所示，画轴线处于特殊位置时的圆锥三面投影时，一般先画出轴线和对称中心线（用细点画线表示），然后画出圆锥反映为圆的投影，再根据投影关系画出圆锥的另两个投影（为同样大小的等腰三角形）。

（3）圆锥表面上的点　圆锥面的三个投影都没有积聚性。在圆锥表面取点时，除了处于圆锥面转向轮廓线上的特殊位置点或底面圆平面上的点，可以直接求出之外，其余处于圆锥表面上一般位置的点，必须借助于圆锥面上的辅助线。作辅助线的方法有辅助素线法和辅助圆法。

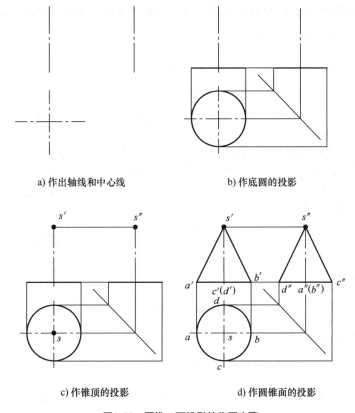

a) 作出轴线和中心线　　　　　　b) 作底圆的投影

c) 作锥顶的投影　　　　　　d) 作圆锥面的投影

图2-55　圆锥三面投影的作图步骤

【例2-12】　如图2-56所示，已知圆锥面上一点 M 的正面投影 m′，求它在另外两个投影面上的投影。

分析：根据已知条件可判断点 M 在圆锥面的左面、前面，因此，点 M 的三面投影均为可见。

方法1：辅助素线法。

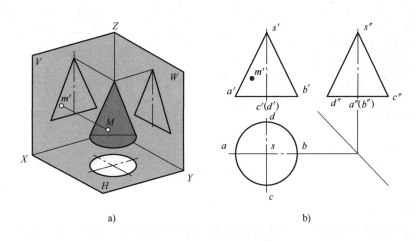

a)　　　　　　　　　　　　　　b)

图2-56　取属于圆锥表面上的点

① 过顶锥 S 和圆锥面上点 M 作直线 SI。连接 $s'm'$ 并延长，交底面圆的正面投影于点 l'，求出素线 SI 在 H 面和 W 面的投影 $s1$ 和 $s''1''$，如图 2-57b 所示。

② 点 M 在直线 SI 上，可直接由 m' 求出其在另外两个面的投影 m 和 m''，如图 2-57c 所示。

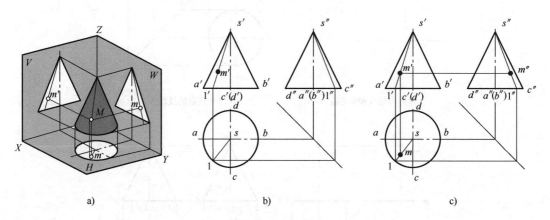

图2-57　辅助素线法

方法 2：辅助圆法。

① 在圆锥面上过点 M 作水平辅助圆，其正面投影积聚为一条直线。过 m' 作辅助圆的正面投影，即过 m' 作垂直于轴线的直线 $2'3'$。以 $\overline{2'3'}$ 为直径，以 s 为圆心画圆，求得辅助圆的水平投影，如图 2-58b 所示。

② 由点 m' 可作出辅助圆上的点 m，由于点 m' 可见，所以点 m 在辅助圆的下半圆，再通过投影关系求得其侧面投影 m''，如图 2-58c 所示。

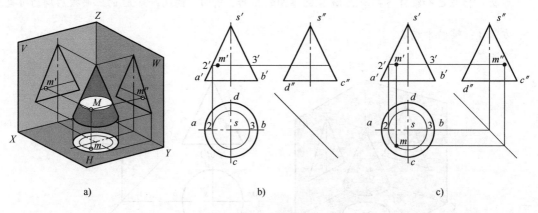

图2-58　辅助圆法

3. 圆球体

圆球体是由圆球面围成的。圆球面是以圆为母线绕该圆任一直径回转而成的，如图 2-59 所示。

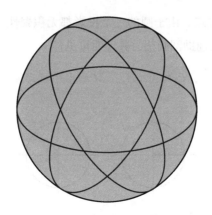

图2-59　圆球体的形成

（1）圆球的投影　圆球的三个投影均为圆，其直径与球体的直径相等，需要注意的是三个投影面上的圆是不同的转向轮廓线的投影，如图 2-60 所示。

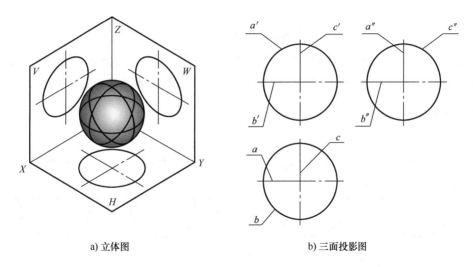

a) 立体图　　　　　　　　　　b) 三面投影图

图2-60　圆球的投影

V 面的圆——正面投影 a' 是球面平行于 V 面的最大圆 A 的投影，是区分前、后半球表面的转向轮廓线。（前半球面上点的正面投影可见，后半球面上点的正面投影不可见。）

H 面的圆——水平投影 b 是球面平行于 H 面的最大圆 B 的投影，是区分上、下半球表面的转向轮廓线。（上半球面上点的水平投影可见，下半球面上点的水平投影不可见。）

W 面的圆——侧面投影 c'' 是球面平行于 W 面的最大圆 C 的投影，是区分左、右半球表面的转向轮廓线。（左半球面上点的侧面投影可见，右半球面上点的侧面投影不可见。）

作图时，首先用细点画线画出各投影的对称中心线，再以球心 O 的三个投影 o、o'、o'' 为圆心分别画出三个直径相等的圆。

（2）球面上取点　球面上的点有一般位置点和特殊位置点，特殊位置点是指转向轮廓线上的点，其余的点属于一般位置点。由于圆的三个投影都无积聚性，所以在球面上取点，除特殊点可直接求出外，其余均需用辅助圆画法，并注明可见性。

【例2-13】 如图2-61所示，已知圆球上点 M 的水平投影 m，求该点的其他两面投影。

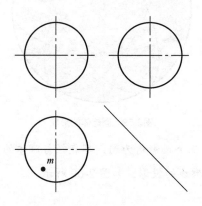

图2-61 取球面上的点

分析：由图2-61可知点 M 为圆球表面上的一般位置点，需要用辅助圆画法求出其他两面的投影。根据点 M 的水平投影 m 的位置及其为可见，可知点 M 在圆球的上半球表面的左前方。

作图步骤如图2-62所示。

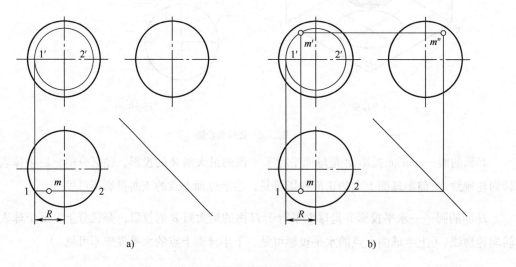

a)   b)

图2-62 求作球面上的点的投影

① 在水平投影中，过点 m 作水平直线（正平辅助圆的水平投影），并根据投影关系作出正平辅助圆的正面投影，即过 $1'$、$2'$ 的圆，m' 必在此圆周上，如图2-62a所示。

② 由分析可知，点 M 在圆球的上半球表面的左前方，由水平投影 m 作出正面投影 m'（在上半圆周上）。根据点的投影关系，求出 m''，如图2-62b所示。

第六节　平面与立体相交

一、截交线的形成及性质

用来切割立体的平面称为截平面。截平面与立体表面的交线称为截交线，如图 2-63 所示。

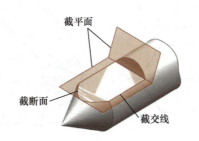

平面与平面立体
相交

图2-63　截平面与截交线

立体的结构形状不同、截平面截切立体的位置不同，截交线的形状也不同，但任何截交线都具有以下基本性质。

1）共有性：截交线既属于截平面，又属于立体表面，因此截交线是截平面与立体表面的共有线，截交线上的点均为截平面与立体表面的共有点。

2）封闭性：由于任何立体表面均为封闭，而截交线又为平面截切立体所得，故截交线所围成的一定是封闭的平面图形。

二、求截交线的方法

1. 平面与平面立体相交

截交线的形状取决于立体的几何性质及其与截平面的相对位置，通常由平面折线、平面曲线或直线组成。当平面与平面立体相交时，截交线为封闭的平面折线，如图 2-64 所示。

图2-64　截交线的形状

求平面与平面立体的截交线，只要求出平面立体有关的棱线与截平面的交点，经判别可见性，然后依次连接各交点，即得所求的截交线。

【例2-14】 如图2-65所示，已知正垂面截切正六棱柱，完成截切后的三面投影。

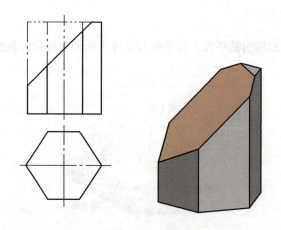

图2-65　求正六棱柱的截交线

分析：求平面立体的截交线就是求截平面与棱线的一系列共有点。

由图2-66可知，截平面为正垂面，与正六棱柱的六条棱线及上底面相交，截交线是一个七边形。截交线的正面投影积聚为一条直线，由正面投影可直接找出交点。截交线的水平投影中，除顶面上的截交线外，其余各段截交线都积聚在六边形上。

作图步骤如图2-66所示。

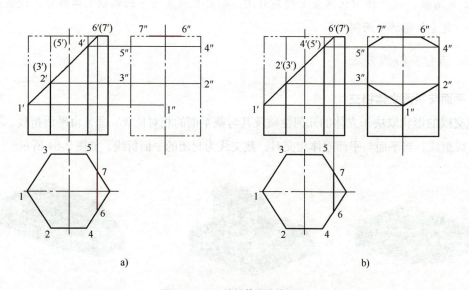

图2-66　正六棱柱截交线的画法

① 截交线的正面投影积聚为一条直线，找出截交线上顶点的正面投影 1′、2′、(3′)、4′、(5′)、6′、(7′)。

② 截交线上各顶点的水平投影积聚在正六边形上，判断可见性，求出各顶点的水平投影 1、2、3、4、5、6、7。

③ 求出各顶点的侧面投影 1″、2″、3″、4″、5″、6″、7″。

④ 依次连接交点投影，得七边形。

⑤ 补全棱柱的其余外形投影，整理轮廓线。

【例 2-15】 如图 2-67 所示，求作四棱锥被正垂面截切后的水平投影和侧面投影。

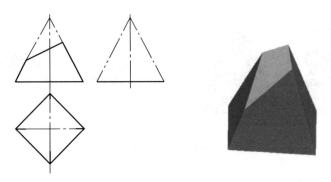

图2-67　求四棱锥的截交线

分析：由图 2-67 可知，截平面为正垂面，截平面与四条棱线相交，故截交线为四边形。截交线的正面投影积聚为直线，交点的正面投影可直接找出。

作图步骤如图 2-68 所示。

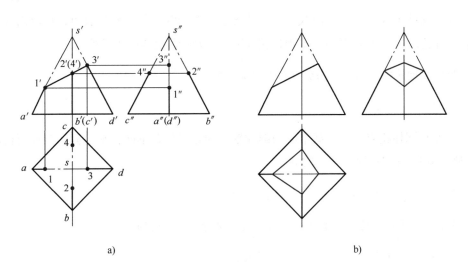

a)　　　　　　　　　　　　b)

图2-68　四棱锥截交线的画法

① 找出截平面与四棱锥棱线的交点的正面投影 1′、2′、3′、4′。

② 已知水平投影点 1 在 sa 上、点 3 在 sd 上，可根据正面投影 1′、3′ 作出水平投影点 1、3。已知侧面投影点 2″ 在 s″b″ 上、点 4″ 在 s″c″ 上，可根据正面投影 2′、4′ 作出点 2″、4″。

③ 根据投影关系作出点 1″、3″、2、4。依次连接各点。

④ 补全棱锥的外形投影，整理轮廓线。

2. 平面与回转体相交

平面截切回转体，截交线是截平面与回转体表面的共有线，如图 2-69 所示。截交线的形状取决于回转体表面的形状及截平面与回转体的相对位置。

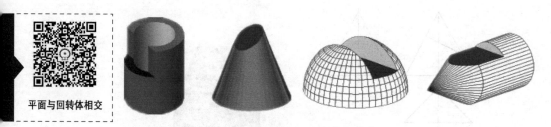

图2-69　平面截切回转体

（1）截交线投影分析

1）根据回转体的形状及截平面相对回转体的位置关系，确定截交线的形状。

2）明确截交线的投影特性，如积聚性、类似性等，找出截交线的已知投影，初步判断未知投影。

3）当截交线的投影为非圆曲线时，一般先求出截交线上的特殊位置点，再求出几个均匀分布的一般位置点，然后将各点光滑地连接起来，并判断截交线的可见性。

4）最后整理轮廓，加深截切后存在的可见投影。

（2）截交线的画法

1）平面与圆柱相交。由于截平面与圆柱轴线的相对位置不同，平面截切圆柱所得的截交线有三种：矩形、圆及椭圆，见表 2-5。

① 截平面与圆柱体的轴线平行时，截交线为矩形。

② 截平面与圆柱体的轴线垂直时，截交线为平行于底面的圆。

③ 截平面与圆柱体的轴线相倾斜时，截交线为椭圆。

表2-5　平面与圆柱相交的截交线

截平面位置	与轴线平行	与轴线垂直	与轴线倾斜
立体图			
投影			
截交线形状	矩形	圆	椭圆

【例2-16】　如图2-70所示，已知圆柱被正垂面截切，画出其被截切后的侧面投影。

分析：由2-70可知，截平面与圆柱体的轴线相倾斜，截交线为椭圆。找出截平面上的特殊位置点 A（最低点）、B（最前点）、C（最高点）、D（最后点）；作出一般位置点 E 及其对称点 F、一般位置点 H 及其对称点 G。截交线的正面投影积聚为一条直线，在直线上标出各点的正面投影。截交线的水平投影积聚在圆上，在圆上标出各个点的水平投影。根据截交线的水平投影及正面投影，求出其侧面投影。

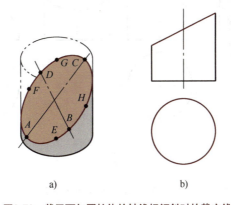

a)　　　　　　　　　　b)

图2-70　截平面与圆柱体的轴线相倾斜时的截交线

作图步骤：

① 找出特殊位置点。依次标出特殊位置点的正面投影 a'、b'、c'、d'；依次标出特殊位置点的水平投影 a、b、c、d；由特殊位置点的正面投影及水平投影求出其侧面投影 a''、b''、c''、d''，如图 2-71a 所示。

② 作出一般位置点。作出一般位置点的正面投影 e'、f'、g'、h'，作出一般位置点的水平投

影 *e*、*f*、*g*、*h*，再根据投影关系作出 *e″*、*f″*、*g″*、*h″*，如图 2-71b 所示。

③ 依次连接侧面投影中的各点 *a″*、*b″*、*c″*、*d″*、*e″*、*f″*、*g″*、*h″* 成一光滑椭圆。圆柱体截切后还存在的轮廓线用粗实线表达，如图 2-71c 所示。

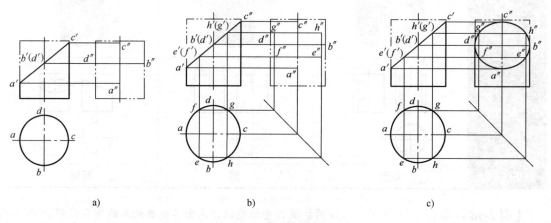

a)	b)	c)

图2-71 圆柱截交线的画法

不同角度的正垂面截交圆柱所得的截交线，如图 2-72 所示。

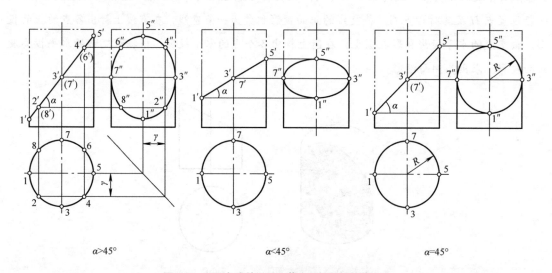

α>45°	α<45°	α=45°

图2-72 不同角度的正垂面截交圆柱所得的截交线

【例 2-17】 如图 2-73 所示，已知圆柱分别被正垂面和水平面所截切后的正面投影，试作出其水平投影和侧面投影。

分析：圆柱分别被正垂面和水平面所截切，正垂面与圆柱的截交线的侧面投影积聚在圆上，水平投影为椭圆；水平面与圆柱体的截交线的侧面投影积聚为一条直线，水平投影为一矩形。只要逐个作出正垂面与圆柱体的截交线及水平面与圆柱体的截交线，并画出截平面之间的交线，就可以作出立体的投影。

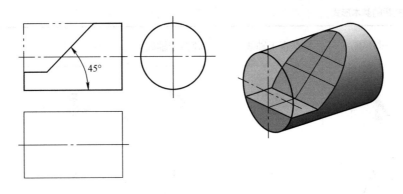

图2-73 两截平面截切圆柱

作图步骤如图 2-74 所示。

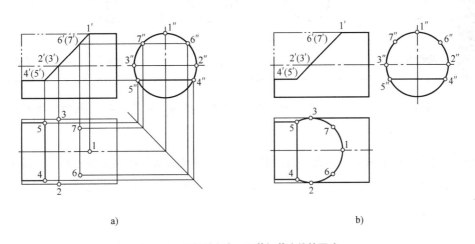

a)　　　　　　　　　　　　b)

图2-74 圆柱被多个平面截切截交线的画法

① 特殊位置点：在正面投影中作出特殊位置点 1′、2′、(3′)；利用积聚性作出其侧面投影点 1″、2″、3″；再根据投影关系，求出各特殊位置点的水平投影 1、2、3。

② 一般位置点：在正面投影中标出两截平面交线上的端点 4′、(5′)，取一般位置点 6′、(7′)；并根据积聚性作出其侧面投影 4″、5″、6″、7″。根据投影关系作出其水平投影 4、5、6、7。

③ 连接整理：依次连接各点的水平投影，作出光滑的椭圆与矩形。圆柱截切后还存在的部分用粗实线加深，截切掉的部分去除。

【友情提示】

圆柱有时会被多个截面所截切而形成一些结构比较复杂的物体。只要逐个作出各截平面与圆柱体的截交线，并画出截平面之间的交线，就可以作出截切后圆柱体的投影。

2）平面与圆锥相交。由于截平面与圆锥轴线的相对位置不同，平面截切圆锥所得的截交线有五种：等腰三角形、圆、椭圆、双曲线、抛物线，见表2-6。

表 2-6　圆锥截交线的基本形式

截平面的位置	过顶锥	垂直于轴线	倾斜于轴线	平行于素线	平行于轴线
立体图					
投影					
截交线的形状	两相交直线	圆	椭圆	抛物线	双曲线

【例 2-18】　如图 2-75 所示，已知圆锥被正垂面所截切，试作出其被截切后的水平投影及侧面投影。

分析：由于截平面倾斜于轴线，因此截交线的水平投影及侧面投影为椭圆。作图时，先求出截交线上的特殊位置点，再求出几个均匀分布的一般位置点，将各点光滑地连接起来，并判断截交线的可见性。

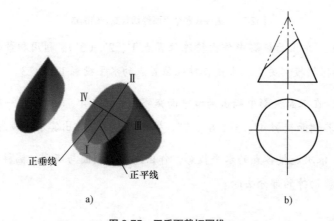

a)　　　　　　　　　　　　　　　b)

图 2-75　正垂面截切圆锥

作图步骤：

① 求特殊位置点。Ⅰ为最低点、Ⅱ为最高点，根据 1′、2′ 的位置分别求出其侧面投影 1″、2″ 及水平投影 1、2。Ⅲ为最前点、Ⅳ为最后点，根据 3′、4′ 的位置分别求出其水平投影 3、4 及侧面投影 3″、4″，如图 2-76a 所示。

② 求一般位置点。取均匀分布的一般位置点Ⅴ、Ⅵ、Ⅶ、Ⅷ，作出其正面投影5′、(6′)、7′、(8′)，本题可选用圆锥表面取点法之辅助素线法求出Ⅴ、Ⅵ、Ⅶ、Ⅷ点的正面投影5、6、7、8。根据投影关系，作出其侧面投影5″、6″、7″、8″，如图2-76b所示。

③ 光滑连接各点。去掉多余的线段，将各点依次光滑连接，即为截交线的投影，如图2-76c、d所示。

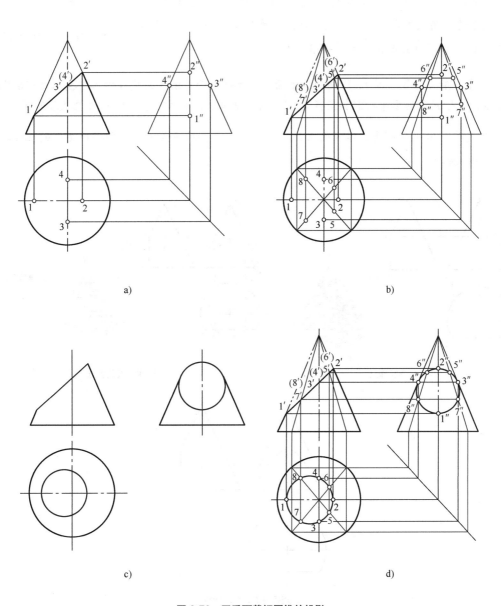

图 2-76　正垂面截切圆锥的投影

【例2-19】 求圆锥被正平面 P 截切后的投影，如图2-77所示。

分析：由图2-77可知，该圆锥轴线为铅垂线，截平面 P 与轴线平行，故截交线的正面投影为双曲线；其水平投影和侧面投影分别为横向直线和竖向直线。可选用辅助平面法求解本题。

图 2-77　正平面截切圆锥

作图步骤：

① 求特殊点（如 Ⅰ、Ⅱ、Ⅲ）。截交线上的最左点 Ⅱ 和最右点 Ⅲ 在底圆上，因此可由水平投影2、3在底圆的正面投影上定出 2′、3′。截交线上的最高点 Ⅰ 在圆锥最前侧视转向轮廓线上，因此，可由侧面投影 1″ 直接得到正面投影 1′，如图2-78a所示。

② 求一般点（Ⅳ、Ⅴ）。作辅助水平面 R，该辅助面与圆锥面交线的水平投影是以 $\overline{6'7'}$ 为直径的圆，它与 P 面的水平投影相交得4、5，再求出 4′、5′ 和 4″、（5″），如图2-78b所示。

③ 连线。依次分别连接各点的正面投影，加深，去掉多余图线，即得截交线的正面投影，如图2-78c所示。

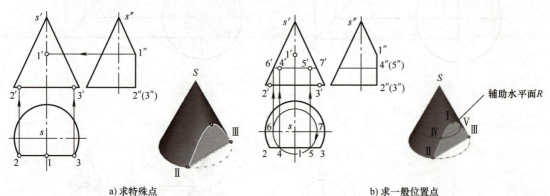

a) 求特殊点　　　　　　　　　　　b) 求一般位置点

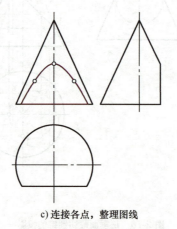

c) 连接各点，整理图线

图2-78　正平面截切圆锥的投影

3）平面与圆球相交。平面截切圆球，不论截平面处于何种位置，截交线都是圆。当截平面通过球心时，这时截交线呈最大圆，大小为圆球的直径。截平面离球心越远，截交线（圆）的直径越小。

由于截平面相对于投影面位置的不同，其截交线的投影也不相同，表2-7为圆球表面截交线。

① 当截平面平行于投影面时，截交线在该投影面上的投影反映截面圆的实形。

② 当截平面垂直于投影面时，截交线在该投影面上的投影积聚为一条直线，直线长度等于截面圆的直径。

③ 当截平面倾斜于投影面时，截交线在该投影面上的投影为椭圆。

表 2-7 圆球表面截交线

截平面位置	与 V 面平行	与 H 面平行	与 V 面垂直
立体图	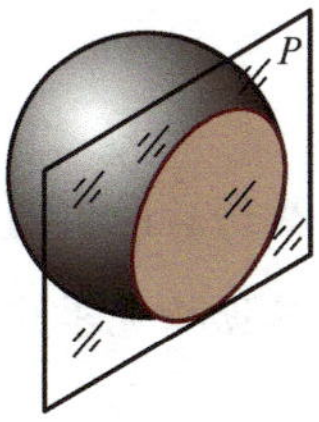	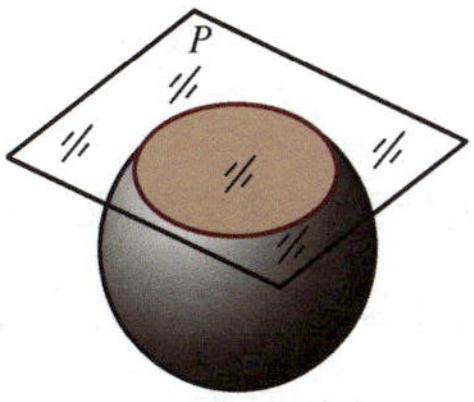	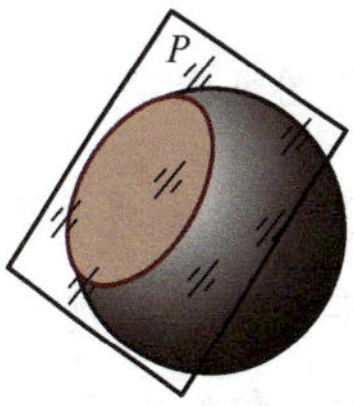
投影	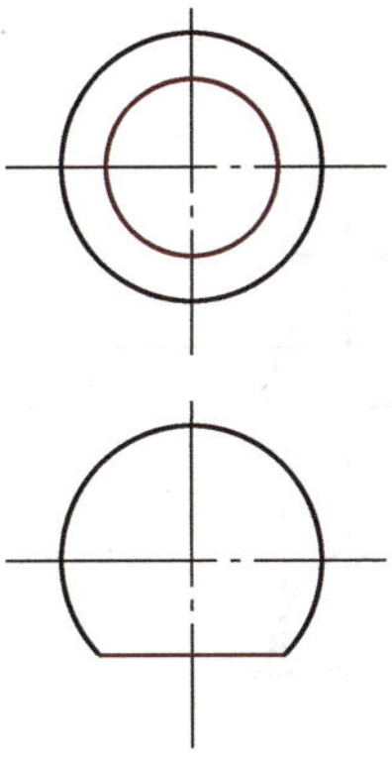	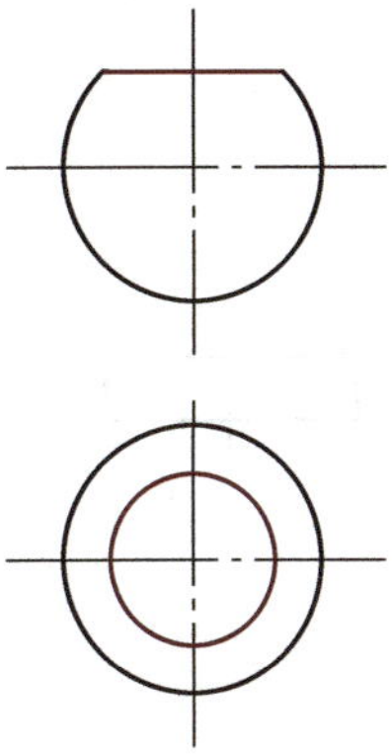	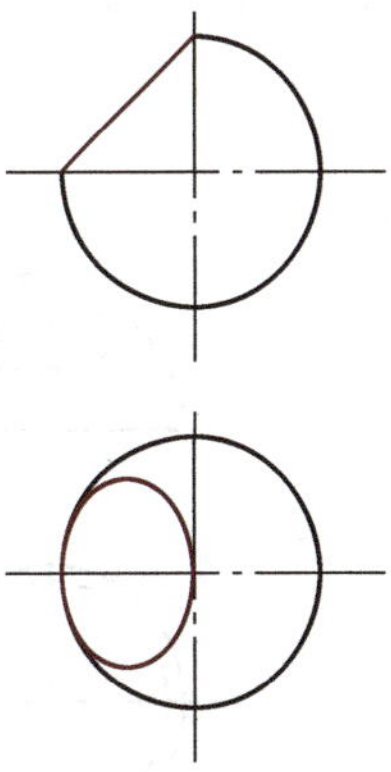

【例 2-20】 如图 2-79 所示，已知半球被截切后的正面投影，求其水平投影和侧面投影。

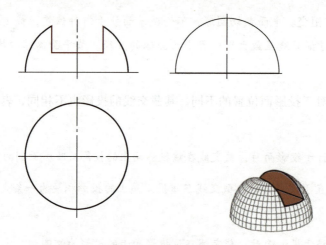

图2-79 半球的截切

分析：半球上的槽被三个平面截切而成。三个截平面分别为一个水平面，两个对称的侧平面。被水平面所截切的截交线在俯视图中的投影为部分圆弧，在左视图中积聚为直线，直线的长度为截面圆的直径。被侧平面所截切的截交线的投影在左视图中为部分圆弧，在俯视图中积聚为直线。

作图步骤：

① 作水平截平面的截交线投影。确定圆球被水平截平面截切后的截面圆弧的半径为 R_1，以 R_1 为半径，在俯视图中作出截面圆弧所在圆的水平投影，再根据槽宽求出槽底的水平投影，其侧面投影积聚为直线，如图 2-80a、b 所示。

② 作侧平截平面的截交线投影。确定圆球被侧平面截切后的截面圆弧半径为 R_2，以 R_2 为半径，在左视图中作出截面圆弧的侧面投影，如图 2-80c 所示。

③ 判断可见性，去掉多余图线，整理并加深轮廓线，结果如图 2-80d 所示。

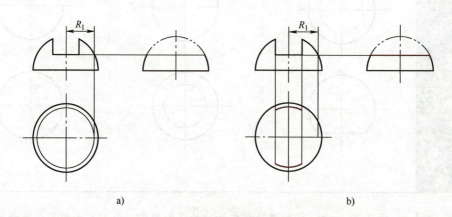

a)   b)

图2-80 半球被截切后的投影

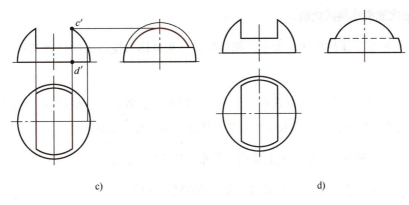

c)   d)

图2-80 半球被截切后的投影（续）

第七节 立体与立体相交

许多零件是由两个基本立体相交而成。我们把两立体相交称为相贯，其表面产生的交线称为相贯线。由于基本立体分为平面立体与曲面立体，因此两立体相贯的形式主要分为三种：平面立体与平面立体相贯、平面立体与回转体相贯和回转体与回转体相贯，如图 2-81 所示。

a) 平面立体与平面立体相贯   b) 平面立体与回转体相贯   c) 回转体与回转体相贯

立体与立体相交

图2-81 相贯线的三种形式

一、相贯线的主要性质

1. 共有性

相贯线是两立体表面的共有线，也是两立体表面的分界线，所以相贯线是两立体表面所有共有点的集合。

2. 封闭性

相贯线一般是封闭的空间（或平面）折线（通常由直线和曲线组成）或空间曲线，在特殊情况下是直线或平面曲线。

二、相贯线的作图步骤

相贯线是两立体表面所有共有点的集合，所以求相贯线可以先求出两立体表面的一系列共有点，然后依次光滑连接成曲线。

1）分析两相交立体的形状、大小、相对位置，相贯体与投影面的位置关系，相贯线的形状、作图方法等。

2）先确定相贯线上的特殊位置点（最左点、最右点、最高点、最低点、最前点、最后点等），以便确定相贯线的投影范围及变化趋势，使相贯线的投影更准确。

3）确定一般位置点。一般位置点应均匀分布在特殊位置点之间。

4）光滑且顺次地连接各点，作出相贯线，并判别可见性。

5）整理轮廓线。

三、两回转体正交的相贯线

两立体相贯时，由于立体的形状、大小、相对位置的不同，相贯线的形状也比较复杂多样。本部分主要研究两回转体（圆柱与圆柱、圆柱与圆锥）正交时相贯线的一般画法。

1. 圆柱与圆柱正交

（1）圆柱与圆柱正交的画法　圆柱与圆柱正交，根据其几何性质可采用表面取点法求相贯线。如果两圆柱中有一个是轴线垂直于投影面的圆柱，则相贯线在该投影面上的投影积聚在圆柱面上，再利用回转体表面取点的方法可以作出相贯线的其余投影。

【例 2-21】　如图 2-82 所示，求出两圆柱正交的相贯线。

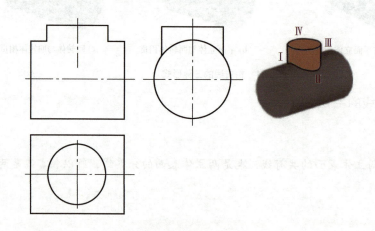

图2-82　正交两圆柱

分析：两个直径不等的圆柱正交，相贯线为空间曲线，且围绕小圆柱。小圆柱的轴线垂直于水平面，相贯线的水平投影积聚为圆；大圆柱的轴线垂直于侧平面，因此大圆柱的侧面投影积聚为圆，相贯线的侧面投影为一段圆弧。

作图步骤:

1)采用规定画法。

① 求特殊位置点。由水平投影和侧面投影可知,点 Ⅰ 为相贯线的最左点,点 Ⅲ 为相贯线的最右点,同时 Ⅰ、Ⅲ 两点也为相贯线的最高点。点 Ⅱ 为相贯线最前点,点 Ⅳ 为相贯线的最后点,同时 Ⅱ、Ⅳ 两点也为相贯线的最低点。作出 Ⅰ、Ⅱ、Ⅲ、Ⅳ 四点的三面投影,如图 2-83a 所示。

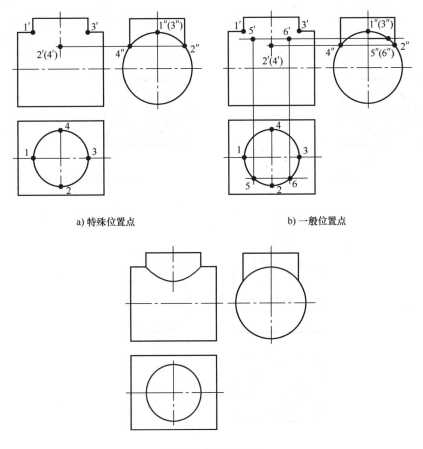

a) 特殊位置点 b) 一般位置点

c) 连接各点,整理图线

图2-83 规定画法求两圆柱正交的投影

② 求一般位置点。在侧面投影中取对称点 5″、(6″),利用积聚性及点的投影规律先后求出点的水平投影 5、6 及正面投影 5′、6′,如图 2-83b 所示。

③ 连接各点。光滑且顺次地连接各点,作出相贯线,整理轮廓线,如图 2-83c 所示。

2)采用近似画法。

① 求特殊位置点。同规定方法相同,找出特殊位置点 Ⅰ、Ⅱ、Ⅲ、Ⅳ,并作出其三面投影,如图 2-84a 所示。

②找出大圆柱半径 R，如图 2-84b 所示。

③分别以特殊点 1′、3′为圆心，大圆柱半径 R 为半径作圆弧；再以交点 O 为圆心，以大圆柱半径 R 为半径画圆弧，如图 2-84c 所示。

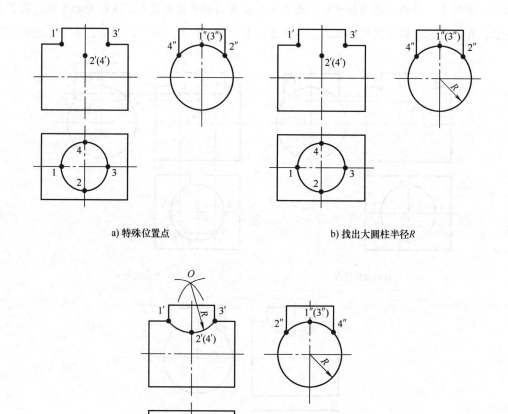

a) 特殊位置点　　　　　　　　　　　　b) 找出大圆柱半径R

c) 绘制近似圆弧

图2-84　近似画法求两圆柱正交的投影

（2）两圆柱正交的形式　两轴线相交的圆柱，在零件上是最常见的，圆柱如果有孔，则该圆柱有内、外表面之分。两圆柱正交有三种基本形式：

1）圆柱外表面与外表面相交（实实相贯），如图 2-85a 所示。

2）圆柱外表面与内表面相交（实虚相贯），如图 2-85b 所示。

3）圆柱内表面与内表面相交（虚虚相贯），如图 2-85c 所示。

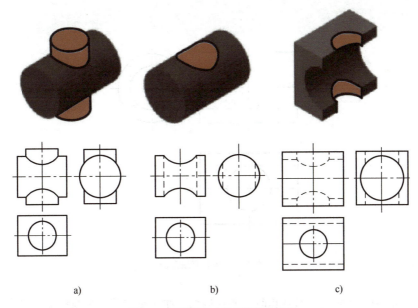

a)　　　　　　　　　　b)　　　　　　　　　　c)

图2-85　两圆柱正交的三种基本形式

两圆柱正交可能是三种基本形式中的任一种，但其相贯线的形状和求作方法都是相同的。

（3）两圆柱正交时相贯线的变化　如图 2-86 所示，两正交圆柱相对位置保持不变，当圆柱直径发生变化时，相贯线的形状和位置也会随之发生变化。

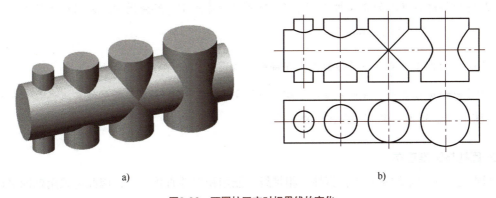

a)　　　　　　　　　　　　　　　　　b)

图2-86　两圆柱正交时相贯线的变化

1）两正交圆柱直径不等时，小圆柱穿过大圆柱，在非积聚性的投影上，相贯线的投影为对称的曲线，且朝大圆柱轴线弯曲。

2）两正交圆柱直径相等时，相贯线在空间为两个相交椭圆，在非积聚性的投影上，相贯线投影为相交直线。

3）对于两正交圆柱，直径差异越小，相贯线弯曲程度越大。

【**例 2-22**】　如图 2-87 所示，已知两正交圆柱孔的水平和侧面投影，作出其相贯线的正面投影。

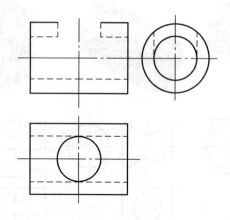

图2-87　求相贯线实例

分析：由图 2-87 可知，本例存在两种相贯形式，即实虚相贯与虚虚相贯。实虚相贯的相贯线正面投影为曲线；虚虚相贯时，因为两圆柱孔是等直径孔，因此相贯线的正面投影为直线。

作图步骤：

① 找出大圆柱半径 R，如图 2-88a 所示。

② 作出特殊位置点的正面投影 $1'$、$2'$，分别以特殊点 $1'$、$2'$ 为圆心，大圆柱半径 R 为半径作圆弧，交于点 O，如图 2-88b 所示。

③ 以 O 为圆心、R 为半径作圆弧，即得相贯线圆弧 $\overparen{1'2'}$，如图 2-88c 所示。

④ 作出特殊位置点的正面投影 $3'$、$4'$，两轴交点 $5'$，将特殊点和两轴线交点连接，即得相贯线（直线 $3'5'$ 和直线 $4'5'$），如图 2-88d 所示。

2. 圆柱与圆锥正交

圆锥的三个投影均不具有积聚性，相贯线不能用积聚性直接求出，因此可采用辅助平面法求解。

辅助平面法：辅助平面法也称为"三面共点辅助平面法"。假想用一辅助平面截切两相交立体，辅助平面与两立体表面都产生截交线，即得到两组截交线。两组截交线的交点既属于辅助平面，又属于两立体表面，是三面共有点，即相贯线上的点。再用同样的方法求出若干的共有点，依次光滑连接共有点，便是所求的相贯线。

辅助平面选择的原则：①辅助平面必须同时通过两相交立体。②辅助平面应该选取特殊位置的平面。③辅助平面与两相交立体的截交线投影是简单易画的图形（由直线或圆弧构成的图形）。

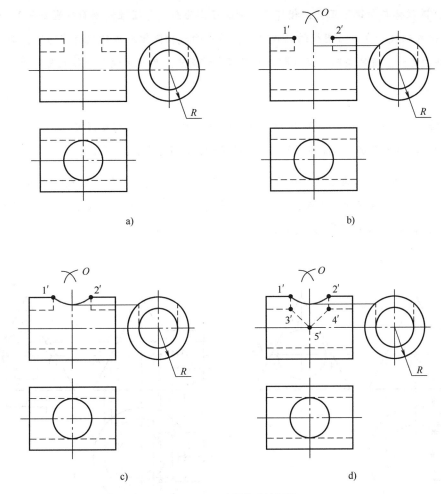

a)　　　　　　　　　　b)

c)　　　　　　　　　　d)

图2-88　两正交圆柱孔的投影

【**例 2-23**】 如图 2-89 所示，求圆柱体与圆锥体正交的相贯线。

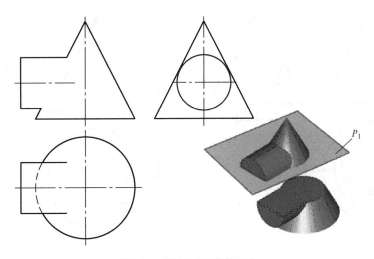

图2-89　圆柱体与圆锥体正交

分析：圆柱体与圆锥体正交，相贯线的侧面投影为圆（与圆柱的侧面投影重合）。作辅助平面 P_1 与圆锥的轴线垂直，与圆柱的轴线平行，该平面截切圆锥形成的截交线为圆，截切圆柱形成的截交线为直线。直线与圆的交点即为相贯线上的两点。用此方法可求得相贯线上的若干点。

作图步骤：

① 求特殊位置点。如图 2-90a 所示，作出辅助平面 P_1，根据相贯线特殊位置点的侧面投影 $1''$、$2''$、$3''$、$4''$ 作出其水平投影 1、2、3、4 及正面投影 $1'$、$2'$、$3'$、$(4')$。

② 求一般位置点。如图 2-90b 所示，作出辅助平面 P_2，定出一般位置点的侧面投影 $5''$、$6''$，作出其水平投影 5、6 及正面投影 $5'$、$(6')$。作出辅助平面 P_3，定出一般位置点的侧面投影 $7''$、$8''$，作出其水平投影 7、8 及正面投影 $7'$、$(8')$。

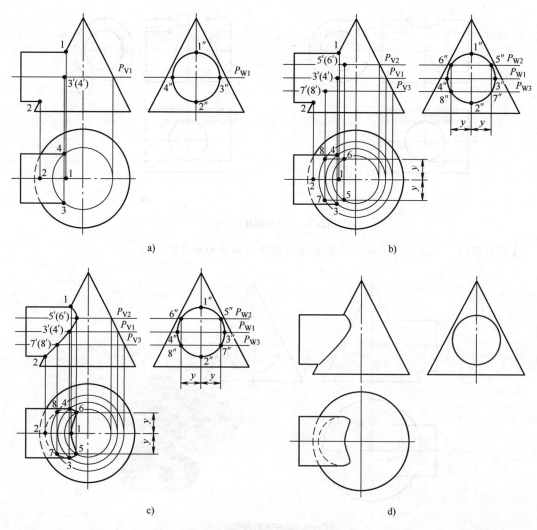

图2-90　圆柱体与圆锥体正交的投影

③ 判断可见性，连接各点。如图 2-90c 所示，水平投影的虚实分界点为 3、4 两点，因此将点 3、7、2、8、4 用虚线连接，点 3、5、1、6、4 用粗实线连接。正面投影 1'、2'、3'、5'、7' 为可见，用粗实线连接。

④ 整理轮廓线。结果如图 2-90d 所示。

四、相贯线的特殊情况

1. 同轴回转体

如图 2-91 所示，两个回转体同轴且相交，其相贯线一定是垂直于轴线的圆。

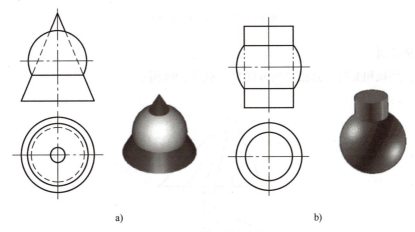

a)　　　　　　　　　　　　　b)

图2-91　同轴回转体相贯

2. 公切于球的两回转体

如图 2-92 所示，当两回转体轴线相交且公切于同一球面时，相贯线是两个相交的椭圆。

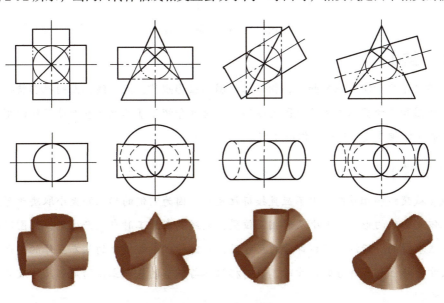

图2-92　公切于球的两回转体相贯

3. 两圆柱的轴线平行

当相交两圆柱的轴线平行时，相贯线为圆弧与直线，如图2-93所示。

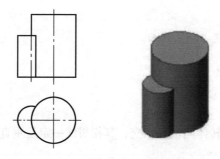

图2-93　两轴线平行圆柱相贯

4. 两圆锥共顶

当两圆锥共顶相交时，其相贯线为直线，如图2-94所示。

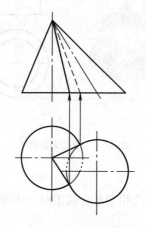

图2-94　两共顶圆锥相贯

【本章小结】

本章学习了投影法的基本知识，物体三视图的投影规律，点、线、面的投影特性，绘制基本立体三视图和识读基本立体三视图的技巧。同时也介绍了基本立体表面截交线的形成、作图技巧及基本立体相贯线的形成、作图技巧。

【知识拓展】

交线（截交线和相贯线）上不应直接标注尺寸，因为它们的形状和大小取决于形成交线的平面与立体或立体的形状、大小及其相互位置，交线是在加工时自然产生的，画图时是按一定的作图方法求得的。标注截交线部分的尺寸时，只需标注参与截交的基本立体的定形尺寸和截平面的尺寸；标注相贯部分的尺寸时，只需标注参与相贯的基本立体的定形尺寸及其相贯位置的定位尺寸。

第三章

组合体的表示方法

【学习目标】

1. 在学习了点、线、面、立体的投影规律的基础上，就理想化的复杂物体如何通过投射，正确地反映其形状和结构进行讨论，即如何采用合理的方案来进行表达。

2. 通过对看图方法的介绍，训练读者能通过对视图的分析，将视图表达的空间物体还原出来，想象出其形状和结构。

3. 讨论如何完整、正确、清晰地标注尺寸，以确定物体的空间大小，为后续零部件的学习打下坚实的基础。

【素质目标】

1. 加强职业道德教育，树立诚信评估、全心全意为人民服务的信念；做有理想、有能力、有担当的时代新人。

2. 正确认识自我、取长补短、奋发前进。

【重点】

1. 清楚组合体的组合方式及特点。

2. 正确绘制各类组合体的三视图及尺寸标注。

3. 掌握读组合体视图的方法，并能根据给出的视图想象物体的空间形状。

【难点】

1. 根据组合体的结构特征，清楚组合体的组合方式。

2. 能够根据不同特征的组合体，完成其视图绘制与尺寸标注。

3. 根据绘制的视图想象物体的形状和结构。

在实际的生产、生活中，物体多数情况下并不是一个简单的基本几何体，而是由若干基本体经过叠加、切割和综合等方式组合而成。这种由两个及其以上基本几何体组合而成的形体称为组合体。

第一节　组合体

一、组合体的组合方式

组合体的组合方式通常分为叠加、切割和综合三种，如图 3-1 所示。

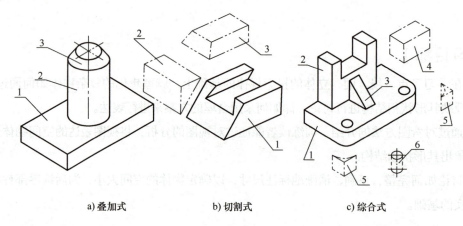

　　　a) 叠加式　　　　　　　b) 切割式　　　　　　　c) 综合式

图3-1　组合体的组合方式

1. 叠加

组合体由若干个基本几何体互相叠加而成。如图 3-1a 所示的物体就是由长方体底板 1、圆柱 2 及圆锥台 3 通过叠加的方式组合而成的。

2. 切割

组合体由一个基本体被平面截切或开洞、挖槽等切割而成。如图 3-1b 所示的物体就是长方体 1 的左端被截切掉一块三棱柱 2，其上端被截切掉一块从左至右的燕尾槽 3 组合而成的。

3. 综合

综合类组合体是既有叠加又有切割所形成的复杂形体。如图 3-1c 所示的物体既有长方体底板 1、长方体竖板 2 及三棱柱的肋板 3 的叠加，又有长方体底板倒圆角和穿圆孔、长方体竖板上端开矩形槽的切割。实际应用中多见该类组合体。

二、组合体各形体组合时表面的连接关系

组合体各形体组合时，表面连接关系分为平行、相切和相交三种。

1. 平行

平行是指组合的两基本体表面间同方向的相互位置关系。具体来说，平行又分两种情况：

一种是相邻两基本体的表面互相平齐，另一种是两基本体的表面不共面，相互平行。

（1）平齐（共面） 相邻两基本体的表面互相平齐，连成一个平面（共面），如图3-2所示。显然，两形体结合处没有分界线。因此，在画图时，上、下形体之间不应画线（平齐、共面无交线）。

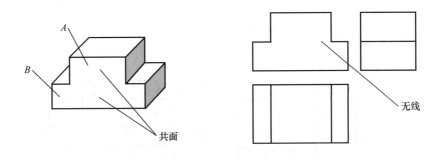

图3-2 相邻两基本体表面平齐

（2）不平齐（不共面） 相邻两基本体的表面不共面，相互错开，如图3-3所示。显然，在绘制图示箭头方向的视图时，要画出两表面间的分界线（不平齐、不共面，有交线）。

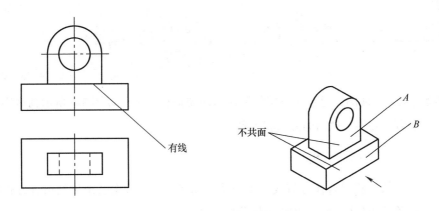

图3-3 相邻两基本体表面不平齐

2. 相切

相切是指两个基本体的相邻表面通过相切组合在一起。此时，两表面在相切处（平面与曲面或曲面与曲面）光滑过渡，不存在交线，因此在视图上一般不画出分界线，如图3-4所示。

3. 相交

两基本体表面相交时，两表面的交线是它们的分界线，图上必须画出，如图3-5所示。

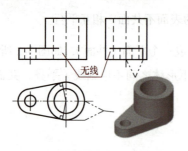
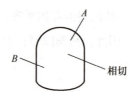

图3-4　两基本体相邻表面相切

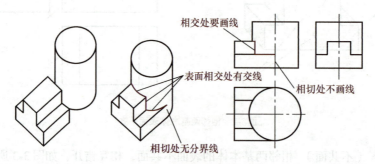

图3-5　两基本体表面相交

第二节　组合体三视图的画法

由实物绘制其三视图，应按照一定的方法与步骤进行。下面以图 3-6 所示轴承座为例，说明画组合体三视图的方法和步骤。

组合体三视图的画法

一、形体分析

假想将组合体分解成若干个基本几何体，并确定各形体的组合方式和相对位置关系的分析方法，称为形体分析法。

在对组合体进行绘图、读图和标注尺寸的过程中，形体分析法是一个重要方法。

在运用形体分析法时，应着重分析：该组合体由哪些基本体所组成？各基本体之间的相互位置如何？基本体之间各邻接表面的关系如何？

如图 3-6 所示，轴承座可看作由底板、支承板、圆筒、肋板组成。支承板叠放在底板上，它们的后表面平齐，前表面不平齐；支承板的左、右侧面与圆筒表面相切，前表面与圆筒相交；肋板的左、右侧面及前表面与圆筒相交；底板的上表面与支承板、肋板的底面重合；圆筒是空心圆柱体。轴承座的总体构型左、右对称。

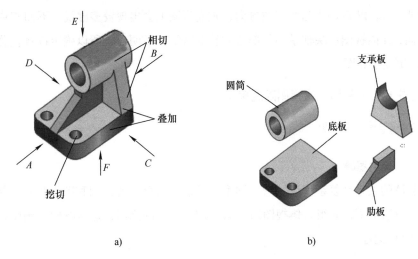

a)   b)

图3-6 组合体的形体分析

二、选择视图

选择视图时先确定主视图，主视图选择的好与坏是整体表达方案是否清晰、完整的关键。一般将组合体的主要表面或主要轴线放置在与投影面平行或垂直的位置，并以最能反映该组合体各部分形状和相互位置的一个视图作为主视图。

在选择主视图时主要从以下几个方面考虑：

1）以最能反映该组合体各部分形状和相对位置特征的方向作为主视图方向。

2）使主视图和其他两个视图上的虚线尽量少一些。

3）尽量使画出的三视图长大于宽。

4）将组合体的主要表面或主要轴线放置在与投影面平行或垂直的位置。

上述原则在具体运用时应综合考虑，当各原则之间相互冲突时，一般首先满足前者。将如图 3-6a 所示组合体从六个方向进行投射，选择主视图的投射方向时，首先可排除投射方向 E 和 F，因为上述原则均不能满足，剩余 A、B、C、D 四个方向投射所得投影如图 3-7 所示。

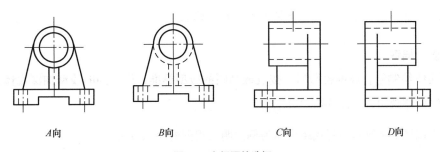

A向   B向   C向   D向

图3-7 主视图的选择

若以 B 向作为主视图方向，虚线过多，不如 A 向视图清楚；对于 D 向和 C 向视图，虽然虚线情况相同，但若以 D 向作为主视图方向，则左视图上会出现较多虚线，不如 C 向好；再比较 C 向和 A 向，A 向视图反映轴承座各部分的轮廓特征比较明显，所以确定以 A 向作为主视图的投射方向，更便于布图。

主视图选定后，左视图、俯视图随之确定。

三、绘制组合体三视图

1. 选比例，确定图幅

根据组合体的大小和复杂程度，选择国家标准规定的合适的比例和图纸幅面，并画出图框及标题栏。一般情况下，画组合体视图时尽量选用 1 ∶ 1 的比例，这样既便于画图，又能较直观地反映物体的大小。

2. 布置视图，画基准线

布置视图时，应根据各视图每个方向的最大尺寸，考虑视图间留出标注尺寸的位置和适当间隔，要注意布图匀称合理。各视图位置确定后，用细点画线或细实线画出作图基准线。作图基准线一般为底面、对称面、主要端面、主要轴线等，如图 3-8a 所示。

3. 画底稿

依次画出每个基本体的三视图，如图 3-8b~e 所示。

【友情提示】

画底稿时应注意以下几点：

1）在画各基本体的视图时，应先画主要形体，后画次要形体，先画出可见部分，再画出不可见部分。如图 3-8 中先画底板和圆筒，后画支承板和肋板。先画粗略轮廓，后画细节结构。

2）画每个基本体时，一般应三个视图对应着一起画。先画反映实形或有形状特征的视图，再按投影关系画其他视图。如图 3-8 中先画支承板主视图、圆筒主视图等。

3）画每一个基本体时，需按投影关系正确画出平行、相切、相交处的投影。如圆筒与支承板相切，在俯视图和左视图中支承板要画到切点位置。

4. 检查、描深

用细实线绘制组合体的投影后，按机械制图的线型标准，用不同的线型加深底稿，得到最后完整的组合体视图，如图 3-8f 所示。

下面再以图 3-9 所示切割式组合体为例说明三视图的绘制方法。

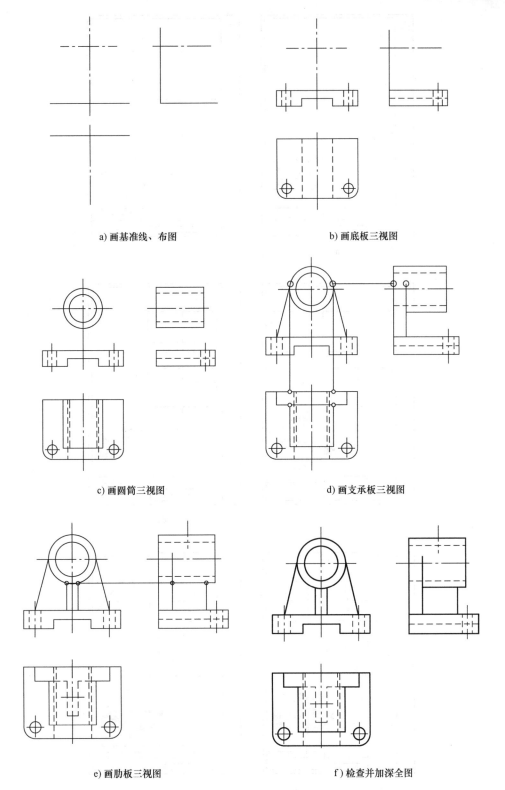

a) 画基准线、布图   b) 画底板三视图

c) 画圆筒三视图   d) 画支承板三视图

e) 画肋板三视图   f) 检查并加深全图

图3-8 轴承座三视图画图步骤

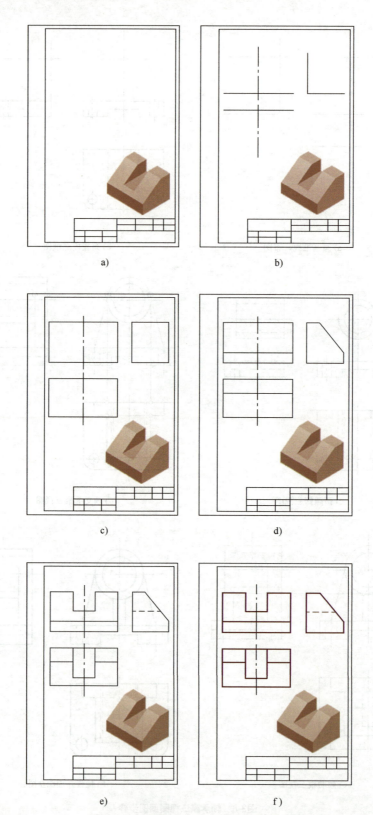

a)

b)

c)

d)

e)

f)

图3-9　画切割式组合体三视图的步骤

从图 3-9a 可以看出，该组合体可看作是由一个四棱柱经截切、挖槽而形成的左右对称的组合体，其前端被斜切去一个三棱柱；上端挖切去一块四棱柱。

根据上述分析，画图时，一般先画基准线，再画出完整立体的三视图；对于被切去的形体，应先画出反映其形状特征的那个视图，然后由投影关系再画出其他两个视图，如图 3-9b~f 所示。

第三节　组合体的尺寸标注

绘制完成组合体的三视图只是将物体的形状和结构反映出来，而具体的尺寸大小，则需要通过尺寸标注确定。因此，完整的图样中，必须有完整的尺寸标注，这样才能够作为生产实践的依据。

一、标注尺寸的基本要求

标注尺寸的基本要求是正确、完整、清晰、合理。

1）正确：所注的尺寸要正确无误，注法要符合国家标准中的有关规定。

2）完整：所注尺寸必须把组合体中各个基本体的大小及相对位置确定下来，无遗漏、无重复。

3）清晰：所注尺寸布置要适当，并尽量注在明显的地方，以便看图。

4）合理：所注尺寸要符合设计和制造要求，为加工、测量和检验提供方便（该要求重点在第六章介绍）。

组合体的尺寸标注

二、组合体尺寸标注的基本方法

标注组合体尺寸要齐全，即标注尺寸必须不多不少，且能唯一确定组合体的形状、大小及其相互位置。组合体尺寸标注的基本方法是形体分析法：从形体分析出发，将组合体分成若干个基本体，分别标注组合体的定形尺寸、定位尺寸和总体尺寸。

（1）定形尺寸　确定各基本体的大小和形状的尺寸即定形尺寸。如常见长方体的长、宽、高和圆柱体的直径与高度尺寸就是定形尺寸。

（2）定位尺寸　确定各基本体相对位置的尺寸即定位尺寸。

标注定位尺寸时，会涉及基准的问题。所谓基准，就是标注定位尺寸的起点。

任何物体都会涉及长、宽、高三个方向的尺寸，因此，标注尺寸的基准也应该是三个及以上，即长、宽、高三个方向上，每个方向至少有一个基准。

一般多选择物体的对称或近似对称平面、底面、较大的端面和回转体的轴线等作为尺寸基准。

（3）总体尺寸　确定组合体总长、总宽、总高的尺寸即总体尺寸。标注总体尺寸的目的主要是确定物体占据的空间大小，方便今后备料、加工、运输、安装等工作。

三、常见结构的尺寸标注

1. 一些常见基本体的定形尺寸

常见基本体的定形尺寸如图 3-10 所示。有时标注形式可能有所改变，但尺寸数量不能增减。

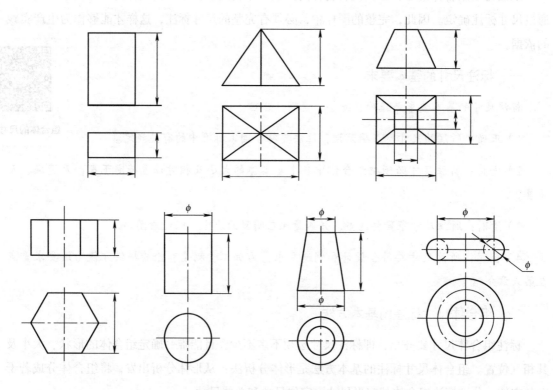

图3-10　常见基本体的定形尺寸

2. 一些常见立体的定位尺寸

1）如图 3-11 所示，底板有四个对称分布的孔，为了确定四个孔的位置，可以对称面为基准，标注孔的中心距离。

2）如图 3-12 所示，底板上的圆筒不处于对称位置，则应确定长度和宽度的基准，标注回转轴线到基准面间的距离。

3）如图 3-13 所示，底板上的四棱柱不处于对称位置，则应确定长度和宽度的基准，标注棱柱上两个棱面到基准面间的距离。

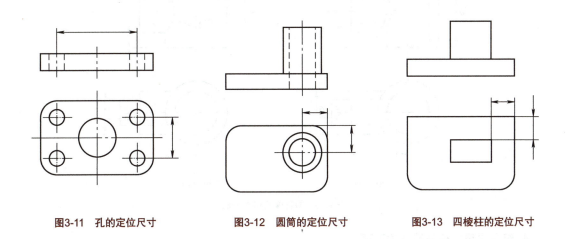

图3-11　孔的定位尺寸　　　　图3-12　圆筒的定位尺寸　　　　图3-13　四棱柱的定位尺寸

3. 截切体和相贯体的尺寸注法

（1）截切体的尺寸标注　应注出被截体的定形尺寸及确定截平面位置的定位尺寸。图 3-14 所示为截切体的尺寸注法图例，其中图 3-14a 的注法正确，图 3-14b 的注法错误。

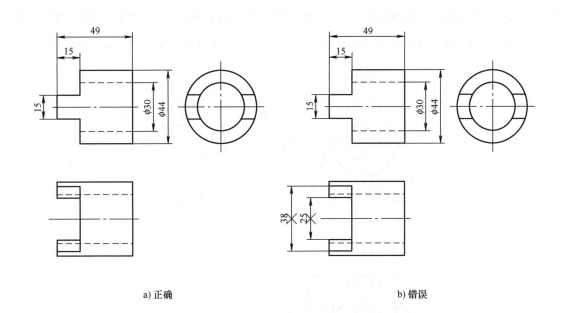

a) 正确　　　　　　　　　　　　　　　　b) 错误

图3-14　截切体的尺寸注法

（2）相贯体的尺寸标注　应注出两相贯体的定形尺寸和相贯体的相对位置尺寸。图 3-15 所示为具有相贯线的尺寸注法图例，其中图 3-15a 的注法正确，图 3-15b 的注法错误。

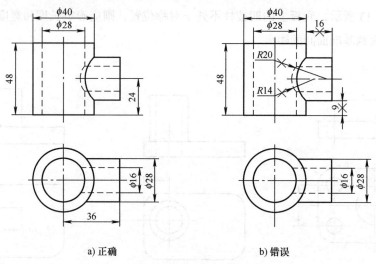

a) 正确　　　　　　　　　　b) 错误

图3-15　相贯体的尺寸注法

4. 组合体尺寸标注的注意事项

1）标注组合体尺寸时，应先注主要基本体，后注次要基本体。

2）圆柱、圆锥的定形尺寸和定位尺寸应尽量标注在非圆视图上。尤其是视图中存在多个同心圆时，圆的直径尺寸应尽可能注在非圆视图上，如图 3-16 所示的圆筒和凸台的直径尺寸。

3）尺寸应尽量注在视图的外部，并布置在与它有关的两视图之间。若所引的尺寸界线过长或多次与投影线相交，可注在视图内适当的空白处，如图 3-16 主视图中肋板的定形尺寸"12"。

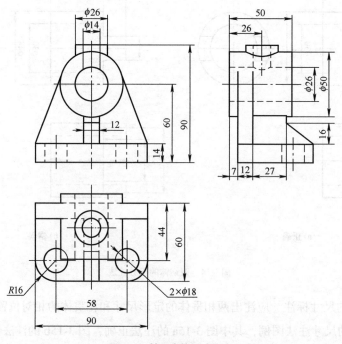

图3-16　轴承座的尺寸注法

4）标注互相平行的尺寸时，小尺寸应注在内，大尺寸应注在外，以避免尺寸线和尺寸界线间不必要的相交。如图 3-16 左视图中凸台的定位尺寸"26"位于圆筒的宽度尺寸"50"的内侧。

5）在标注具有回转中心形体的定位尺寸时，要标注其轴心到定位基准的距离，如图 3-16 主视图中圆筒的定位尺寸"60"和左视图中凸台的定位尺寸"26"。

6）形体中的同类结构相对于基准对称分布时，应直接标注两者之间的距离，如图 3-16 俯视图中底板上的两个圆孔的定位尺寸"58"。

7）截交线、相贯线和两表面相切处切点的位置都不应标注尺寸，如图 3-16 中圆筒与凸台正交形成的相贯线以及支承板与圆筒相切处都不标尺寸。

8）半径尺寸必须标注在反映圆弧实形的视图上。如图 3-16 中底板的圆角半径"R16"注在俯视图中。

9）尺寸布置要清晰，如图 3-17 所示。

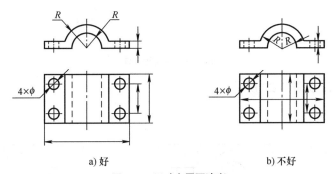

a) 好   b) 不好

图3-17　尺寸布置要清晰

10）在对形体的总体尺寸进行标注时，结构的边界如果存在圆或圆弧，为了突出这一结构，要标注圆弧的半径或圆的直径及相应圆心的定位尺寸，但不标注其相应的总体尺寸。如图 3-18a 中，不标注总长尺寸，图 3-18b 中，不标注总高尺寸。

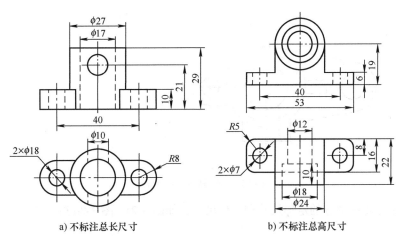

a) 不标注总长尺寸   b) 不标注总高尺寸

图3-18　总体尺寸标注

5. 组合体三视图的标注实例

标注图 3-19 所示支座组合体的尺寸。

1）形体分析。支座组合体是一个叠加式组合体，该物体由垫板、底板、圆筒、凸台、肋板和支架六部分组成。

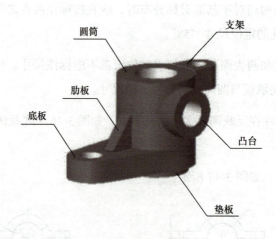

图3-19　支座组合体

2）绘制三视图，如图 3-20 所示。

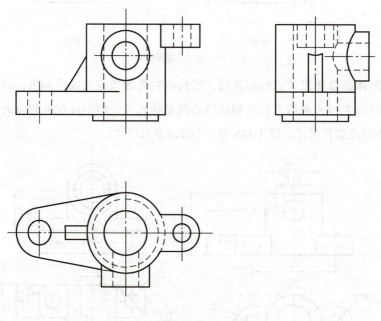

图3-20　支座组合体三视图

3）分别标注每一部分的定形尺寸和定位尺寸，如图 3-21~ 图 3-26 所示。

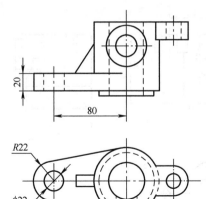
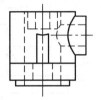
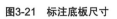

图3-21　标注底板尺寸

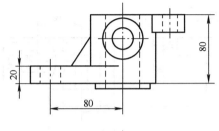
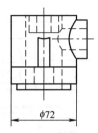
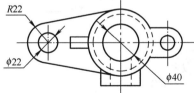

图3-22　标注圆筒尺寸

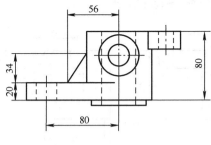
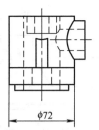
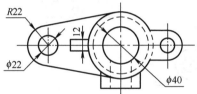

图3-23　标注肋板尺寸

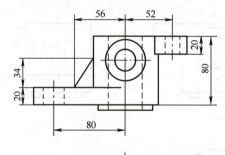
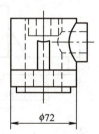
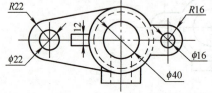

图3-24　标注支架尺寸

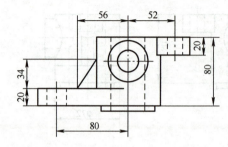
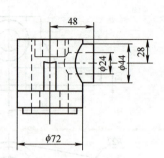
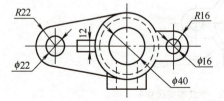

图3-25　标注凸台尺寸

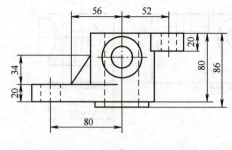
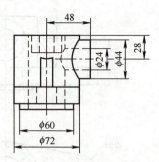
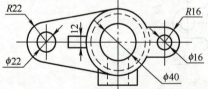

图3-26　标注垫板尺寸

4）标注总体尺寸，如图 3-27 所示。根据该组合体的结构特征，不需要重新标注总长、总宽尺寸，而总高"86"在标注垫板尺寸时已经注出，不需要再标注。

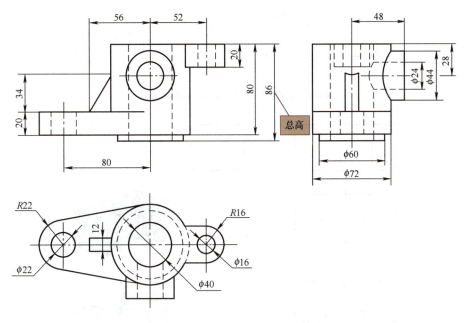

图3-27　标注总体尺寸

第四节　读组合体视图

画图是将物体按正投影方法表达在图样上，读图则是根据已经画出的视图，通过形体分析和线面的投影分析，想象出物体的形状。画图与读图是相辅相成的，读图是画图的逆过程。

一、读图的基本知识

读组合体视图

1. 要把几个视图联系起来进行分析

组合体的形状一般是通过几个视图来表达的，每个视图只能反映物体一个方向的形状，仅有一个或两个视图不一定能唯一确定组合体的形状。如图 3-28 所示，物体的主视图和俯视图都相同，唯有左视图不同，却代表了三种不同形状的物体。

2. 注意抓特征视图

（1）形状特征视图　最能反映物体形状特征的那个视图，称为形状特征视图。如图 3-28 中的左视图，图 3-29 中的俯视图，都是形状特征视图。

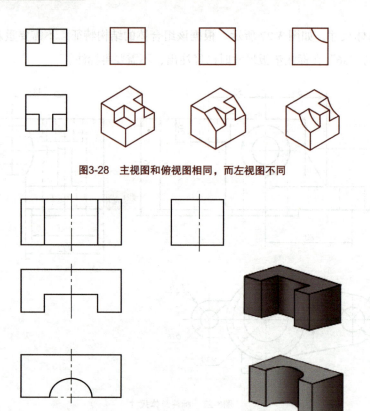

图3-28 主视图和俯视图相同，而左视图不同

图3-29 主视图和左视图相同，而俯视图不同

（2）位置特征视图 最能反映物体位置特征的那个视图，称为位置特征视图。如图 3-30 所示的三视图中，左视图是位置特征视图。

二、读图的方法

1. 形体分析法

根据组合体的视图，从图上识别出各个基本形体，再确定它们的组合形式及相对位置，综合想象出整体形状。形体分析法读图的步骤如下。

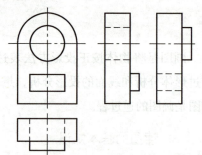

图3-30 左视图不同，反映形体的位置不同

（1）看视图，分线框 从主视图入手，按照投影规律，几个视图联系起来看，把组合体大致分成几部分。

（2）识形体，定位置 根据每一部分的三视图，想象出各基本体的形状，并确定它们之间的相对位置。

（3）综合起来，想出整体 确定各基本体的形状及其相对位置后，就可以想象出组合体的整体形状。

【例 3-1】 读图 3-31a 所示三视图，想象它所表示的物体的形状。

读图步骤：

① 分离出特征明显的线框。三个视图都可以看作是由三个线框组成的，因此可大致将该物体分为三个部分。其中主视图中Ⅰ、Ⅲ两个线框特征明显，俯视图中线框Ⅱ的特征明显。如图 3-31a 所示。

② 逐个想象各形体形状。根据投影规律，依次找出Ⅰ、Ⅱ、Ⅲ三个线框在其他两个视图中的对应投影，并想象出它们的形状，如图 3-31b、c 所示。

③ 综合想象整体形状。确定各形体的相互位置，初步想象物体的整体形状，如图 3-31d 所示。然后把想象的组合体与三视图进行对照、检查，根据主视图中的圆线框及它在其他两视图中的投影想象出通孔的形状，最后想象整体形状，如图 3-31e 所示。

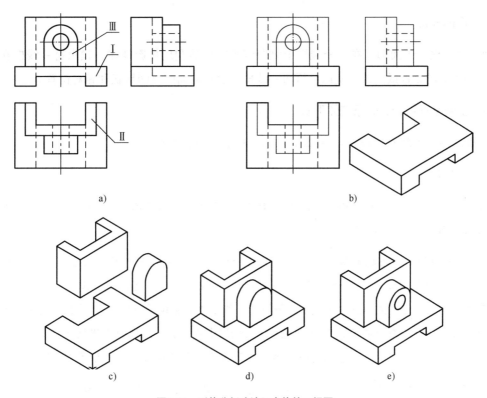

a)   b)

c)   d)   e)

图3-31　形体分析法读组合体的三视图

2. 线面分析法

对于较复杂的组合体，除用形体分析法分析整体外，往往还要对一些局部采用线面分析的方法。

所谓线面分析法，就是把组合体看成是由若干个平面或平面与曲面围成的，面与面之间常存在交线，然后利用线面的投影特征，确定其表面的形状和相对位置，从而想象出组合体的整体形状。

【友情提示】

1）在三视图中，面的投影特征是：凡"一框对两线"，则表示投影面平行面；凡"一线对两框"，则表示投影面垂直面；凡"三框相对应"，则表示一般位置平面。要善于利用线面投影的真实性、积聚性和类似性。

2）视图中相邻的两封闭线框，表示的是该相邻两面不平齐、不共面，是错开或相交的两个面。

3）读图时，应遵循"形体分析为主，线面分析为辅"的原则。一般情况下，形体分析法适于读叠加类组合体，线面分析法适于读切割类组合体。

线面分析法读图的步骤如下。

1）形体分析。

2）分线框，识面形。在一个视图上划分线框，然后利用投影规律，找出每一线框在另两个视图中对应的线框或图线，从而分析每一线框所表示的面的空间形状和相对位置。

3）空间平面组合，想象整体形状。

【例3-2】 读图3-32a所示三视图，想象它所表示的物体的形状。

读图步骤：

① 初步判断主体形状。物体被多个平面切割，但从三个视图的最大线框来看，基本都是矩形，据此可判断该物体的主体应是长方体。

② 确定切割面的形状和位置。图3-32b是分析图，从左视图中可明显看出该物体有 a、b 两个缺口，其中缺口 a 是由两个相交的侧垂面切割而成，缺口 b 是由一个正平面和一个水平面切割而成。还可以看出主视图中线框 1'、俯视图中线框 1 和左视图中线框 1″ 有投影对应关系，据此可分析出它们是一个一般位置平面的投影。主视图中线段 2'、俯视图中线框 2 和左视图中线段 2″ 有投影对应关系，可分析出它们是一个水平面的投影。并且可看出Ⅰ、Ⅱ两个平面相交。

③ 逐个想象各切割处的形状。可以暂时忽略次要形状，先看主要形状。比如看图时可先将两个缺口在三个视图中的投影忽略，如图3-32c所示。此时物体可认为是由一个长方体被Ⅰ、Ⅱ两个平面切割而成，可想象此时物体的形状，如图3-32c所示。然后再依次想象缺口 a、b 处的形状，分别如图3-32d、e所示。

④ 想象整体形状。综合归纳各截切面的形状和空间位置，想象物体的整体形状，如图3-32f所示。

从以上两例可以看出，在读图时，对于叠加类组合体，用形体分析法较为有效，而对于切割类组合体，用线面分析法较为有效。

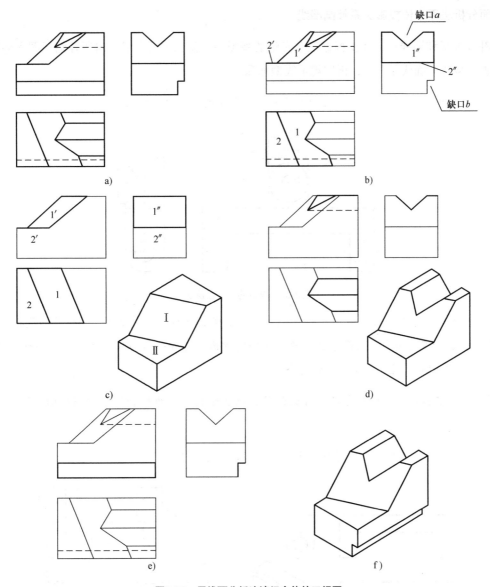

图3-32　用线面分析法读组合体的三视图

3. 补画第三视图和补画漏线

补画第三视图和补画漏线是培养和提高画图、识图能力的一种综合训练，也是检验看图能力的一种有效方法。

补画第三视图，是根据已知正确的两个视图补画第三个视图。一般可分两步进行：第一步先看懂两视图并想象物体形状；第二步根据形体分析结果，按各组成部分逐个补画第三视图。画图时，先画主要部分，后画次要部分；先画外形，后画内部构造；先画叠加部分，后画切割部分。

补画漏线时，首先要弄清楚已知图线和线框所表达形体的确切形状，然后按照形体分析法及线面分析法逐个依投影关系补画漏线。

补画视图和漏线后，还要根据三个完整的视图去想象物体的形状。对所补画视图和漏线进行检查、验证。确认无误后，再按规定线型加深。

【例3-3】 如图3-33所示，已知支撑的主、左视图，补画俯视图。

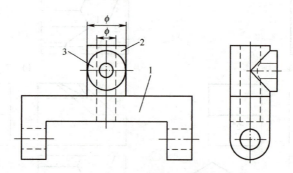

图3-33 支撑的主、左视图

① 分析。对线框，分部分。对照左视图，把主视图中的图线划分为三个封闭的线框1、2、3，可想象该支撑是由底座及两个相交的等直径圆柱体三部分叠加而成，这三部分都有圆柱孔。再分析它们的相对位置，对整体形状有个初步的概念。

② 补画俯视图。具体想象各部分的形状，画出俯视图。想象和作图过程如图3-34a、b、c所示。

③ 按整体形状校核底稿，并按规定线型加深，如图3-34d所示。

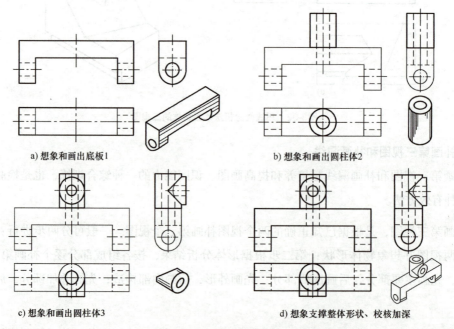

a) 想象和画出底板1   b) 想象和画出圆柱体2

c) 想象和画出圆柱体3   d) 想象支撑整体形状、校核加深

图3-34 补画支撑俯视图

【**例3-4**】 如图3-35a所示，由压板的主、俯视图，补画左视图。

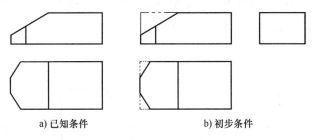

a) 已知条件　　　　　　　b) 初步条件

图3-35　由压板的主、俯视图补画左视图（一）

① 分析。该压板是切割类的组合体，对照压板的主、俯视图，如图 3-35b 中添加的双点画线所示，进行初步分析，把压板看成是由一个长方体切割而成，其左端被正垂面截去左上方的一块，再被两个前后对称的铅垂面在前后方各截去一块。从主、俯视图可看出长方体的右端未被切割，故左视图的轮廓就是这个长方体的投影。

② 进行线面分析，逐步画出压板的左视图。具体步骤如图 3-36a、b、c 所示。

③ 综合想象，校核并加深。经分析可知，长方体被一正垂面和两个铅垂面截切，如图 3-36d 中轴测图所示，经过校核并按规定线型加深，就可画出左视图。

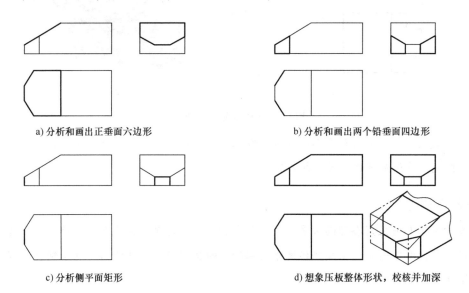

a) 分析和画出正垂面六边形　　　　　　　　b) 分析和画出两个铅垂面四边形

c) 分析侧平面矩形　　　　　　　　d) 想象压板整体形状，校核并加深

图3-36　由压板的主、俯视图补画左视图（二）

【**例3-5**】 如图 3-37 所示，补画视图中的漏线。

① 分析。从视图的外轮廓看，三视图的外形都可以看作矩形切去某部分。因此组合体的原形物体是四棱柱。该四棱柱被一个正垂面切去左上角，左侧前、后方被正平面和水平面组合切割。

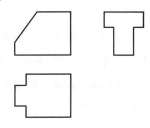

图3-37　补画漏线练习

②画图中漏线。补画正垂面切角后在俯视图和左视图中产生的交线，如图3-38a所示；根据主、左视图高平齐，补画主视图中水平面的投影，如图3-38b所示；根据俯、左视图宽相等，补画俯视图中正平面的投影，如图3-38c所示。

③综合想象组合体的形状，如图3-38d所示。

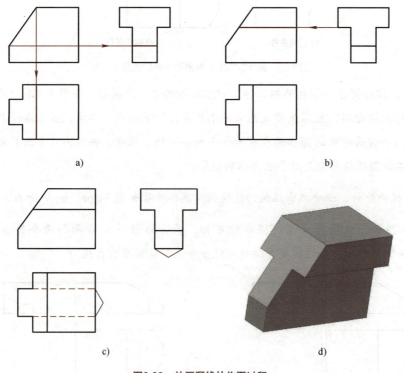

a)   b)

c)   d)

图3-38 补画漏线的作图过程

补画漏线之后，还应进行全面的检查，即根据三视图重新想象物体的形状，查漏补缺，去掉多余的图线，确认无误后描深完成全图。

【本章小结】

本章学习了如何采用合理的方案来表达复杂物体，学习了如何完整、正确、清晰地标注尺寸。通过学习，希望同学们养成严格遵守国家标准的良好习惯，并能够正确绘制符合国家标准的平面图样。

【知识拓展】

20世纪50年代，我国著名学者赵学田教授就简明而通俗地总结了三视图的投影规律——长对正、高平齐、宽相等。1956年原第一机械工业部颁布了第一个部颁标准《机械制图》，随后又颁布了国家标准《建筑制图》，使全国工程图样标准得到了统一，标志着我国工程图学进入了一个崭新的阶段。

第四章

图样的表示方法

【学习目标】

  1. 掌握国家标准中四种视图的相关规定及应用，能根据具体情况正确选择视图的种类并正确绘制与标注视图。

  2. 掌握剖视图的概念与国家标准中剖视图绘制与标注的相关规定，并能针对不同形状和结构特征的物体选择恰当的剖切范围与剖切方法。

  3. 掌握断面图的概念与国家标准中断面图绘制与标注的相关规定，并能针对各种形状正确绘制断面图。

  4. 掌握局部放大图的绘制及标注方法，掌握国家标准中常用的简化画法。

【素质目标】

  1. 深化培养学生对未来职业的认识，养成严格遵循标准与规范的职业素养和职业态度。

  2. 努力促使学生养成勤学、善思、敏行的良好品质。

  3. 培养学生团结与合作，人际交流与沟通以及自我约束、自我管理的能力。

【重点】

  1. 基本视图、向视图、局部视图与斜视图的画法和标注的相关规定，以及四种视图之间的区别与联系。

  2. 剖视图的概念与剖视图的绘制方法。

  3. 国家标准中各种剖视图与不同剖切方法绘制与标注的相关规定，正确选择剖切范围与剖切方法并能够正确绘制剖视图。

  4. 国家标准中断面图绘制与标注的相关规定并能够正确绘制断面图。

  5. 熟悉并掌握国家标准中常见的规定画法和简化画法。

【难点】

  1. 国家标准中各种剖视图与不同剖切方法绘制与标注的相关规定，正确选择剖切范围与剖切方法。

2. 表达方法的综合应用。

在实际工作中，我们所遇到的物体，其结构和形状千变万化，多种多样。如果仅采用三面投影来表达，势必会出现视图烦琐、表达不清楚，不利于识读与交流的情况，给生产实践带来诸多不便。为此，国家标准《技术制图》和《机械制图》中规定了图样的各种表达方法，即视图、剖视图、断面图、局部放大图、简化画法及规定画法。采用这些规定的表达方法，能使物体的形状和结构表达更加方便和清晰。

第一节 视图

一、基本视图（GB/T 13361—2012，GB/T 17451—1998）

视图

根据有关标准和规定，用正投影法所绘制出物体的图形，称为视图。在工程实践中，采用视图的表达方法，主要表达物体的可见轮廓，而不可见轮廓的投影（虚线）一般不予绘制。

基本视图就是将物体向基本投影面投射所得的视图。

国家标准规定：基本投影面是在原有的三投影面体系的基础上增加三个相互垂直的投影面构成的正六面体的六个面，即正六面体的六个面为基本投影面。

将物体置于正六面体中，分别通过六个不同的投射方向，向六个基本投影面投射，就可得到六个基本视图，分别称为：主视图、俯视图、左视图、右视图、仰视图和后视图。如图 4-1 所示。

从前向后投射得到主视图，从后向前投射得到后视图。

从上向下投射得到俯视图，从下向上投射得到仰视图。

从左向右投射得到左视图，从右向左投射得到右视图。

这六个视图的展开方法与三视图类似，都是保证主视图不动，其他视图按照箭头所示展开到主视图所在的同一平面上，如图 4-1 所示。

在同一张图样内，六个基本视图的配置关系按图 4-1 所示位置配置时，可不标注视图名称。

六个基本视图之间仍然保持"三等关系"，即"长对正、高平齐、宽相等"。

1）主视图、俯视图、仰视图"长对正"，后视图表示形体的长，也与这三个视图相等。

2）右视图、主视图、左视图、后视图"高平齐"。

3）俯视图、左视图、仰视图、右视图"宽相等"。

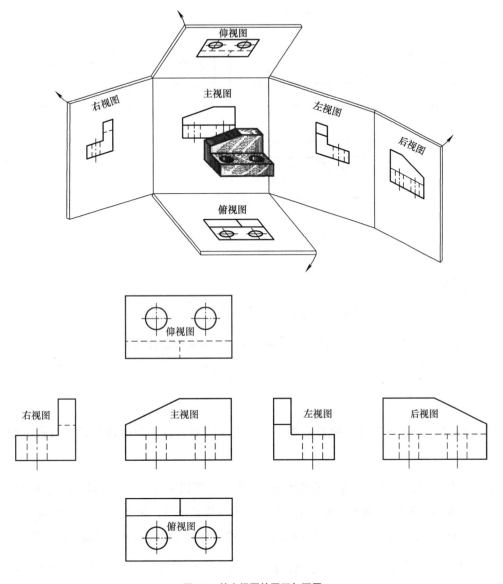

图4-1 基本视图的展开与配置

每个基本视图同样反映空间的方位，如图 4-2 所示。

1）主视图、后视图反映上、下、左、右。

2）俯视图、仰视图反映前、后、左、右。

3）左视图、右视图反映上、下、前、后。

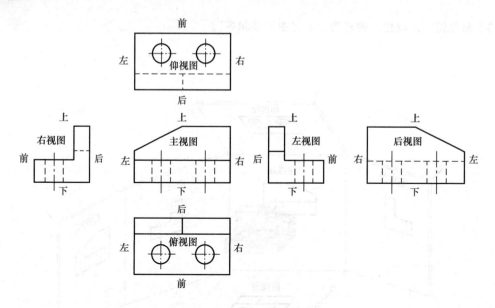

图4-2 基本视图反映形体的方位

【友情提示】

① 主视图相邻的 4 个基本视图，靠近主视图的那一边反映空间物体的后面。

② 需要注意的是，投射方向相对的两个视图，绘制完成后在某一方位上位置颠倒。如主、后视图的左右方位，俯、仰视图和左、右视图的前后方位，在绘制出的视图中位置颠倒。

二、向视图（GB/T 17451—1998）

绘制图样时，为便于自由配置视图，可采用向视图表达，即向视图是可以自由配置的视图。

在实际绘图时，可在绘制完成的视图附近用箭头指明投射方向，并标以不同的大写拉丁字母（称为向视图的名称），再按照箭头指示的投射方向绘制视图，在绘制完成的视图的附近（一般是上方）标注相同的拉丁字母，如图 4-3 所示。按照这种方法绘制的视图就是向视图。

在图 4-3 中，在已知的视图中分别标以 A、B、C、D 方向，分别代表从上向下、从左向右、从下向上、从右向左投射，因此，A、B、C、D 向视图分别对应俯视图、左视图、仰视图、右视图。而 B 向视图中的 E 向表示的是从后向前投射，因此也不难得出 E 向视图对应的是后视图。

【友情提示】

绘制向视图时，必须用箭头指明投射方向，并按该投射方向完成视图的绘制；同时应在箭头附近和视图附近标注相同的大写拉丁字母。

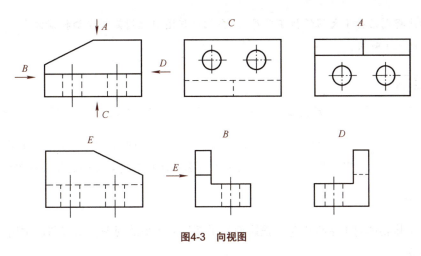

图4-3 向视图

三、局部视图（GB/T 17451—1998、GB/T 4458.1—2002）

将物体的某一部分向基本投影面投射所得的视图，称为局部视图。局部视图的实质就是不完整的基本视图。

如图 4-4 所示，主视图和俯视图已将该物体绝大部分的形状和结构表达清楚了，但是其左右两个凸台的形状尚未表达清楚，如果采用左视图和右视图来补充表达，会出现已经表达清楚的结构重复表达的情况，表达烦琐，不简洁。为此，可采用图 4-4 所示的 A、B 两个投射方向的局部视图，它们既能将未表达清楚的部分表达清楚，又能解决重复表达的问题，表达清晰明了。

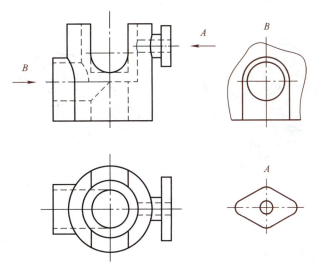

图4-4 局部视图

画局部视图时，其断裂边界用波浪线或双折线绘制，如图 4-4 中的 B 向视图；当所表示的局部结构是完整的，且外轮廓成封闭时，则可不必画出其断裂边界线，如图 4-4 中的 A 向视图。

局部视图可按基本视图的配置形式配置，也可按向视图的形式配置并标注，即在相应局部视图上方标注视图名称（大写的拉丁字母），在相应视图附近用箭头指明投射方向，并注上同样的字母，如图4-4所示。

【友情提示】

① 绘制局部视图时，一定要清楚断裂的边界线什么时候该画，什么时候可以省略不画。

② 绘制局部视图时，其标注也存在完整标注与省略标注的问题。只有当局部视图按投影关系配置，中间无其他图形隔开时，局部视图可以省略标注指示投射方向的箭头和视图名称。

四、斜视图

斜视图是将物体向不平行于基本投影面的平面投射所得的视图。斜视图通常用于表达物体上倾斜的部分。

如图4-5所示物体，其左侧结构与基本投影面倾斜，在基本视图中不能反映实际形状且绘制困难。为避免这种情况，可增加一个与物体倾斜部分平行的辅助投影面 P（P 面与 V 面垂直），此时，将物体的倾斜部分向 P 面投射，在 P 面上就能得到倾斜结构的实形，然后再将 P 面上的投影旋转到与 V 面重合的位置，即可得到反映实形的该倾斜结构的视图，这个视图就是斜视图。

斜视图一般只画出物体倾斜部分的局部投影，其断裂边界用波浪线表示，并通常按向视图的配置形式配置并标注，即用带大写拉丁字母的箭头表示投影部位和投射方向，在绘出的斜视图上方标注相同的字母，如图4-5所示。

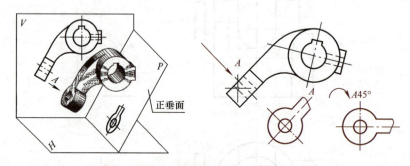

图4-5　斜视图的形成与展开

【友情提示】

① 斜视图不能省略标注。

② 标注斜视图时，表示投射方向的箭头指引线应垂直于倾斜的部位；绘制斜视图时，按照箭头的指向配置。

有时为了绘图及布图方便，也可将斜视图旋转配置，但旋转角度不应超过90°，同时，标注时应加注旋转符号。旋转符号为带箭头的半圆形，半径等于字体高度，表示斜视图名称的字母应标注在旋转符号箭头附近，同时允许将旋转角度标注在字母之后，如图 4-5 所示。

当斜视图表达的局部是完整的，且外形轮廓为封闭图形时，波浪线可省略不画。

第二节 剖视图

当物体内部形状和结构比较复杂时，视图中就会出现许多虚线，这既不利于图形的清晰表达，也不便于尺寸标注，还会给识读图样带来麻烦，不便于交流。为避免这种情况的发生，国家标准规定了剖视图的表达方法。剖视图主要用来表达物体的内部形状和结构。

一、剖视图的基本概念（GB/T 17452—1998、GB/T 4458.6—2002）

假想用剖切面剖开物体，将处在观察者和剖切面之间的部分移去，将其余部分向投影面投射所得的图形，称为剖视图，简称剖视，如图 4-6 所示的主视图。此时，因主视图采用了剖视的表达方法，物体中原来在该投射方向不可见的孔变成了可见，因此这些孔的轮廓线（最大的转向素线）的投影就不再是虚线而变成了粗实线。

剖视图的基本概念

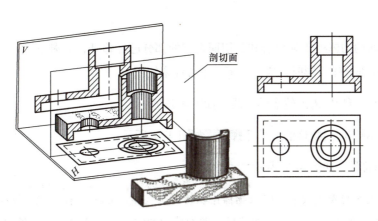

剖切面

图4-6 剖视图的形成

二、剖视图的画法

根据剖视图的定义，在绘制剖视图时，按照"剖""移""画""标"四个步骤进行，如图 4-7 所示。

1. 剖

所谓"剖"就是选用正确的剖切面及恰当的剖切方法与剖切位置对表达的物体进行剖切。剖切面有平面和柱面，通常情况下选用平面作为剖切面。为了清楚表达物体内部结构的真实形状，剖切面应尽可能多地通过内部结构，如槽、孔等的对称平面或回转体的轴线，并平行于投影面。图 4-7a 所示为剖切面过该物体的前后对称平面。

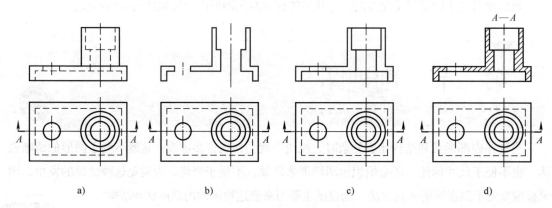

图4-7　剖视图的形成

2. 移

所谓"移"是指在作剖视投影时，应假想将处于观察者和剖切面之间的部分移开，然后对剩下的部分作投影。如图 4-6 所示，将选定剖切面剖切该物体的前半部分移去，将剩余的后半部分向正投影面（V 面）投射。

3. 画

假想被剖切的物体处于观察者和剖切面之间的部分已经移开，只剩下了处于剖切面后面的部分。在对剩余部分作投影时，应从以下三个方面来绘制：

1）画剖切面与物体内外轮廓的交线，如图 4-7b 所示。

2）画处于剖切面后物体的可见轮廓线，如图 4-7c 所示。

3）画剖面符号，如图 4-7d 所示。

为增强剖视图的表达效果，区分物体中实体部分与空心部分，在完成剖视图轮廓线后，应在剖切面与物体接触的部分画出剖面符号，即剖切到的实体部分应画出剖面符号。

国家标准对剖面符号的绘制规定了以下两种情况：

1）当不需要在剖面区域中表示物体的材料类别时，国家标准 GB/T 17453—2005 关于剖面符号的规定是：剖面符号用通用剖面线表示。通用剖面线是与图形的主要轮廓线或剖面区域的对称中心线成 45° 角且间距（≈3mm）相等的细实线，向左或向右倾斜均可，如图 4-7d 与图 4-8 所示；同一物体的各个剖面区域，其剖面线的方向及间隔应一致。当图形中的主要轮廓线与水平方向成 45° 角时，剖面线应画成 30° 或 60°，避免与主要轮廓线平行，其倾斜方向仍应与其他图形的剖面线一致，如图 4-9 所示。

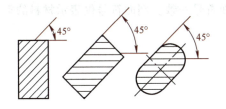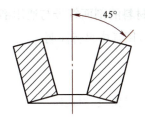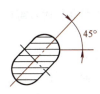

图4-8 通用剖面线的画法

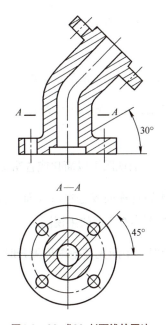

图4-9 30°或60°剖面线的画法

2）当需要在剖面区域中表示物体的材料类别时，GB/T 4457.5—2013 中规定的剖面符号见表4-1。

表4-1 剖面符号（GB/T 4457.5—2013）

材料名称		剖面符号	材料名称	剖面符号
金属材料（已有规定剖面符号者除外）			木质胶合板（不分层数）	
非金属材料（已有规定剖面符号者除外）			混凝土	
玻璃及供观察用的其他透明材料			线圈绕组元件	
木材	纵断面		液体	
	横断面			

由表 4-1 可见，金属材料的剖面符号与通用剖面符号一致。剖面符号仅表示材料的类别，材料的名称和代号需在工程图样中另行注明。

4. 标

为便于看图，画剖视图时要进行标注。

剖视图的标注，包括剖切符号、剖切后的投射方向和剖视图名称三个方面的内容。

1）剖切符号：剖切符号是指示剖切面的起讫和转折位置的符号，用两段粗实线绘制，并尽可能不与图形的轮廓线相交。

2）投射方向：在剖切符号的两端外侧，用箭头指明剖切后的投射方向且与剖切符号垂直。

3）剖视图名称：在剖视图的上方用大写拉丁字母标注剖视图的名称"×—×"，并在剖切符号的一侧注上同样的字母。

需要注意的是，在下列情况下，剖视图可以简化或省略标注。

1）当单一剖切平面通过物体的对称面或基本对称面，且剖视图按投影关系配置，中间无其他图形隔开时，可省略标注，如图 4-6 所示的主视图。

2）当剖视图按照投影关系配置，中间无其他图形隔开时，可省略箭头，如图 4-9 所示的俯视图。

三、画剖视图的注意事项

1）由于剖切面为一假想的平面，剖视图是一种假想的画法，所以当物体的一个视图画成剖视图后，其他视图并不受其影响，仍然应该完整画出，并也可画成剖视图。

2）应特别注意漏线问题。在初学剖视图时，最容易漏画剖切平面后面的可见轮廓线，如图 4-10 所示。

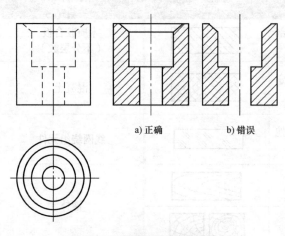

a) 正确　　b) 错误

图4-10　剖视图中容易漏画的线

3）对于物体的肋板、轮辐及薄壁部分，依据国家标准要求，如果按纵向剖切，这些部分均不画剖面符号，而是用粗实线将它与其相邻部分分开。横向剖切时，则画成剖视图，如图4-11所示。

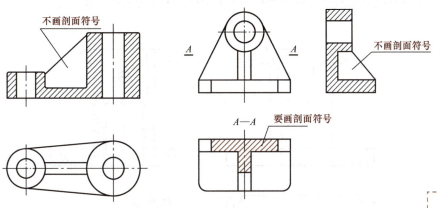

图4-11　肋板剖视图的画法

4）用剖视图来表达物体，就是为了将物体的一些内部结构由不可见变成可见，视图中一些细虚线变成粗实线，以增加图样的清晰度，便于绘制与识读。因此，生产实际中的图样，对于那些不可见的轮廓线，其细虚线一般都不予绘制。

剖视图的种类

但是，如果表达物体时，用少量的细虚线可以增加图样的清晰度或减少视图数量、简化表达方案，可以在表达方案中采用细虚线，如图4-12所示。在全剖的主视图中加上了细虚线，识读图样时，一看就明了，该物体侧板的结构是前后两边较其中间部分低。

四、剖视图的种类

根据物体被剖切的范围，剖视图可分为全剖视图、半剖视图和局部剖视图。

1. 全剖视图

用剖切面完全地剖开物体所得的剖视图，称为全剖视图，简称全剖视。

全剖视图适用于表达外形简单、内部结构复杂又不对称的物体或者是内外形状和结构都比较简单的物体。

全剖视图的画法与标注如前所述。

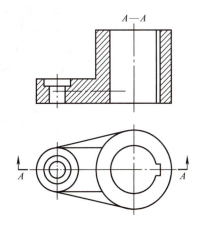

图4-12　剖视图中绘制细虚线示例

2. 半剖视图

当物体具有垂直于投影面的对称平面时，在该投影面上投射所得的图形，可以对称中心为界，一半画成剖视图，一半画成视图，这种组合的图形称为半剖视图，简称半剖视。如图4-13

所示，物体具有左右对称平面，若对该物体主视图取全剖视图，则其外形上的凸台就无法表达出来，若要表达清楚，则必须添加针对该凸台的局部视图，这样使得表达方案不够简洁。如果采用图 4-14 所示的半剖视图，就可弥补图 4-13 采用全剖视图的不足，仅用一个视图就可做到内外兼顾，物体的内孔结构和外部凸台在这个半剖视图中都能表达，事半功倍。

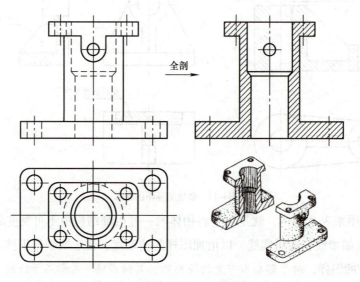

图4-13　物体主视图用全剖视图表达

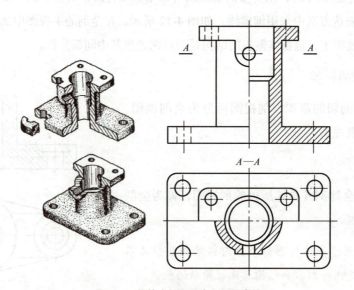

图4-14　物体主视图用半剖视图表达

【友情提示】

① 半剖视图中一半为视图一半为剖视图，其分界线为对称中心线（细点画线）。在选择哪一半画成剖视图时，可按下列原则配置：主视图中，对称中心线的右半部分（物体的右半部分）；

俯视图中，对称中心线的下半部分（物体的前半部分）；左视图中，对称中心线的右半部分（物体的前半部分）。

② 当有轮廓线与对称中心线的投影重合时，不宜采用半剖视图。

③ 当物体的内部形状已经通过半剖视图表达清楚时，在视图部分只画外形的投影，不画其不可见的轮廓线的投影，即虚线不画，但对孔、槽等结构需用细点画线表示其中心位置。

④ 半剖视图的标注与全剖视图的标注相同，剖切符号的位置不能因剖视部分只画一半而在视图中一半处画出，应画在图形轮廓线之外。

⑤ 在半剖视图中标注尺寸时，不能因某些对称结构在视图和剖视部分只画出了一半而只标注其尺寸的一半。正确的标注方法是尺寸线过对称中心线，只在有尺寸界线的一端画出箭头，标注其总尺寸，如图 4-15 所示。

⑥ 半剖视图适用于内外形状均需表达的对称物体。当物体的形状基本对称，且不对称部分已在其他视图中表达清楚时，也可以画成半剖视图，如图 4-16 所示。

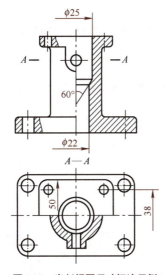

图4-15　半剖视图尺寸标注示例

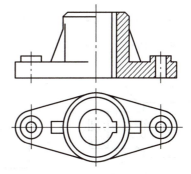

图4-16　近似对称物体的半剖视图

3. 局部剖视图

用剖切面局部地剖开物体所得的剖视图，称为局部剖视图，简称局部剖视。当物体的局部内形需要表达，而又不宜采用全剖视图或者半剖视图时，可以采用局部剖视图表达。在绘制局部剖视图时，视图部分与剖视部分以波浪线分界，如图 4-17 所示。

局部剖视图主要用于表达物体局部的内部结构，是一种比较灵活的表达方法，其剖切范围和剖切位置均可根据物体的具体形状而定。但在同一视图上局部剖视的数量不宜过多，以免图形过于零乱，影响图形的清晰度。

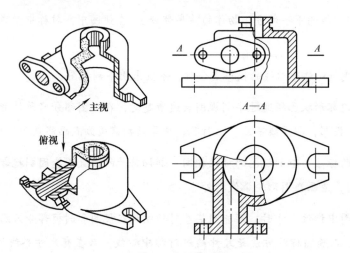

图4-17 局部剖视图

【友情提示】

① 局部剖视图中的波浪线表示的是机件断裂边界，因此，波浪线不能与轮廓线重合或画在轮廓线的延长线上，如图 4-18a、d 所示。

② 当物体结构为回转体时，允许将该结构的轴线作为局部剖视图与视图的分界线，如图 4-18b 所示。

③ 波浪线要画在物体的实体部分轮廓内，不应超出视图的轮廓线，如图 4-18c 所示。

④ 当对称物体的内部或外部轮廓线与对称中心线重合，不宜采用半剖视图时，可采用局部剖视图，如图 4-19a、b、c 所示。

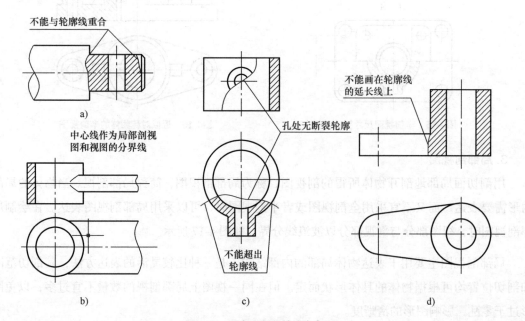

图4-18 局部剖视图的注意事项

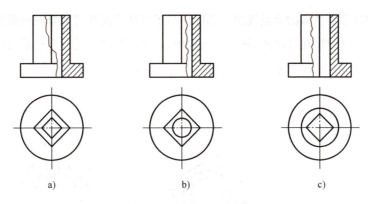

a)   b)   c)

图4-19 局部剖视图的应用特例

⑤ 局部剖视图的剖切位置明显，一般不用标注。当需要指明局部剖视图的剖切位置时，可以按照全剖视图的标注方法标注。

显然，当物体的内外形状都较为复杂且又不对称时，实心物体上有孔、槽、小坑时，对称物体的轮廓线与中心线重合时，都可以用局部剖视图表达。

五、剖切方法

国家标准规定，作剖视图时，剖切面可以是平面，也可以是曲面，可以采用单一的剖切面，也可以采用组合的剖切面。前面介绍的剖视图都是采用了单一的平行于基本投影面的剖切面剖切所得到的视图，而实际生产中，物体的内部结构复杂多样，如仅限于一个单一剖切面进行剖切表达，会在表达中出现诸多不便，且很难表达清楚，这就要求我们根据物体的实际结构特点，选择恰当的剖切方法，用单一剖切面、几个相互平行的剖切平面或几个相交的剖切面（交线垂直于某一投影面）进行剖切，以满足清楚表达物体的需要。

1. 单一剖切平面

单一剖切平面是指用一个剖切面剖切物体。这个剖切面可以是平面或柱面，一般情况下多为平面。根据剖切平面是否平行于基本投影面，分为以下两种情况。

（1）平行于基本投影面的剖切平面　平行于基本投影面的剖切平面称为正剖切平面。前面所介绍的全剖视图、半剖视图、局部剖视图的图例中所选择的剖切平面都是这种剖切平面，此处不再赘述。

（2）不平行于任何基本投影面的剖切平面　不平行于任何基本投影面的剖切平面称为斜剖切平面。当物体上倾斜部分的内部结构、形状需要表达时，可以先选择一个与该倾斜部分平行的辅助投影面（不平行于任何基本投影面），然后用一个平行于该投影面的平面剖切物体，再向辅助投影面投射，同样也能得到剖视图。为了清晰地表达物体上部孔和端面的形状，采用 $A—A$ 剖切面将其剖开，然后投射到与剖切面平行的辅助投影面上，从而得到 $A—A$ 全剖视图。

用单一斜剖切平面获得的全剖视图，其标注与正剖切平面获得的全剖视图相同，一般按投影关系配置，也可以配置在其他适当位置。必要时，允许将图形进行旋转配置以摆正，此时必须标注旋转符号，如图4-20所示。

显然，用单一斜剖切平面获得的剖视图，必须进行标注，不能省略。

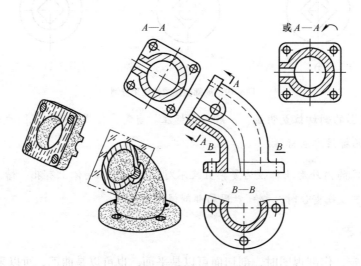

图4-20　单一斜剖切平面获得的全剖视图

2. 几个相互平行的剖切平面

几个相互平行的剖切平面剖切是指用两个或两个以上的平行剖切平面对物体进行剖切。如图4-21所示，物体上分布了较多的不同结构的孔，这些孔的对称平面或轴线不在同一平面上，但也不难发现，这些孔的对称平面平行于正投影面（V面）。如果只用单一的剖切平面剖切，是不能同时表达这些孔的，而用三个相互平行的剖切平面将其剖开，如图4-21所示，通过一次剖切同时表达了物体中对称平面不在同一平面上的三种结构的孔。

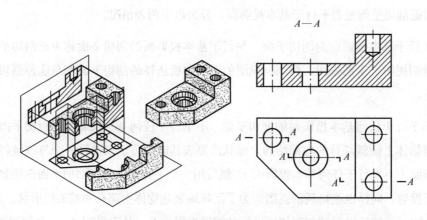

图4-21　采用几个相互平行的剖切平面的剖视图

【友情提示】

用几个平行的剖切平面剖切时，应注意以下几点：

① 几个相互平行的剖切平面必须通过内部结构形状对称平面且必须平行于某一基本投影面，各剖切平面的转角处成直角，转角符号必须对齐，如图 4-21 所示。

② 采用这种方法画剖视图时，在剖视图中不应在剖切平面的转折处画线；剖视图中不应出现不完整的要素，同时，剖切平面的转折位置不应与轮廓线重合，如图 4-22 所示。

③ 采用这种方法画剖视图时，必须按规定进行标注。在剖视图的上方，用大写的拉丁字母标注剖视图的名称，在剖切平面的起、讫和转折处画出剖切符号，并注上相同的字母。当剖视图按照投影关系配置，中间无其他图形隔开时，可省略箭头，如图 4-21 所示。

显然，当物体的若干内部结构具有的对称平面不共面但相互平行时，可采用几个平行的剖切平面剖切的方法表达。

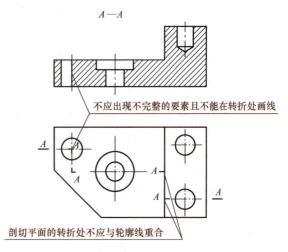

图4-22 几个平行的剖切平面剖视图的错误示例

3. 几个相交的剖切平面

几个相交的剖切面剖切是指用几个相交的剖切面（交线垂直于某一投影面）对物体进行剖切，然后得到剖视图的方法。这种剖切方法常用于物体上的孔、槽等内部结形状不在同一平面上但沿物体的某一回转轴线周向分布时，即物体中的内部结构、形状具有公共回转轴线，可采用几个相交于公共回转轴线的剖切面剖开物体，然后按照规定进行投射而得到剖视图，如图 4-23 所示。几个相交的剖切面的交线，必须垂直于某一基本投影面。工程中常见的轮、盘和支架等零件的表达多采用这种剖切方法。

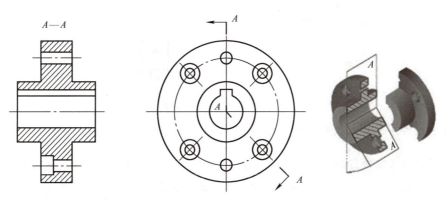

图4-23 采用几个相交的剖切平面的剖视图

在图 4-23 所示的左视图中，用相交的两个剖切面（一个正平面，一个侧垂面，它们的交线垂直于侧立投影面）将轮状物体剖切。绘制剖视图时，国家标准规定剖切到的倾斜部分绕轴线，也就是两剖切面的交线旋转，旋转到与正投影面平行的位置，即旋转至与另一剖切面剖切到的部分共面，然后再进行投射，即可得相交的两剖切面剖切的全剖视图的主视图。

【友情提示】

用几个相交的剖切面剖切时，应注意以下几点：

① 采用这种方法画剖视图时，首先假想按剖切平面所在位置剖开物体，然后将剖开的倾斜结构旋转到与选定的基本投影面平行后，再进行投影，如图 4-23 所示。也就是说，按照这种方法剖切绘制的剖视图，其倾斜部分的投影与原视图不再保持投影关系，而是与该倾斜部分旋转摆正以后的部分保持投影关系。

② 为保证剖切后倾斜部分能够旋转到与另外剖切到的部分共面位置，剖切面的交线应与物体的回转轴线重合。此时绘制的剖视图应采用"展开"画法，如图 4-24 所示。

③ 采用这种方法画剖视图时，应注意在剖切平面后的物体上的其他结构仍按照原来位置投射，如图 4-25 所示机件中部的小孔。

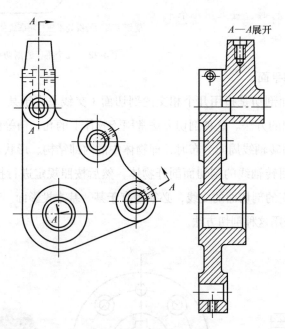

图4-24 展开绘制的剖视图

④ 当剖切后产生不完整要素时，标准规定应将此部分按不剖切处理，如图 4-26 所示。

⑤ 采用这种方法进行剖切绘制剖视图时，必须按规定进行标注，标注的内容及形式与采用几个平行的剖切平面剖切的剖视图相同，且不能省略，如图 4-23、图 4-25 所示。

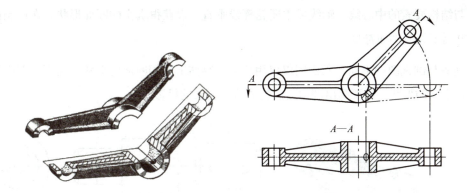

图4-25 剖切平面后的结构画法

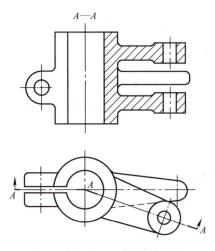

图4-26 剖切产生不完整要素的处理

以上介绍的采用单一剖切面、几个平行或相交剖切面的剖切方法，都是用于绘制全剖视图，用这些剖切方法同样可以得到半剖视图和局部剖视图，在此不再赘述。

第三节 断面图

假想用一个剖切平面将物体的某处切断，仅画出该剖切面与物体接触部分的图形，称为断面图，简称断面。

断面图主要用于表达物体某一局部的断面形状，如物体上的肋板、轮辐、键槽，以及各种型材的断面形状。

断面图

如图 4-27 所示，为了表达轴上的键槽和通孔的结构，假想分别用一个径向的剖切平面将键槽和通孔切断，然后仅画出断面部分的投影，这个投影称为断面图。显然，绘制断面图时，剖切面应与结构要素的中心线、轴线或主要轮廓线垂直，以获得真实的断面形状。在绘制的断面图中同样需要绘制剖面符号。

断面图与剖视图的不同：断面图仅仅用于表达物体上剖切断面的形状，而剖视图则不仅要画出剖切断面的形状，还要画出剖切面后物体可见轮廓的投影。

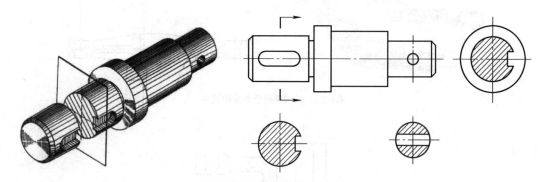

图4-27　断面图的形成

根据断面图配置位置的不同，可分为移出断面图和重合断面图。

一、移出断面图（GB/T 17452—1998、GB/T 4458.6—2002）

1. 移出断面图的概念与画法

移出断面图是指画在视图之外的断面图，简称移出断面，如图 4-28 所示。

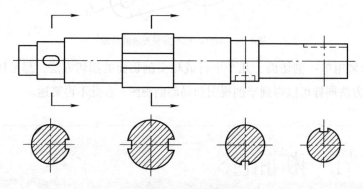

图4-28　移出断面图

1）移出断面图中的轮廓线用粗实线绘制，通常配置在剖切线的延长线上，如图 4-29 所示。

2）移出断面图的图形对称时，也可画在视图的中断处，如图 4-30 所示。

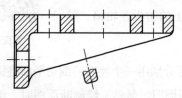

图4-29　移出断面图示例（一）

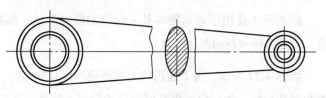

图4-30　移出断面图示例（二）

3）必要时可将移出断面图配置在其他适当的位置。在不引起误解时，允许将图形旋转，其标注形式如图 4-31 所示。

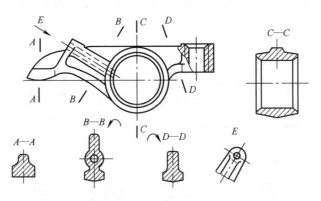

图4-31　移出断面图示例（三）

4）由两个或多个相交的剖切平面剖切得到的移出断面图，中间一般应断开，如图 4-32 所示。

5）当剖切平面通过回转而形成的孔或凹坑的轴线时，这些结构按剖视图要求绘制，如图 4-33 所示。

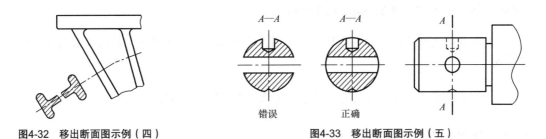

图4-32　移出断面图示例（四）　　　　图4-33　移出断面图示例（五）

6）当剖切平面通过非圆孔，会导致出现完全分离的剖面区域时，这些结构应按剖视图要求绘制，如图 4-34 所示。

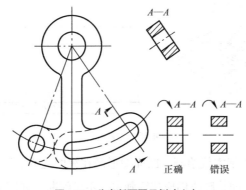

图4-34　移出断面图示例（六）

2. 移出断面图的标注

1）移出断面图的标注与剖视图的标注基本相同，即一般应用大写拉丁字母标注移出断面图的名称，在相应视图上用剖切符号表示剖切位置，用箭头表示投射方向，并标注相同的字母，如图 4-35 中的"*A—A*"。

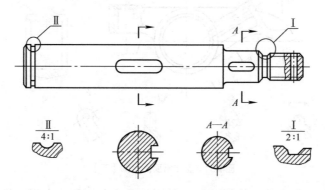

图4-35　移出断面图的标注

2）配置在剖切线延长线上的不对称移出断面图，不必标注字母，如图 4-35 中未标注的断面图。

3）未配置在剖切线延长线上的对称移出断面图，以及按投影关系配置的移出断面图，一般不必标注箭头，分别如图 4-31 和图 4-33 所示。

4）配置在剖切线延长线上的对称移出断面图，不必标注字母和箭头，如图 4-28 中右侧的两个断面图。

二、重合断面图（GB/T 17452—1998、GB/T 4458.6—2002）

1. 重合断面图的概念与画法

画在视图之内的断面图，称为重合断面图，简称重合断面，如图 4-36 所示。

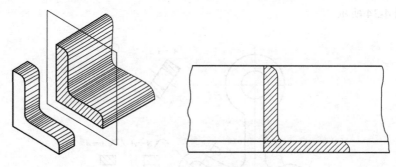

图4-36　重合断面

重合断面图的轮廓线用细实线绘制，断面图形画在视图之内。当视图中的轮廓线与重合断面图的图形重叠时，视图中的轮廓线仍应连续画出，不可间断，如图 4-36 所示。

2. 标注

1）不对称的重合断面图可省略标注，如图 4-36 所示。

2）对称的重合断面图不必标注，如图 4-37 所示。

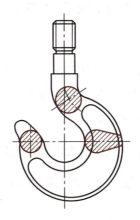

图4-37 不必标注的重合断面

第四节 其他常用表示方法

一、局部放大图（GB/T 4458.1—2002）

当物体上的某些细小结构用原图比例不能清楚地表达或不便于标注尺寸时，可采用局部放大图来表示。将图样中所表示的物体部分结构，用大于原图形的比例所绘出的图形，称为局部放大图，如图 4-38 中的Ⅰ、Ⅱ。

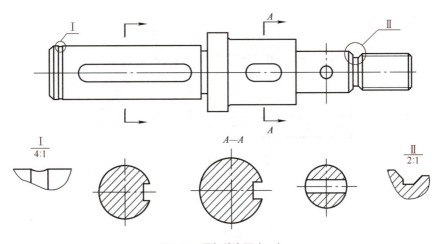

图4-38 局部放大图（一）

依据比例的定义得知，局部放大图的比例是指该图形中物体要素的线性尺寸与实际物体相应要素的线性尺寸之比，不是对原图形的放大比例。

局部放大图可以画成视图、剖视图或断面图等，它与被放大部分的表示方法无关。如图 4-38 所示，原图为视图，局部放大图 I 为视图，局部放大图 II 为剖视图。

绘制局部放大图时，应注意以下几点：

1）局部放大图应尽量配置在被放大部位附近，用细实线圈出被放大的部位。当同一物体上有几处被放大的部位时，应用罗马数字依次标明被放大的部位，并在局部放大图的上方标注相应的罗马数字和所采用的比例，如图 4-38 所示。

2）当物体上只有一处被放大时，在局部放大图上方只需注明所采用的比例，如图 4-39 所示。

3）同一物体上不同部位的局部放大图，当图形相同或对称时，只需画出一个，如图 4-40 所示。

4）必要时可用多个图形来表达同一个被放大部位的结构，如图 4-41 所示。

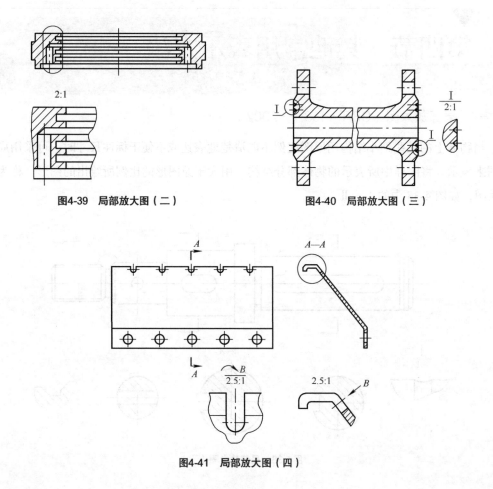

图4-39　局部放大图（二）　　　　　图4-40　局部放大图（三）

图4-41　局部放大图（四）

二、简化画法（GB/T 16675.1—2012、GB/T 4458.1—2002）

简化画法是包括规定画法、省略画法、示意画法等在内的图示方法。国家标准中规定了一系列的简化画法，下面仅介绍标准中的一些常用的简化画法。

1. 重复结构要素的简化画法

1）零件中成规律分布的重复结构，允许只绘制出其中一个或几个完整的结构，并反映其分布情况。对称的重复结构用细点画线表示各对称结构要素的位置，如图 4-42a、b 所示；不对称的重复结构则用相连的细实线代替，如图 4-42c 所示。

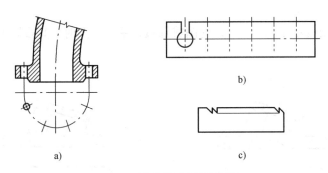

图4-42 重复结构要素的简化画法

2）若干直径相同且成规律分布的孔，可画一个或少量几个，其余只需用细点画线或"＋"表示其中心位置，但在零件图中必须注明该孔的总数，如图 4-43 所示。

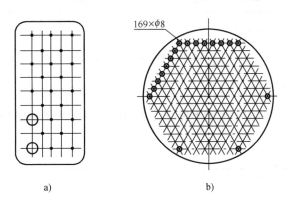

图4-43 相同分布圆孔的简化画法

2. 网状结构的简化画法

滚花、槽沟等网状结构，应用粗实线完全或部分地表示出来，如图 4-44 所示。

3. 相贯线的简化画法

在不致引起误解时，图形中的过渡线、相贯线可以简化，例如用圆弧或直线代替非圆曲线，如图 4-45 所示。

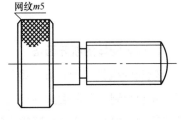

图4-44 网状结构的简化画法

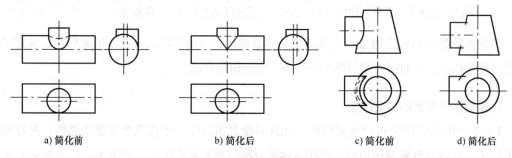

a) 简化前   b) 简化后   c) 简化前   d) 简化后

图4-45   相贯线的简化画法

4. 倾斜面的简化画法

与投影面倾斜角度小于或等于 30° 的圆或圆弧，手工绘图时，其投影可用圆或圆弧代替，如图 4-46 所示。

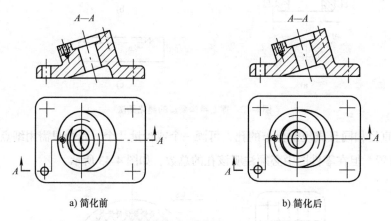

a) 简化前   b) 简化后

图4-46   倾斜面的简化画法

5. 回转体上平面的简化画法

当回转体零件上的平面在图形中不能充分表达时，可用两条相交的细实线表示这些平面，如图 4-47 所示。

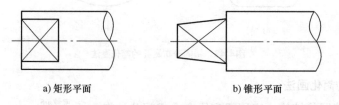

a) 矩形平面   b) 锥形平面

图4-47   回转体上平面的简化画法

6. 较长物体的断开画法

较长的机件（轴、杆、型材、连杆等）沿长度方向的形状一致或按一定规律变化时，可断开后缩短绘制，其断裂边界用波浪线绘制，如图 4-48 所示。断裂边界也可以用双折线或细双点画线绘制，但其尺寸仍按照物体的真实尺寸标注。

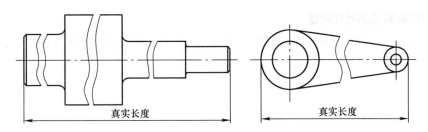

图4-48　较长机件的断开画法

7. 回转体上均布结构的简化画法

当回转体上均匀分布的肋、轮辐、孔等结构不处于剖切平面上时，可将这些结构旋转到剖切平面上画出，且不用标注，如图 4-49 所示。

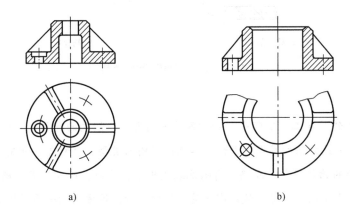

a)　　　　　　　　　　　　　　b)

图4-49　回转体上均布结构的简化画法

8. 对称图形的简化画法

在不致引起误解时，对称物体的视图可只画一半或四分之一，并在对称中心线的两端画出对称符号（两条与对称中心线垂直的平行细实线），如图 4-50a 所示。

圆柱形法兰和类似物体上均匀分布的孔，可由物体外向该法兰端面方向投射绘出，如图 4-50b 所示。

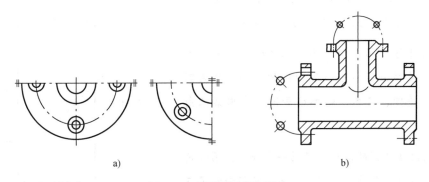

a)　　　　　　　　　　　　　　b)

图4-50　对称图形的简化画法

9. 剖切面前结构的简化画法

在需要表示位于剖切平面前的结构时，这些结构可以假想地用细双点画线绘制，如图 4-51 所示。

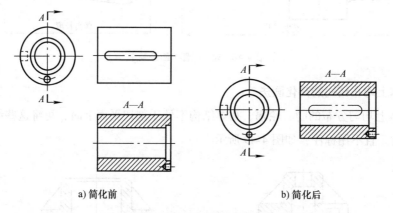

a) 简化前　　　　　　　　　　　　　　b) 简化后

图4-51　剖切面前结构的简化画法

【本章小结】

本章主要讨论的是在工程实际中，针对各种不同形状、结构的物体，如何选取恰当的表达方法来表达。这些表达方法所涉及的知识包括选择视图的类型、数量等，即用恰当的几个视图，简单明了地将复杂的物体完整、正确、清晰地表达出来，同时，绘制出来的图样还应符合国家颁布并实施的《技术制图》和《机械制图》关于绘制、标注等方面的一系列规定。

【知识拓展】

世界各国的工程图样有两种体系：即第一角投影（又称"第一角画法"）和第三角投影（又称"第三角画法"）。

用水平和铅垂的两投影面将空间划分为四个分角，如图 4-52 所示。

凡将物体置于第一分角内，以"观察者—物体—投影面"关系进行投射得到视图的画法，称为第一角画法。我国和大部分欧洲国家采用第一角画法。

凡将物体置于第三分角内，以"观察者—投影面—物体"关系进行投射得到视图的画法，称为第三角画法。美国、日本、新加坡等国家采用第三角画法。

第一角画法所得的图样就是第一角视图，第三角画法所得的图样就是第三角视图。第一角投影和第三角投影的识别符号如图 4-53 所示。

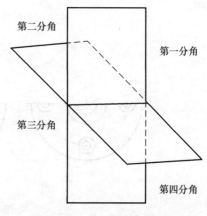

图4-52　空间的四个分角

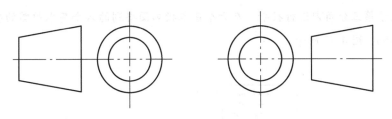

a) 第一角投影识别符号   b) 第三角投影识别符号

图4-53 第一角和第三角投影识别符号

一般情况下，工程图样中在标题栏特定位置处标记出第一角或第三角投影识别符号。

将物体置于第一分角内进行投射，在六个基本投影面得到的六个基本视图的展开方式和配置方法如图 4-54、图 4-55 所示。

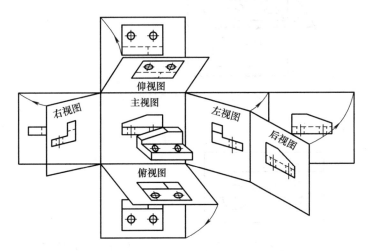

图4-54 第一角投影的展开方式

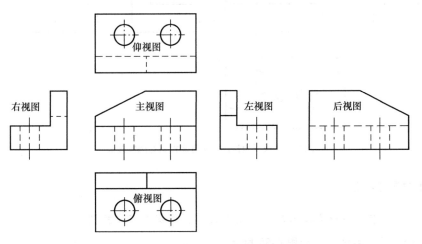

图4-55 第一角投影六个基本视图的配置方法

将物体置于第三分角内进行投射，在六个基本投影面得到的六个基本视图的展开方式和配置方法如图 4-56、图 4-57 所示。

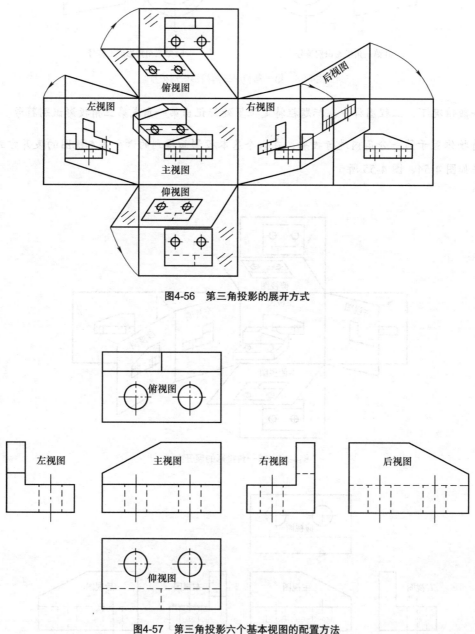

图4-56　第三角投影的展开方式

图4-57　第三角投影六个基本视图的配置方法

从上述四图可以看出：

1）实际应用中，第一角投影广泛采用主视图、俯视图、左视图；而第三角投影则广泛采用主视图、俯视图、右视图，如图 4-58 所示。

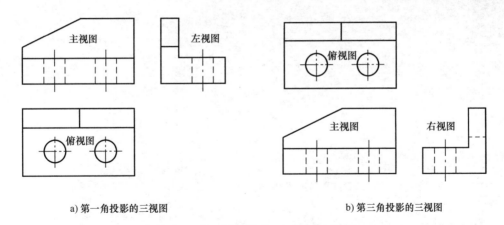

a) 第一角投影的三视图   b) 第三角投影的三视图

图4-58   第一角投影和第三角投影的三视图

2）第三角投影与第一角投影得到的六个基本视图一样仍然保持"长对正、高平齐、宽相等"的"三等关系"。但在表示位向上，两者有显著的不同：第一角投影中，俯、左、仰、右视图靠近主视图的内侧表示物体的后方，远离主视图的外侧表示物体的前方；第三角投影中，俯、右、仰、左视图靠近主视图的内侧表示物体的前方，远离主视图的外侧表示物体的后方。表示上下、左右"方位"时，第三角投影与第一角投影相同。图4-59所示为第一角投影和第三角投影的三视图中，各个视图所表示的方位。

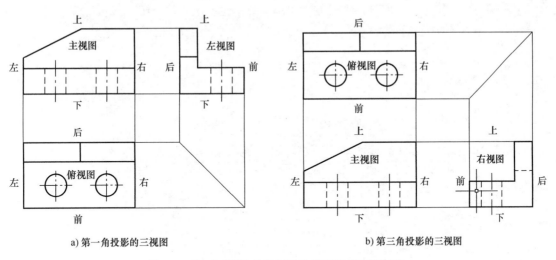

a) 第一角投影的三视图   b) 第三角投影的三视图

图4-59   第一角投影和第三角投影三视图的"三等关系"

第五章

常用件与标准件的表示方法

【学习目标】

1. 掌握内、外螺纹的规定画法，代号及标注方法。
2. 掌握螺纹紧固件的简化画法、标记及连接画法。
3. 掌握直齿圆柱齿轮及其啮合的规定画法。
4. 掌握普通平键连接、滚动轴承、圆柱螺旋压缩弹簧的规定画法。
5. 了解锥齿轮、蜗杆、花键连接、销连接的规定画法。

【素质目标】

1. 培养学生的社会责任感，立足课堂，学好知识，报效祖国。
2. 培养学生用辩证唯物主义的世界观，挖掘事物的基础规律，分析专业问题。
3. 养成"崇尚精度，遵循规范"的习惯。
4. 培养学生严肃认真的学习态度和严谨细致的工作作风。
5. 培养严谨规范的专业精神、职业精神、工匠精神和创新精神。

【重点】

1. 内、外螺纹的规定画法，代号及标注方法。
2. 螺纹紧固件的简化画法、标记及连接画法。
3. 直齿圆柱齿轮及其啮合的尺寸计算及规定画法。

【难点】

1. 螺栓连接、双头螺柱连接、螺钉连接的画法。
2. 直齿圆柱齿轮啮合的画法。

在各种机械设备中，大量用到螺纹连接件、键、销和滚动轴承等零件。为便于专业化生产，提高生产率，国家标准对这些零件的结构、尺寸制定了统一的标准，故称之为标准件。另一些诸如齿轮、弹簧等零件，在生产中也有广泛的应用，但国家标准仅对其某些参数进行了标准化，以简化生产，这类零件被称为常用件。

对于标准件和常用件来说，国家标准规定可以不必绘制其真实投影，而只需按照国家标准的相关规定，示意（简化）画出即可。

本章主要介绍国家标准关于标准件、常用件的规定画法和标记。

第一节　螺纹

一、螺纹的形成、要素和结构

1. 螺纹的形成

螺纹是指在圆柱（锥）表面上，沿着螺旋线所形成的、具有相同剖面的连续凸起和沟槽。在圆柱（锥）外表面上所形成的螺纹，称为外螺纹。在圆柱（锥）内表面上所形成的螺纹，称为内螺纹，如图5-1所示。

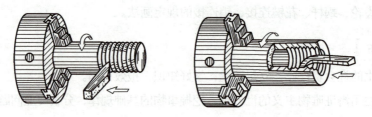

a) 车制外螺纹 　　　　　　　　　　　b) 车制内螺纹

图5-1　螺纹的形成

2. 螺纹的要素

（1）螺纹牙型　在螺纹轴线平面内的螺纹轮廓形状，称为螺纹牙型。它有三角形、梯形、锯齿形等，如图5-2所示。不同的螺纹牙型有不同的用途。

图5-2　螺纹牙型

相邻牙侧间的材料实体称为牙体。连接两个相邻牙侧的牙体顶部表面，称为牙顶。连接两个相邻牙侧的牙槽底部表面，称为牙底。

（2）螺纹直径

1）大径（公称直径）。是螺纹的最大直径，即与外螺纹牙顶或内螺纹牙底相切的假想圆柱或圆锥的直径，用 d（外螺纹）或 D（内螺纹）表示，如图 5-3 所示。

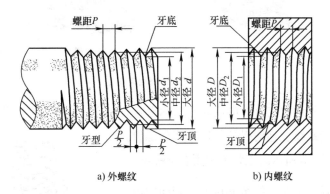

图5-3 螺纹的直径

2）小径。是螺纹的最小直径，即与外螺纹牙底或内螺纹牙顶相切的假想圆柱或圆锥的直径，用 d_1（外螺纹）或 D_1（内螺纹）表示。

3）中径。是中径圆柱或圆锥的直径，该圆柱（或圆锥）素线通过圆柱（或圆锥）螺纹上牙厚与牙槽宽相等的地方，用 d_2（外螺纹）或 D_2（内螺纹）表示，如图 5-3 所示。

4）公称直径。代表螺纹尺寸的直径称为公称直径。对于紧固螺纹和传动螺纹，其大径基本尺寸是螺纹的公称直径。

（3）螺纹线数 n 只有一个起始点的螺纹为单线螺纹（常用）；具有两个或两个以上起始点的螺纹为多线螺纹，如图 5-4 所示。

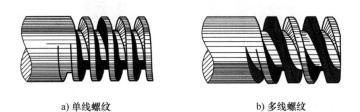

a) 单线螺纹　　　　　　　　　　b) 多线螺纹

图5-4 螺纹线数

（4）螺距 P 和导程 P_h 相邻两牙体上的对应牙侧与中径线相交两点间的轴向距离，称为螺距 P；最邻近的两同名牙侧与中径线相交两点间的轴向距离，称为导程 P_h。

单线螺纹的导程等于螺距，即 $P_h = P$；多线螺纹的导程等于线数乘以螺距，即 $P_h = nP$，如图 5-5 所示。

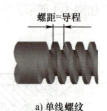
a) 单线螺纹

b) 多线螺纹

图5-5　螺纹的螺距与导程

（5）旋向　内、外螺纹旋合时的旋转方向称为旋向，分右旋和左旋两种。顺时针旋转时旋入的螺纹，称为右旋螺纹；逆时针旋转时旋入的螺纹，称为左旋螺纹，如图5-6所示。工程上常用右旋螺纹。

只有牙型、直径、螺距、线数和旋向均相同的内、外螺纹，才能相互旋合。

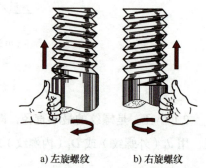

a) 左旋螺纹　　　　b) 右旋螺纹

图5-6　螺纹的旋向

3. 螺纹的结构

（1）螺纹的末端　为了便于装配和防止螺纹起始圈损坏，常将螺纹的起始处加工成一定的形式，如倒角、倒圆等。

（2）螺纹的收尾和退刀槽　车削螺纹时，因加工的刀具要退刀，螺纹的末尾部分产生不完整的牙型，称为螺尾。为了避免产生螺尾，可以在螺纹末尾处先加工出一个槽，称为退刀槽，然后再车削螺纹，如图5-7所示。

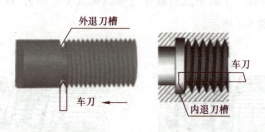

外退刀槽

车刀

车刀

内退刀槽

图5-7　螺纹的退刀槽

二、螺纹的规定画法

螺纹

1. 外螺纹的画法

在投影为非圆的视图上，外螺纹的大径画成粗实线，小径画成细实线。小径在螺杆的倒角或倒圆内的部分也应画出。螺纹的终止线用粗实线画出，如图5-8所示。在投影为圆的视图上，螺纹的大径圆用粗实线画出，螺纹的小径圆用细实线画出，且只画约3/4圈，倒角圆省略不画。

画剖视图时，终止线只画一小段粗实线到小径处，剖面线应画到粗实线，如图5-9所示。

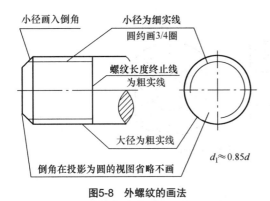

图5-8 外螺纹的画法

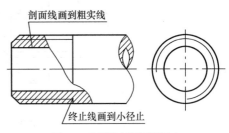

图5-9 外螺纹剖视图的画法

2. 内螺纹的画法

当用剖视图表达内螺纹时，在投影为非圆的视图上，螺纹的小径用粗实线画出，大径用细实线画出，螺纹的终止线用粗实线画出。剖面线画到牙顶的粗实线处。

在投影为圆的视图上，小径圆用粗实线画出，大径圆用细实线画出，且画约3/4圈，倒角圆省略不画，如图5-10a所示。

不可见螺纹的所有图线（轴线除外），均用细虚线绘制，如图5-10b所示。

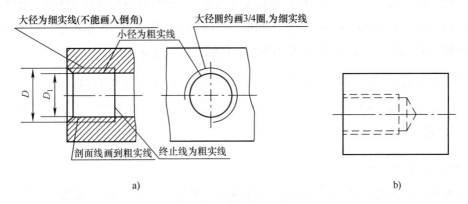

a)

b)

图5-10 内螺纹的画法

绘制不穿通的螺纹孔时，应将钻孔深度和螺纹孔深度分别画出，一般钻孔应比螺纹孔深约4倍的螺距，实际画图时通常画成0.5D。钻孔底部的锥角应画成120°，如图5-11所示。

3. 内外螺纹连接的画法

内外螺纹旋合时，在剖视图中，旋合部分按外螺纹的画法表示，未旋合部分按内外螺纹各自的规定画法表示，如图5-12所示。（大径线和大径线对齐，小径线和小径线对齐。）

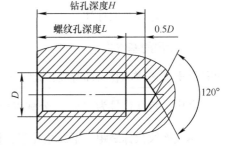

图5-11 不穿通螺纹孔的画法

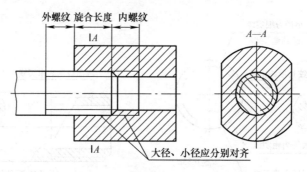

图5-12 内外螺纹连接的画法

在螺纹连接的剖视图中，当剖切平面通过实心螺杆的轴线时，螺杆按不剖绘制。

在剖视图中，剖面线应画到粗实线为止；当两零件相邻接时，在同一剖视图中，其剖面线的倾斜方向应相反或方向一致但间隔距离不同。

三、常用螺纹的分类和标注

1. 螺纹的分类

螺纹按用途分为连接螺纹和传动螺纹两类，前者起连接作用，后者用来传递动力和运动。

连接螺纹常见的有三种标准螺纹，即粗牙普通螺纹、细牙普通螺纹和管螺纹。普通螺纹的牙型为等边三角形（牙型角为60°），细牙和粗牙的区别为在外径相等的条件下，细牙螺纹的螺距比粗牙螺纹的螺距小。管螺纹的牙型为等腰三角形（牙型角为55°）。

传动螺纹常见的有梯形螺纹和锯齿形螺纹。梯形螺纹的牙型为等腰梯形，其牙型角为30°，应用较广。锯齿形螺纹的牙型为不等腰梯形，其工作面的牙型角为3°，非工作面的牙型角为30°，只能传递单向动力。

2. 螺纹的标记与标注

螺纹按国家标准的规定画法画出后，图上并未表明牙型、公称直径、螺距、线数和旋向等要素，因此，需要用标注代号或标记的方式来说明螺纹的牙型、公称直径、螺距、线数和旋向、螺纹公差带代号、旋合长度等。

（1）普通螺纹的标注

1）标记的基本格式。

特征代号	公称直径 ×Ph 导程 P 螺距	中径与顶径公差带代号	螺纹旋合长度组别代号	旋向代号

其中，特征代号为"M"，公称直径为螺纹大径。

单线螺纹只标螺距，不标注导程；粗牙螺纹可不标注螺距。

右旋螺纹不用标注旋向，左旋螺纹则标注"LH"。

公差带代号中，大写字母代表内螺纹，小写字母代表外螺纹；若中径、顶径公差带代号相同，则只写一个。

旋合长度分为短（S）、中等（N）、长（L）三种，一般采用中等旋合长度，"N"可省略。

【例5-1】 解释"M30×Ph4P2-5g 6g-S-LH"的含义。

解： 表示双线细牙普通外螺纹，大径为30mm，导程为4mm，螺距为2mm，中径公差带为5g，顶径公差带为6g，短旋合长度，左旋。

【例5-2】 解释"M24×2-6G"的含义。

解： 表示单线细牙普通内螺纹，大径为24mm，螺距为2mm，中径、顶径公差带均为6G，中等旋合长度（省略"N"），右旋（省略旋向代号）。

2）标注方法。普通螺纹的标注应直接标注在大径的尺寸线或其引出线上，如图5-13所示。

（2）管螺纹的标注 在水管、油管、煤气管的管道连接中常用管螺纹，管螺纹是在管子上加工的，故称为管螺纹。由于管螺纹具有结构简单、装拆方便等优点，所以在造船、机床、汽车、石油、化工等行业中应用较多。管螺纹分为螺纹密封管螺纹（R_1、R_2、Rc、Rp）和非螺纹密封管螺纹（G）。

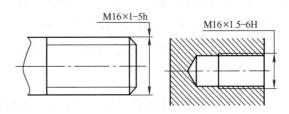

图5-13 普通螺纹的标注

1）标记的基本格式。

① 55°密封管螺纹标记为： | 特征代号 | 尺寸代号 | 旋向 |

其中，螺纹的特征代号分别为：Rc表示圆锥内螺纹；Rp表示圆柱内螺纹，R_1表示与圆柱内螺纹相配合的圆锥外螺纹，R_2表示与圆锥内螺纹相配合的圆锥外螺纹。

尺寸代号用1/2，3/4，1，1½，…表示，详见附表2。

【例5-3】 解释"Rp3/4"的含义。

解： 表示圆柱内螺纹，尺寸代号为3/4（查附表2，其大径为26.441mm，螺距为1.814mm），右旋（省略旋向代号）。

② 55°非密封管螺纹标记为： | 特征代号 | 尺寸代号 | 公差等级代号 | 旋向 |

其中，特征代号用"G"表示。

公差等级代号：对外螺纹，分A、B两级标注；对内螺纹，不标记。

【友情提示】

尺寸代号不是管子的外径，也不是螺纹的大径，而是指管子孔径的近似值（单位为in，1in＝25.4mm）。管螺纹的大径、小径及螺距等具体尺寸，需要查阅相关的国家标准（附表2）。

【例5-4】 解释"G 1/2A"的含义。

解： 表示圆柱外螺纹，尺寸代号为1/2（查附表2，其大径为20.955mm，螺距为1.814mm），螺纹公差等级为A级，右旋（省略旋向代号）。

2）标注方法。管螺纹的标注一律注在引出线上，引出线应由大径处或对称中心处引出，如图5-14所示。

（3）梯形和锯齿形螺纹的标注

1）标记的基本格式。梯形螺纹用来传递双向动力，其牙型角为30°，不按粗细牙分类。锯齿形螺纹用来传递单向动力。梯形螺纹和锯齿形螺纹的标注形式相同，与普通螺纹标注基本一致。

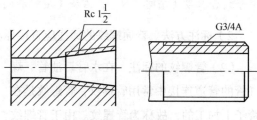

图5-14 管螺纹的标注

梯形螺纹的螺纹特征代号为"Tr"，锯齿形螺纹的螺纹特征代号为"B"。

【例5-5】 解释"Tr40×14P7 -8H-L-LH"的含义。

解： 表示梯形内螺纹，公称直径为40mm，导程为14mm，螺距为7mm，中径公差带为8H，长旋合长度，左旋。

【例5-6】 解释"B40×7-7e"的含义。

解： 表示锯齿形外螺纹，公称直径为40mm，螺距为7mm，中径公差带为7e，中等旋合长度（省略"N"），右旋（省略旋向代号）。

2）标注方法。应把标记直接标注在大径的尺寸线或其引出线上，如图5-15所示。

（4）特殊螺纹和非标准螺纹的标注

牙型符合标准，公称直径或螺距不符合标准的螺纹，称为特殊螺纹。标注时在代号之前加注"特"字，如图5-16所示。

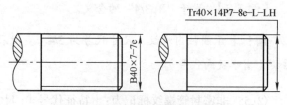

图5-15 锯齿形螺纹及梯形螺纹的标注

例如：特 M36×0.75 -7H （螺距不符合标准）。

凡是牙型不符合标准的螺纹，称为非标准螺纹。它无规定的螺纹标记，标注时必须画出螺纹牙型，并注出所需要的尺寸及有关要求。

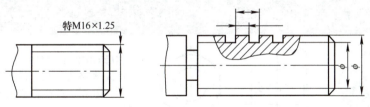

特M16×1.25

图5-16 特殊螺纹和非标准螺纹的标注

第二节 螺纹紧固件

一、螺纹紧固件

螺纹紧固件就是运用一对内、外螺纹的连接作用来连接、紧固的一些零部件。常用的螺纹紧固件有螺栓、螺钉、螺柱、螺母和垫圈等。由于这类零件都是标准件，针对它们的结构、形式和尺寸国家标准都做了规定，并规定了不同的标记方法。通常只需给出它们的规定标记，就可以从国家标准中查出它们的结构、形式和全部尺寸。

常用螺纹紧固件的标记见表 5-1。

表 5-1 常用螺纹紧固件的标记

名称	立体图	画法及规格尺寸	标记示例及说明
六角头螺栓		M10 50	螺栓 GB/T 5780　M10×50 螺纹规格为 M10、公称长度为 50mm、性能等级为 4.8 级、表面不经处理、产品等级为 C 级的六角头螺栓
双头螺柱		A型 M10 b_m 45	螺柱 GB/T 899　AM10×45 两端均为粗牙普通螺纹，螺纹规格 d = 10mm、公称长度为 45mm、性能等级为 4.8 级、表面不经处理、A 型、$b_m = 1.5d$ 的双头螺柱
螺钉		M10 50	螺钉 GB/T 68　M10×50 螺纹规格为 M10、公称长度为 50mm、性能等级为 4.8 级、表面不经处理的 A 级开槽沉头螺钉

（续）

名称	立体图	画法及规格尺寸	标记示例及说明
螺母		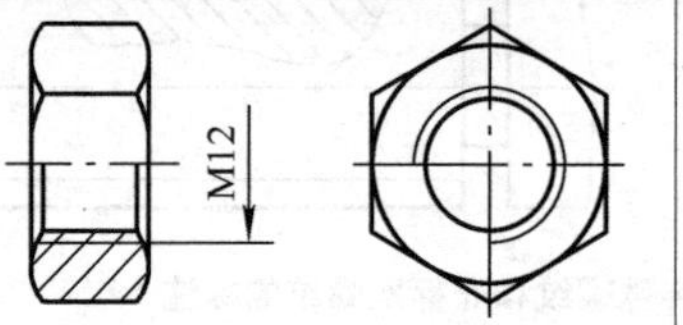 M12	螺母 GB/T 41　M12 螺纹规格为 M12，性能等级为 5 级、表面不经处理、产品等级为 C 级的 1 型六角螺母
垫圈	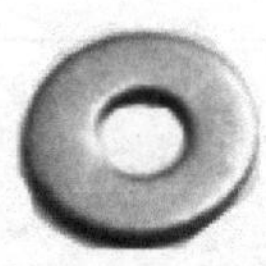	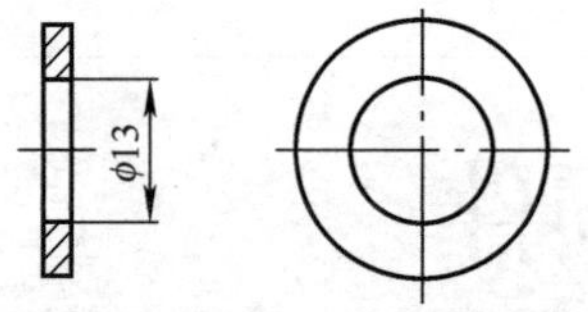 $\phi 13$	垫圈 GB/T 97.1　12 标准系列、公称规格为 12mm，由钢制造的硬度等级为 200HV 级、不经表面处理、产品等级为 A 级的平垫圈

二、螺纹紧固件连接的画法

螺纹紧固件连接是一种可拆卸的连接，常用的形式有螺钉连接、螺栓连接、螺柱连接等。

画图时必须按照 GB/T 4459.1—1995《机械制图 螺纹及螺纹紧固件表示法》中的规定绘制，应遵守以下三条基本规定。

① 两零件的接触面只画一条线，不接触面无论间隙多小，必须画出间隙。

② 在剖视图中，当剖切平面通过螺纹紧固件的轴线时，螺栓、螺柱、螺钉、螺母及垫圈等这些零件都按不剖处理，即只画外形，不画剖面线。

③ 相邻两被连接件的剖面线方向应相反，必要时可以相同，但必须相互错开或间隔不一致；在同一张图上，同一零件的剖面线在各个视图上的方向和间隔必须一致。

1. 螺栓连接的画法

螺栓用来连接不太厚且允许钻成通孔的两零件。螺栓连接由螺栓、螺母、垫圈等组成。

螺栓连接件可以按其标记查出全部尺寸后进行绘图，但为了提高作图速度，通常采用比例画法。已知条件是两个被连接件的厚度 δ_1、δ_2 和螺栓的大径 d，其他作图尺寸均与 d 成一定比例。

图 5-17 所示为螺母的比例画法。螺栓头部的画法和螺母相似，应注意螺栓头部的高度为 $0.7d$，而螺母的高度为 $0.8d$。

螺栓、双头螺柱和垫圈的比例画法如图 5-18 所示。

画螺栓连接图的已知条件是螺栓的型式规格、螺母、垫圈的标记，被连接件的厚度等。

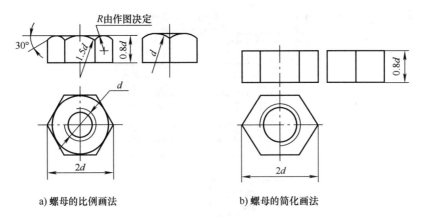

a) 螺母的比例画法   b) 螺母的简化画法

图5-17   螺母的比例画法

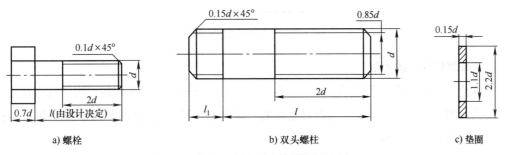

a) 螺栓   b) 双头螺柱   c) 垫圈

图5-18   螺栓、双头螺柱和垫圈的比例画法

螺栓的公称长度 $l = \delta_1 + \delta_2 + 0.15d$（垫圈厚 h）$+ 0.8d$（螺母厚 m）$+ 0.3d$，计算后查表取标准值。

螺栓连接的比例画法如图 5-19 所示。将螺栓穿入两零件中的通孔，再套上垫圈，以增加支撑面和防止擦伤零件表面，然后拧紧螺母。螺栓连接是一种可拆卸的紧固方式。通常采用图 5-20 所示的简化画法。六角头螺栓和六角螺母的头部曲线可以省略不画，螺纹紧固件上的工艺结构，如倒角、退刀槽、缩颈、凸肩等均省略不画。

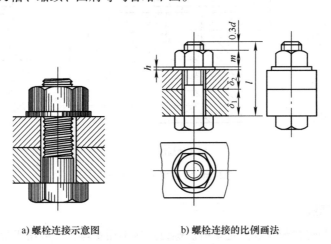

a) 螺栓连接示意图   b) 螺栓连接的比例画法

图5-19   螺栓连接的比例画法

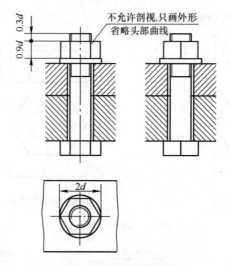

图5-20   螺栓连接的简化画法

2. 双头螺柱连接的画法

当两个连接件中有一个较厚，加工通孔困难时，一般用双头螺柱连接，用于旋入被连接零件螺纹孔内的一端称为旋入端，与螺母连接的一端则称为紧固端。装配图中，双头螺柱连接通常采用比例画法，如图 5-21 所示。

双头螺柱的公称长度按 $l = a + m + s + g$ 计算，其中：a 为螺柱伸出螺母的长度，约为 $(0.2\sim0.3)d$；m 为螺母厚度；s 为垫圈厚度；g 为上部零件厚度。l 计算后查标准，取最接近的标准长度值。旋入端的长度 b_m 与被旋入零件的材料有关。对于钢，$b_m = d$，对于铸铁，$b_m = 1.25d$ 或 $1.5d$，对于铝，$b_m = 2d$。

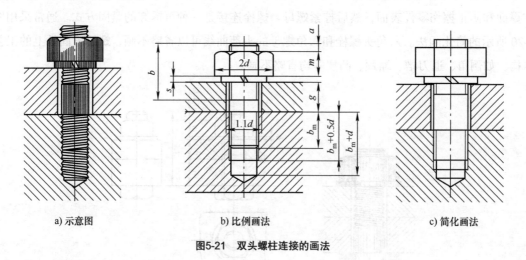

a) 示意图   b) 比例画法   c) 简化画法

图5-21   双头螺柱连接的画法

3. 螺钉连接的画法

螺钉按用途分为连接螺纹和紧定螺钉。螺钉连接不用螺母，一般用于受力不大而又不需经常拆卸的场合。连接螺钉由钉头和钉杆组成，螺钉头部的比例画法如图 5-22 所示。

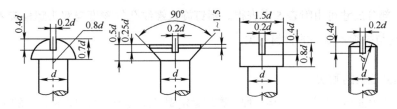

图5-22　螺钉头部的比例画法

螺钉连接用于在较厚的零件上加工有螺纹孔，而另一被连接件上加工有通孔的场合。将螺钉穿过通孔，与下部零件的螺纹孔相旋合，从而到达连接的目的。图 5-23 所示为开槽圆柱头螺钉的连接示意图及装配图的比例画法，图 5-24 所示为开槽沉头螺钉的连接示意图及装配图的比例画法。

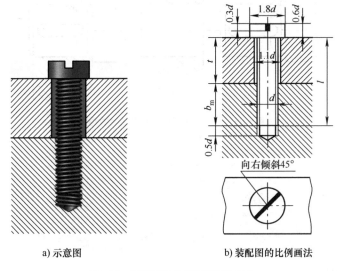

a) 示意图　　　　　b) 装配图的比例画法

图5-23　开槽圆柱头螺钉连接的画法

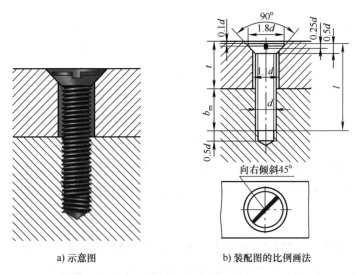

a) 示意图　　　　　b) 装配图的比例画法

图5-24　开槽沉头螺钉连接的画法

螺钉的各部分尺寸可由附表 5 中查得。螺钉旋入螺纹孔的深度与双头螺柱旋入端的螺纹长度 b_m 相同，它与被旋入零件的材料有关。

4. 紧定螺钉连接的画法

紧定螺钉分为锥端、柱端、平端三种。锥端紧定螺钉靠端部锥面顶入机件上的小锥坑起定位、固定作用。柱端紧定螺钉利用端部小圆柱插入机件上的小孔或环槽起定位、固定作用。平端紧定螺钉靠其端平面与机件的摩擦力起定位作用。采用锥端紧定螺钉连接时的画法如图 5-25 所示。

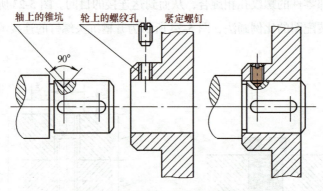

轴上的锥坑　轮上的螺纹孔　紧定螺钉

图5-25　采用锥端紧定螺钉连接时的画法

第三节　齿轮

一、直齿圆柱齿轮

1. 概述

（1）齿轮的用途　齿轮是一个有齿构件，它与另一个有齿构件通过其共轭齿面的相继啮合传递或接受运动。轮齿是齿轮上的一个凸起部分，插入配对齿轮相应凸起部分之间的空间，凭借其外形以保证一个齿轮带动另一个齿轮转动。一对齿轮的轮齿，依次交替接触，从而实现一定规律的相对运动的过程和形态，称为啮合。齿轮传动是依靠主动轮的轮齿与从动轮的轮齿直接啮合来传递运动和动力的一种传动形式，它可用于传递任意两轴间的运动和动力，是应用最广的传动机构之一。齿轮是机器中的传动零件，利用一对齿轮可以将一根轴的转动传递给另一根轴，以完成功率传递，或者改变回转方向和转动速度。

齿轮

（2）齿轮传动的类型　图 5-26 所示为三种常见的齿轮传动类型。圆柱齿轮传动用于两平行轴之间的传动；锥齿轮传动用于相交两轴之间的传动；蜗杆传动则用于交错两轴之间的传动。

a) 圆柱齿轮传动　　　　b) 锥齿轮传动　　　　c) 蜗杆传动

图5-26　三种常见的齿轮传动类型

（3）齿轮的齿形和齿向　齿轮的齿形常用的有渐开线齿形、圆弧齿形和摆线齿形。其中渐开线齿形应用最为广泛。齿轮的齿向常用的有直齿、斜齿和人字齿。

2. 直齿圆柱齿轮各部分名称及尺寸计算

分度曲面为圆柱面的齿轮称为圆柱齿轮，圆柱齿轮的齿形有直齿、斜齿、人字齿等。分度圆柱面齿线为直线的圆柱齿轮，称为直齿圆柱齿轮，如图 5-27 所示，直齿圆柱齿轮各部分的名称及代号如下。

（1）齿顶圆直径 d_a　齿顶圆柱面被垂直于其轴线的平面所截的截线，称为齿顶圆，直径（或半径）用 d_a（或 r_a）表示。

（2）齿根圆直径 d_f　齿根圆柱面被垂直于其轴线的平面所截的截线，称为齿根圆，直径（或半径）用 d_f（或 r_f）表示。

（3）齿轮的模数和分度圆直径　齿轮上作为齿轮尺寸基准的圆称为分度圆，分度圆直径用 d 表示。为便于设计制造、安装和互换性要求，人为地把分度圆上的齿距 p 与无理数 π 的比值 p/π 规定为标准值，称为齿轮的模数，用 m 表示，其单位为毫米（mm）。

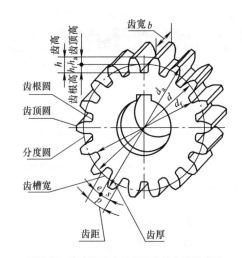

图5-27　直齿圆柱齿轮各部分的名称及代号

$$m = p/\pi \quad 或 \quad p = \pi m$$

模数是齿轮几何尺寸计算的基础，模数越大，轮齿的尺寸也越大，弯曲强度越高。国家标准已经规定了标准模数系列渐开线圆柱齿轮模数见表 5-2。

表 5-2　渐开线圆柱齿轮模数（摘自 GB/T 1357—2008）　　　　　　　　　　　　　　（单位：mm）

第一系列 （优先选用）	1，1.25，1.5，2，2.5，3，4，5，6，8，10，12，16，20，25，32，40，50
第二系列	1.125，1.375，1.75，2.25，2.75，3.5，4.5，5.5，（6.5），7，9，11，14，18，22，28，36，45

　　注：1. 选用模数时应优先采用第一系列，其次是第二系列，括号内的模数尽量不用。
　　　　2. 本表适用于渐开线圆柱齿轮，对斜齿轮是指法向模数。

（4）齿高、齿顶高、齿根高　齿轮的齿顶圆与分度圆之间的径向距离称为齿顶高，用 h_a 表示；分度圆与齿根圆之间的径向距离称为齿根高，用 h_f 表示；齿顶圆与齿根圆之间的径向距离称为齿高，用 h 表示。

（5）齿轮的齿距、齿厚、齿槽宽　在齿轮分度圆周上一个轮齿两侧齿廓间的弧长称为该圆上的齿厚，用 s 表示；一个齿槽两侧齿廓间的弧长称为该圆上的齿槽宽，用 e 表示；相邻两齿同侧齿廓间的弧长称为该圆上的齿距，用 p 表示，显然有：$p = s + e$。

分度圆的直径可表示为 $d = zp/\pi = mz$，z 为齿数。

渐开线标准直齿圆柱齿轮的几何尺寸的计算公式见表 5-3。

表 5-3　渐开线标准直齿圆柱齿轮几何尺寸的计算公式

名称	代号	计算公式	名称	代号	计算公式
模数	m	$m = p/\pi$	分度圆齿距	p	$p = \pi m = s + e$
分度圆直径	d	$d = mz$	齿槽宽	e	$e = \pi m/2$
齿顶高	h_a	$h_a = m$	齿顶圆直径	d_a	$d_a = m(z + 2)$
齿根高	h_f	$h_f = 1.25m$	齿根圆直径	d_f	$d_f = m(z - 2.5)$
齿高	h	$h = 2.25m$	标准中心距	a	$a = \dfrac{m(z_1 + z_2)}{2}$

3. 齿轮的画法

（1）单个直齿轮的规定画法

1）视图画法。直齿轮的齿顶线用粗实线绘制，分度线用细点画线绘制，齿根线用细实线绘制，也可省略不画，如图 5-28a 所示。

2）剖视画法。当剖切平面通过直齿轮的轴线时，轮齿按不剖处理。齿顶线用粗实线绘制，分度线用细点画线绘制，齿根线用粗实线绘制，如图 5-28b、c 所示。

3）端面视图画法。在表示齿轮端面的视图中，齿顶圆用粗实线绘制，分度圆用细点画线绘制，齿根圆用细实线绘制，也可省略不画，如图 5-28d 所示。

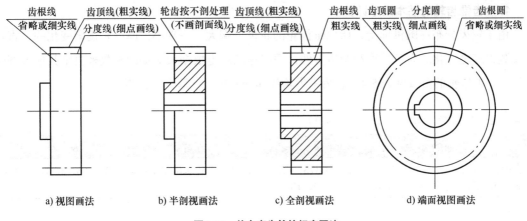

a) 视图画法　　　　b) 半剖视画法　　　　c) 全剖视画法　　　　d) 端面视图画法

图5-28　单个直齿轮的规定画法

（2）两个啮合齿轮的画法

1）剖视画法。当剖切平面通过两啮合齿轮的轴线时，在啮合区内，将一个齿轮的轮齿用粗实线绘制，另一个齿轮的轮齿被遮挡的部分用细虚线绘制，如图 5-29a 所示；也可省略不画，如图 5-29b 所示。

2）视图画法。在平行于直齿轮轴线的投影面的视图中，啮合区的齿顶线不必画出，节线用粗实线绘制，如图 5-29c 所示。

3）端面视图画法。在垂直于直齿轮轴线的投影面的视图中，两直齿轮节圆相切，啮合区内的齿顶圆均用粗实线绘制，如图 5-29d 所示。啮合区内的齿顶圆也可以省略不画，如图 5-29e 所示。

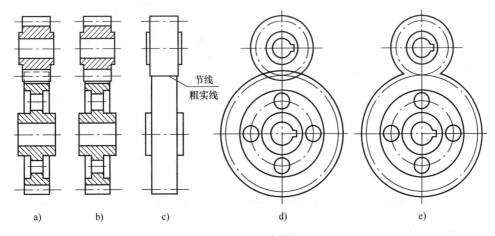

a)　　　　b)　　　　c)　　　　d)　　　　e)

图5-29　两个啮合齿轮的画法

二、锥齿轮

分度曲面为圆锥面的齿轮，称为锥齿轮。分度圆锥面齿线为直素线的锥齿轮，称为直齿锥齿轮。锥齿轮又称伞齿轮，通常用于相交两轴间的传动，两相交轴线的夹角一般为90°。

1. 直齿锥齿轮的基本尺寸计算

由于轮齿分布在圆锥面上，所以锥齿轮的轮齿一端大，一端小，厚度是逐渐变化的，直径和模数也随之变化。为了计算和制造方便，国家标准规定根据大端端面模数来决定其他各部分的尺寸。锥齿轮的模数见表 5-4，直齿锥齿轮各部分的尺寸计算公式见表 5-5。

表 5-4　锥齿轮的模数（摘自 GB/T 12368—1990）　　　　　　　　　　　　　　　（单位：mm）

适用类型	标准模数 m
直齿锥齿轮、斜齿锥齿轮	⋯ 1, 1.125, 1.25, 1.375, 1.5, 1.75, 2, 2.25, 2.5, 2.75, 3, 3.25 3.5, 3.75, 4, 4.5, 5, 5.5, 6, 6.5, 7, 8, 9, 10⋯

表 5-5　直齿锥齿轮各部分的尺寸计算公式

名称	代号	计算公式	
		小齿轮	大齿轮
分度圆锥角	δ	$\delta_1 = \arctan(z_1 / z_2)$	$\delta_2 = 90° - \delta_1$
齿顶高	h_a	$h_{a1} = h_{a2} = h_a = h_a^* m$	
齿根高	h_f	$h_{f1} = h_{f2} = h_f = (h_a^* + c^*)m$	
分度圆直径	d	$d_1 = mz_1$	$d_2 = mz_2$
齿顶圆直径	d_a	$d_{a1} = d_1 + 2h_a \cos\delta_1$	$d_{a2} = d_2 + 2h_a \cos\delta_2$
齿根圆直径	d_f	$d_{f1} = d_1 - 2h_f \cos\delta_1$	$d_{f2} = d_2 - 2h_f \cos\delta_2$
锥距	R	$R_1 = R_2 = R = \dfrac{m}{2}\sqrt{z_1^2 + z_2^2}$	
齿顶角	θ_a	$\theta_{a1} = \theta_{a2} = \theta_a = \arctan(h_a / R)$	
齿根角	θ_f	$\theta_{f1} = \theta_{f2} = \theta_f = \arctan(h_f / R)$	
顶锥角	δ_a	$\delta_{a1} = \delta_1 + \theta_a$	$\delta_{a2} = \delta_2 + \theta_a$
根锥角	δ_f	$\delta_{f1} = \delta_1 - \theta_f$	$\delta_{f2} = \delta_2 - \theta_f$
顶隙	c	$c_1 = c_2 = c = c^* m$	
分度圆齿厚	s	$s_1 = s_2 = s = \pi m / 2$	

2. 单个锥齿轮的画法

1）剖视画法。当剖切平面通过锥齿轮的轴线时，轮齿按不剖处理，齿顶线用粗实线绘制，分度线用细点画线绘制，齿根线用粗实线绘制，如图 5-30a、b 所示。

2）视图画法。锥齿轮齿顶线用粗实线绘制，分度线用细点画线绘制，齿根线可省略不画，如图 5-30c 所示。

3）端面视图画法。在锥齿轮的端面视图中，用粗实线画出大端和小端的齿顶圆，用细点画线画出大端的分度圆。大、小端齿根圆及小端分度圆均省略不画，如图 5-30d 所示。

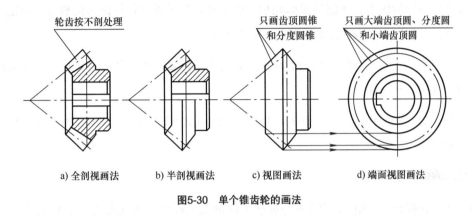

a) 全剖视画法　　b) 半剖视画法　　c) 视图画法　　d) 端面视图画法

图5-30　单个锥齿轮的画法

3. 直齿锥齿轮啮合的画法

1）剖视画法。当剖切平面通过两啮合锥齿轮的轴线时，在啮合区内，将一个锥齿轮的轮齿用粗实线绘制，另一个锥齿轮的轮齿被遮挡的部分用细虚线绘制（也可省略不画），如图 5-31a 所示。

2）端面视图画法。在垂直于某个锥齿轮轴线的投影面的视图中，两锥齿轮节圆应相切，被遮挡部分省略不画，如图 5-31b 所示。

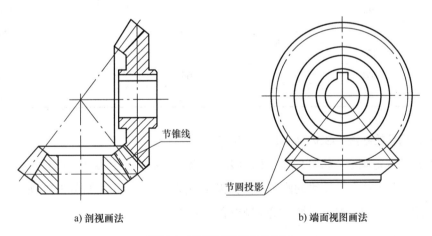

a) 剖视画法　　　　　　　　b) 端面视图画法

图5-31　直齿锥齿轮啮合的画法

三、蜗杆、蜗轮

蜗杆和蜗轮通常用于垂直交错的两轴之间的传动。在一般情况下，蜗杆是主动件，蜗轮是从动件。蜗杆和蜗轮的齿向是螺旋形的，蜗轮的齿顶面常制成环面。蜗杆、蜗轮传动的速比大，结构紧凑，但效率低。

1. 蜗杆与蜗轮的主要参数

（1）模数 m　蜗轮规定以端面模数为标准模数，蜗杆的轴向模数与蜗轮的端面模数相等。

（2）蜗杆分度圆直径 d_1　由于同一模数的蜗杆，其直径也可以不同，这就要求每一模数对应有很多直径不同的滚刀，才能满足蜗轮加工的需要。为了减少蜗轮滚刀的数目，规定蜗轮的标准模数时，对蜗杆分度圆直径也标准化，见表5-6。

（3）中心距　一般圆柱蜗杆传动的减速装置的中心距 a（单位为 mm），应在下列标准值中选取（GB/T 10085—2018）。

40，50，63，80，100，125，160，（180），200，（225），250，（280），315，（355），400，（450），500。

括号内的值尽量不选。

（4）蜗杆导程角 γ　蜗杆导程角 γ 与标准模数 m 及蜗杆分度圆直径 d_1 有下列关系：

$$\tan\gamma = z_1 m / d_1$$

表5-6　模数 m 与蜗杆分度圆直径 d_1 的对应关系（摘自 GB/T 10085—2018）　　　（单位：mm）

模数 m	蜗杆分度圆直径 d_1	模数 m	蜗杆分度圆直径 d_1	模数 m	蜗杆分度圆直径 d_1
1.25	20	3.15	35.5	8	80
	22.4		56		140
1.6	20	4	40	10	90
	28		71		160
2	22.4	5	50	12.5	112
	35.5		90		200
2.5	28	6.3	63	16	112
	45		112		140

2. 蜗杆、蜗轮的画法（GB/T 4459.2—2003）

（1）蜗杆的规定画法　蜗杆的齿数称为头数，常用的有单头和双头。蜗杆一般选用一个视图，其齿顶线、齿根线和分度线的画法与圆柱齿轮相同。蜗杆的画法如图5-32所示。在外形视图中，蜗杆的齿根圆和齿根线用细实线绘制或省略不画。

（2）蜗轮的规定画法　蜗轮可以看作是一个斜齿轮，为了增加与蜗杆的接触面积，蜗轮的齿顶常加工成凹弧形。蜗轮的画法如图5-33所示，在蜗轮投影为圆的视图中，只画出分度圆和最外圆，不画齿顶圆与齿根圆。

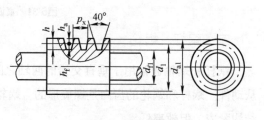

图5-32　蜗杆的画法

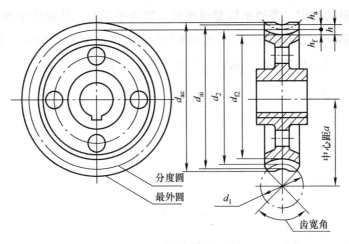

图5-33　蜗轮的画法

第四节　键与销

　　键是通过轴上和轮毂上的标准功能结构——键槽来连接轴和轴上的传动件，使轴与传动件间不发生相对转动，以传递转矩。销主要用于零件之间的定位连接和防松，也用作过载保护元件。

一、普通平键连接

1. 普通平键的功用、种类及标记

　　（1）普通平键的功用　用键将轴与轴上的传动件（如齿轮、带轮等）连接在一起，以传递转矩，如图 5-34 所示。

　　（2）普通平键的种类　普通平键是标准件，有普通 A 型平键（圆头）、普通 B 型平键（平头）和普通 C 型平键（半圆头），如图 5-35 所示。

图5-34　键

A型　　　　　　　B型　　　　　　　C型

图5-35　普通平键的种类

（3）普通平键的标记　普通平键是标准件，选择平键时，从标准中查取键的截面尺寸 $b \times h$，然后按轮毂宽度 B 选取键长 L，一般键长比轮毂宽度 B 少 5～10mm，并取标准值，见附表8。键的标记格式为：标准编号　名称　类型　键宽 × 键高 × 键长

【例5-7】 标记解读：GB/T 1096 键 16×10×100

解： 表示（圆头）普通A型平键（A型省略不标），宽度为16mm，高度为10mm，长度为100mm。

【例5-8】 标记解读：GB/T 1096 键 B 18×11×100

解： 表示（平头）普通B型平键，宽度为18mm，高度为11mm，长度为100mm。

除A型省略型号外，B型和C型均要注出型号。

2. 平键连接的画法

（1）轴上键槽的画法　键槽的尺寸查阅附表8。轴上键槽的画法如图5-36所示。

（2）轮毂上键槽的画法及尺寸注法　轮毂上键槽的画法及尺寸注法如图5-37所示。

图5-37中 t_2 为轮毂上键槽的深度，b 为键槽宽度，t_2、b 的值可按孔径 D 从标准中查出。

（3）普通平键连接的画法　普通平键连接的画法如图5-38所示。国家标准规定，在装配图中，对于键等实心零件，当剖切平面通过其对称平面纵向剖切时，按不剖绘制。

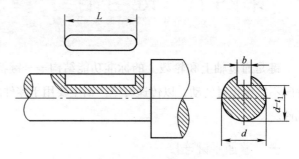

图5-36　轴上键槽的画法

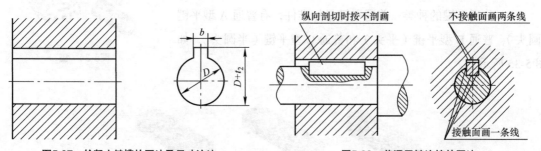

图5-37　轮毂上键槽的画法及尺寸注法　　图5-38　普通平键连接的画法

二、花键联结

花键是把键和键槽制成一体，能传递较大的转矩，连接可靠，机械上得到广泛应用。花键的齿形有矩形、三角形、渐开线形等，其中矩形花键应用较为广泛。矩形花键定心精度高，定

心的稳定性好，便于加工。国家标准 GB/T 1144—2001《矩形花键尺寸、公差和检验》规定，矩形花键的定心方式为小径定心。

1. 花键的画法与标注（GB/T 4459. 3—2000）

（1）外花键　在平行于花键轴线的投影面的视图中，大径用粗实线、小径用细实线绘制，并在断面图中画出一部分或全部齿形；花键工作长度的终止端和尾部长度的末端均用细实线绘制，并与轴线垂直，尾部则画成斜线，其倾斜角度一般与轴线成30°（必要时，可按实际情况画出），如图 5-39 所示。

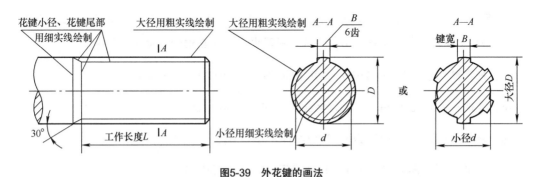

图5-39　外花键的画法

（2）内花键　在平行于花键轴线的投影面的剖视图中，大径及小径均用粗实线绘制，键齿按不剖处理，并用局部视图画出一部分或全部齿形，如图 5-40 所示。

（3）花键连接　在装配图中，花键连接用剖视图表示，其连接部分按外花键的画法绘制，如图 5-41 所示。

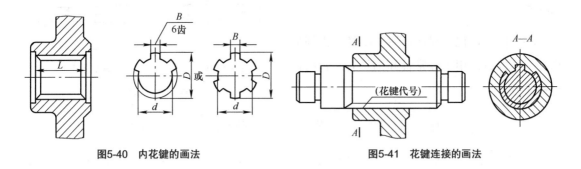

图5-40　内花键的画法　　　　　　图5-41　花键连接的画法

2. 花键的标记（GB/T 1144—2001、GB/T 4459. 3—2000）

国家标准 GB/T 4459.3—2000《机械制图　花键表示法》规定，花键类型用图形符号表示：矩形花键的图形符号为"∏"，渐开线花键的图形符号为"∧"。

花键的标记格式为：　| 图形符号 | 键数 | × | 小径 | × | 大径 | × | 键宽 | 标准编号 |

花键的标记应标注在指引线的基准线上，指引线指在大径上，如图 5-42 所示。

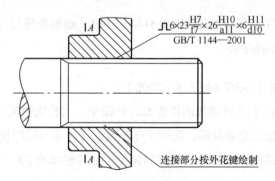

$\bigcap 6 \times 23 \dfrac{H7}{f7} \times 26 \dfrac{H10}{a11} \times 6 \dfrac{H11}{d10}$
GB/T 1144—2001

连接部分按外花键绘制

图5-42　花键的标记

【例5-9】　已知矩形花键副的基本参数和公差带代号为：键数 $N = 6$，小径 $d = 26H7/f7$，大径 $D = 30H10/a11$、键宽 $B = 6H11/d10$，试分别写出内、外花键和花键副的代号。

解：内花键代号为 $\bigcap 6 \times 26H7 \times 30H10 \times 6H11$　　GB/T 1144—2001。

外花键代号为 $\bigcap 6 \times 26f7 \times 30a11 \times 6d10$　　GB/T 1144—2001。

花键副代号为 $\bigcap 6 \times 26H7/f7 \times 30H10/a11 \times 6H11/d10$　　GB/T 1144—2001。

三、销连接（GB/T 117—2000、GB/T 119.1—2000）

1. 销的功用、种类及标记

（1）销的功用　销主要用于零件之间的定位，也可用于零件之间的连接，但只能传递不大的转矩。

（2）销的种类　销主要有圆柱销和圆锥销，如图5-43示。

（3）销的标记　圆柱销用于不经常拆卸的场合，圆锥销多用于经常拆卸的场合。销的标记格式为：

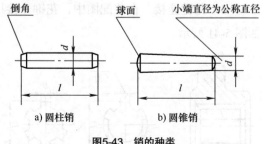

图5-43　销的种类

名称	标准编号	公称直径	公差代号	×	长度

【例5-10】　试写出公称直径 $d = 10mm$，公差为 m6，公称长度 $l = 50mm$，材料为钢，不经淬火，不经表面处理的圆柱销的标记。

解：圆柱销的标记为　销 GB/T 119.1　10 m6×50。

根据销的标记，即可查出销的类型和尺寸，详见附表9、附表10。

2. 销连接的画法

销的装配要求较高，销孔一般在被连接零件装配完成时加工，如图5-44所示。

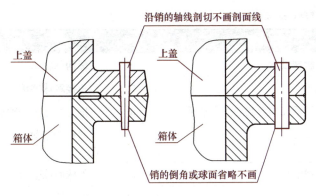

沿销的轴线剖切不画剖面线

上盖

上盖

箱体

箱体

销的倒角或球面省略不画

图5-44　销连接的画法

第五节　滚动轴承

一、滚动轴承的结构、分类及基本代号

滚动轴承是支承轴并承受轴上载荷的标准组件，其结构紧凑，摩擦力小，在机器中得到广泛应用。

1. 结构

滚动轴承由外圈、内圈、滚动体和保持架组成，如图 5-45 所示。

外圈——与机座孔相配合。

内圈——与轴配合。

滚动体——装在内圈和外圈之间的滚道中。

保持架——用来将滚动体互相隔离开。

2. 分类

滚动轴承按其承受的载荷方向分为：①向心轴承——主要承受径向力；②推力轴承——主要承受轴向力；③角接触轴承——同时承受径向力和轴向力。

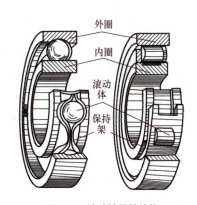

外圈

内圈

滚动体

保持架

图5-45　滚动轴承的结构

3. 基本代号（GB/T 272—2017）

基本代号的构成　基本代号表示轴承的基本类型、结构和尺寸，是轴承代号的基础。基本代号由轴承类型代号、尺寸系列代号和内径代号构成。

1）轴承类型代号。轴承类型代号用数字或字母来表示，见表 5-7。

表 5-7　轴承类型代号（摘自 GB/T 272—2017）

代号	轴承类型	代号	轴承类型
0	双列角接触球轴承	6	深沟球轴承
1	调心球轴承	7	角接触球轴承
2	调心滚子轴承和推力调心滚子轴承	8	推力圆柱滚子轴承
3	圆锥滚子轴承	N	圆柱滚子轴承；双列或多列用字母 NN 表示
4	双列深沟球轴承	U	外球面球轴承
5	推力球轴承	QJ	四点接触球轴承

2）尺寸系列代号。尺寸系列是指同一内径的轴承具有不同的外径和宽度，因而有不同的承载能力。尺寸系列代号由宽（高）度系列代号和直径系列代号组合而成。

3）内径代号。内径代号表示滚动轴承的公称直径，一般用两位数字表示，其表示方法见表 5-8。

表 5-8　滚动轴承内径代号（摘自 GB/T 272—2017）

轴承公称内径 /mm		内径代号	示例	
1~9（整数）		用公称内径毫米数直接表示，对深沟球及角接触球轴承直径系列 7、8、9，内径与尺寸系列代号之间用"/"分开	深沟球轴承 625	$d=5\text{mm}$
			深沟球轴承 618/5	$d=5\text{mm}$
10~17	10	00	深沟球轴承 6200	$d=10\text{mm}$
	12	01	深沟球轴承 6201	$d=12\text{mm}$
	15	02	深沟球轴承 6202	$d=15\text{mm}$
	17	03	深沟球轴承 6203	$d=17\text{mm}$
20~480（22、28、32 除外）		公称内径除以 5 的商数，商数为个位数，需在商数左边加"0"，如 08	圆锥滚子轴承 30308	$d=40\text{mm}$
			深沟球轴承 6215	$d=75\text{mm}$

【例 5-11】　识读轴承代号 6204。

解：6—类型代号（深沟球轴承），2—尺寸系列代号（02），04—内径代号（内径 $d=20\text{mm}$）。

二、滚动轴承的画法（GB/T 4459.7—2017）

滚动轴承是标准件，其结构型式、尺寸和标记都已标准化，主要参数为 d（内径）、D（外径）、B（宽度），d、D、B 根据轴承代号在画图前查标准确定。

滚动轴承作为标准件，在装配图中通常采用简化画法（即通用画法和特征画法）或规定画法。滚动轴承的各种画法及尺寸比例见表 5-9，其余各部分的尺寸可根据滚动轴承的代号，由附表 11 查得。

表 5-9　滚动轴承的画法及尺寸比例（摘自 GB/T 4459.7—2017）

类型	深沟球轴承 （GB/T 276—2013）	圆锥滚子轴承 （GB/T 297—2015）	推力球轴承 （GB/T 301—2015）
已知条件	$D\ d\ B$	$D\ d\ B\ T\ C$	$D\ d\ T$
简化画法　通用画法			
简化画法　特征画法			
规定画法			
装配示意图			

1. 简化画法

（1）通用画法　在剖视图中，当不需要确切地表示滚动轴承的外形轮廓、载荷特征和结构特征时，可用矩形线框及位于线框中央正立的十字形符号表示滚动轴承。

（2）特征画法　在剖视图中，当需要较形象地表示滚动轴承的结构特征时，可采用在矩形线框内画出其结构要素符号的方法表示滚动轴承。

2. 规定画法

必要时，在滚动轴承的产品图样、产品样本和产品标准中，采用规定画法表示滚动轴承。采用规定画法绘制滚动轴承的剖视图时，轴承的滚动体不画剖面线，其内外圈内画方向和间隔相同的剖面线，在不至于引起误解时，也允许省略不画。滚动轴承的保持架及倒圆省略不画。规定画法一般绘制在轴的一侧，另一侧按通用画法绘制。

第六节　弹簧

一、弹簧的作用与种类

1. 作用

弹簧在部件中的作用是减振、复位、夹紧、测力和储能等。除去外力后，弹簧可立即恢复原状。

2. 种类

圆柱螺旋弹簧，根据用途不同可分为压缩弹簧、拉伸弹簧和扭转弹簧，如图 5-46 所示。

图5-46　圆柱螺旋弹簧的种类

二、 圆柱螺旋压缩弹簧各部分的名称及尺寸关系

圆柱螺旋压缩弹簧的各部分名称及代号如图 5-47 所示。

（1）线径 d 用于缠绕弹簧的钢丝直径。

（2）弹簧内径 D_1 弹簧内圈直径。

（3）弹簧外径 D_2 弹簧外圈直径。

（4）弹簧中径 D 弹簧内径和外径的平均值，也是代表弹簧规格的参数之一：$D = (D_2 + D_1)/2 = D_1 + d = D_2 - d$。

（5）节距 t 螺旋弹簧两相邻有效圈截面中心线的轴向距离。一般 $t = (D_2/3) \sim (D_2/2)$。

（6）有效圈数 n 用于计算弹簧总变形量的簧圈数量，称为有效圈数（即具有相等节距的圈数）。

（7）支承圈数 n_2 弹簧端部用于支承或固定的圈数，称为支承圈数。为了使螺旋压缩弹簧工作时受力均匀，保证轴线垂直于支承端面，两端常并紧且磨平。并紧且磨平的圈数仅起支承作用，即支承圈。承圈数 n_2 为 1.5 圈、2 圈、2.5 圈三种，常用 2.5 圈。

（8）总圈数 n_1 沿螺旋线两端间的螺旋圈数，称为总圈数。总圈数 n_1 等于有效圈数 n 与支承圈数 n_2 之和，即 $n_1 = n + n_2$。

（9）自由高度（长度）H_0 弹簧在没有负荷时的高度（长度），即 $H_0 = nt + 2d$。

（10）弹簧展开长度 L 制造弹簧时簧丝的长度，即 $L \approx \pi D n_1$。

三、圆柱螺旋压缩弹簧的画法（GB/T 44594.4—2003）

1. 规定画法

1）圆柱螺旋压缩弹簧在平行于轴线的投影面上的投影，其各圈的轮廓线应画成直线。

2）右旋弹簧或旋向不做规定的圆柱螺旋压缩弹簧，在图上画成右旋。左旋弹簧允许画成右旋，但要加注"LH"。

3）螺旋压缩弹簧两端并紧且磨平时，不论支承圈的圈数多少和末端并紧情况如何，均按支承圈为 2.5 圈画出；4 圈以上的弹簧，中间各圈可省略不画，用通过中径线的点画线连接起来，也可适当地缩短图形的长（高）度，如图 5-47a、b 所示。

4）在装配图中，弹簧中间各圈采用省略画法后，弹簧后面被挡住的零件轮廓不必画出，如图 5-48a、b 所示。

5）当线径在图上小于或等于 2mm 时，可采用示意画法，如图 5-48c 所示。如果弹簧被剖

切，可以涂黑表示，如图 5-48b 所示。

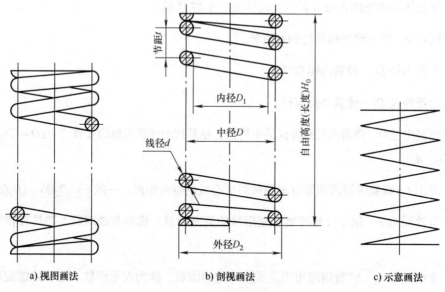

a) 视图画法 b) 剖视画法 c) 示意画法

图5-47　圆柱螺旋压缩弹簧的规定画法

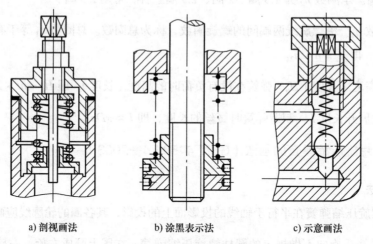

a) 剖视画法 b) 涂黑表示法 c) 示意画法

图5-48　装配图中螺旋弹簧的画法

2. 圆柱螺旋压缩弹簧的作图步骤

圆柱螺旋压缩弹簧，如要求两端并紧且磨平时，不论支承圈的圈数多少或末端贴紧情况如何，其视图、剖视图或示意图均按图 5-49 所示绘制。

1）算出弹簧中径 D，可画出长方形 $EFGH$，如图 5-49a 所示。

2）根据线径 d，画出支承圈部分弹簧钢丝的剖面，如图 5-49b 所示。

3）画出有效圈部分弹簧钢丝的剖面。先在中径线 FG 上根据节距 t 画出圆 1 和圆 2，然后过相邻两圆的中点作垂线与中径线 *EH* 相交，画出圆 3 和圆 4，再根据节距画出圆 5，如图 5-49c 所示。

4）按右旋方向作相应圆的公切线及剖面线，即完成作图，如图 5-49d 所示。

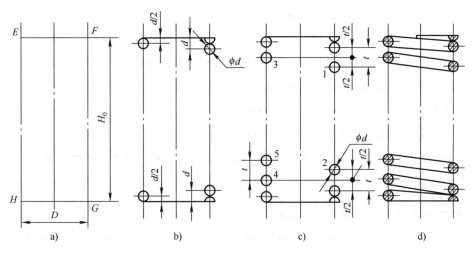

图5-49　单个弹簧的画法

3. 普通圆柱螺旋压缩弹簧的标记（GB/T 2089—2009）

圆柱螺旋压缩弹簧的标记格式如下：

| 类型代号 | | $d \times D \times H_0$ | 精度代号 | | 旋向代号 | | 标准号 |

1）类型代号：YA 为两端圈并紧磨平的冷卷压缩弹簧；YB 为两端圈并紧制扁的热卷压缩弹簧。

2）规格：线径 × 弹簧中径 × 自由高度。

3）精度代号：2 级制造精度不表示，3 级应注明"3"。

4）旋向代号：左旋应注明为左，右旋不表示。

5）标准号：GB/T 2089（省略年号）

【例 5-12】　解释"YB 2.2×10×50 GB/T 2089"的含义。

解： 线径为 2.2mm，弹簧中径为 10mm，自由高度为 50mm，精度等级为 2 级，右旋的两端圈并紧制扁的热卷压缩弹簧。标准号为 GB/T 2089。

【本章小结】

本章学习了标准件与常用件的基本知识、规定画法、标记方法，同时也介绍了各种标准件的标准、常用件部分结构的标准和查表方法。通过学习，能对常见的标准件和常用件通过查阅相关标准手册确定相关尺寸，并能正确地绘制和标注图样。

【知识拓展】

　　螺纹是人类最早发明的简单机械之一。在古代，人们利用螺纹固定战袍的铠甲、提升物体、压榨油料和制酒等。18世纪末，英国工程师亨利·莫斯利（Henry Maudslag）发明了螺纹丝杠车床。第一次工业革命后，1841年英国人约瑟夫·惠特沃斯（Joseph Whitworth）提出了世界上第一份螺纹国家标准（BS84，惠氏螺纹，B.S.W.和B.S.F.），从而奠定了螺纹标准的技术体系。1905年，英国人泰勒（William Taylor）发明了螺纹量规设计原理（泰勒原理）。从此，英国成为世界上第一个全面掌握螺纹加工和检测技术的国家。英制螺纹标准是世界上现行螺纹标准的祖先，英制螺纹标准最早得到了世界范围的认可和推广。世界上最有影响的紧固螺纹有三种，即英国的惠氏螺纹、美国的赛氏螺纹、法国的米制螺纹。最有影响的管螺纹有两种，即英国的惠氏管螺纹、美国的布氏管螺纹。

　　20世纪50年代初期，为快速提高新中国工业整体水平，我国决定全面采用苏联标准技术体系。截至1958年，经过对苏联标准的吸收和转化，我国发布了12项普通螺纹机械行业标准。此后二十多年，我国螺纹标准不断扩充、完善，接连发布常用的紧固和传动螺纹的国家和机械行业标准。进入到20世纪80年代，中国实行改革开放，开始积极吸收西方发达工业国家的技术和管理经验，中国螺纹标准转向国际（ISO）和欧美标准技术体系。1987年，全国螺纹标准化技术委员会（SAC/TC 108）成立，这是中国螺纹标准化一个重要里程碑。

　　借助于我国技术人员的智慧，国内专家着手理清英、美管螺纹的米制化转换方法，于1991年颁布常用的美制管螺纹标准，随后发布配套的2项英制管螺纹量规和7项刀具标准，困扰国人比较严重的"三漏"现象得以解决。

　　至此，我国已建立起与国际全面接轨的中国螺纹标准体系，中国标准已能满足世界最大机械加工中心的螺纹需求。截至2021年，中国牵头发布ISO/TC 1国际标准11项，占ISO/TC 1所有国际标准21项的52.4%，依托我国制造业的飞速发展，中国正在不断引领国际螺纹标准的进步。

第六章

零 件 图

【学习目标】

1. 了解零件图的意义和应用。

2. 熟悉零件图的尺寸标注方法。

3. 掌握尺寸公差、几何公差、表面粗糙度的相关知识及应用。

4. 看懂零件图。

5. 测绘零件图。

【素质目标】

1. 丰富学生的加工知识。

2. 培养学生一丝不苟、精益求精、严格遵循标准与规范的职业素养和工匠精神。

3. 培养细致的学习习惯，以及以良好的沟通方式解决问题。

4. 培养学生辩证的思维方式能力。

【重点】

1. 了解零件图的意义和应用。

2. 熟悉零件图的尺寸标注方法。

3. 掌握尺寸公差、几何公差、表面粗糙度的标注方法。

4. 看懂零件图。

【难点】

1. 零件图的尺寸标注。

2. 尺寸公差、几何公差、表面粗糙度的应用。

工程图样是工程建设或机器制造过程中重要的技术文件，是工程界的技术语言。为便于交流与技术管理，我国依据国际标准化组织 ISO 制定的国际标准，颁布并实施了《技术制图》和《机械制图》等一系列国家标准，要求工程技术人员在绘制工程图样的实际工作中严格遵照执行。

第一节　零件图的内容及零件的表达方法

一、零件图的内容

零件图的内容及零件的表达方法

机器或部件是由若干零件按一定的关系装配而成的，零件是组成机器或部件的基本单元。表示零件结构、大小及技术要求的图样，称为零件工作图，简称零件图。零件图是设计部门提交给生产部门的重要技术文件，它不仅反映了设计者的设计意图，而且表达了零件的各种技术要求，如尺寸精度、表面粗糙度等，工艺部门要根据零件图制造毛坯、制订工艺规程、设计工艺装备、加工零件等。所以，零件图是制造和检验零件的重要依据。轴承座零件图如图6-1所示。

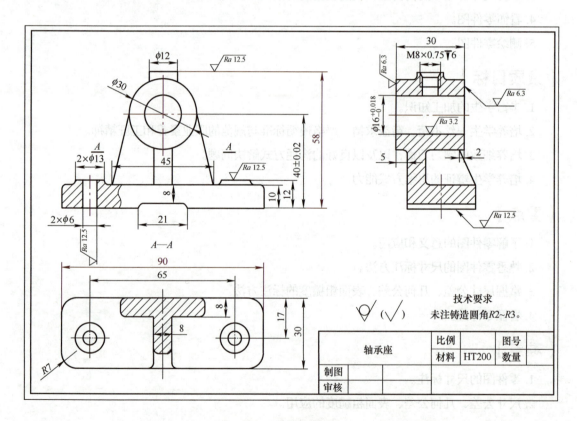

图6-1　轴承座零件图

零件图是生产中指导制造和检验零件的主要技术文件，它不仅要把零件的内、外结构形状和大小表达清楚，还需要对零件的材料、加工、检验、测量等提出必要的技术要求，零件图必须包含制造和检验零件的全部技术资料。以图 6-1 所示的零件图为例，可以看出，一张完整的零件图应该包括四部分内容。

1. 一组视图

在零件图中，用一组视图来表达零件的形状和结构。应根据零件的结构特点，选择适当的基本视图、剖视图、断面图及其他规定画法，正确、完整、清晰地表达零件的各部分形状和结构。

2. 完整的尺寸

正确、完整、清晰、合理地注出制造和检验零件时所需要的全部尺寸，以确定零件各部分的形状大小和相对位置。

3. 技术要求

用规定的代号、数字、文字等，表示零件在制造和检验过程中应达到的一些技术指标。例如表面粗糙度、尺寸公差、几何公差、材料及热处理等。这些要求有的可以用符号注写在视图中。技术要求的文字一般注写在标题栏上方图样空白处。如图 6-1 所示的尺寸公差、表面粗糙度及文字说明的技术要求等，均为轴承座的技术要求。

4. 标题栏

标题栏在零件图的右下角，用于注明零件的名称、数量、使用材料、绘图比例、设计单位、设计人员等内容。

二、零件图的视图选择

运用各种表达方法，选取一组恰当的视图，把零件的形状表示清楚。零件上每一部分的形状和位置要表示得完全、正确、清楚，符合国家标准规定，便于读图。

1. 主视图的选择

主视图是一组视图的核心，是表达零件形状的主要视图。主视图选择恰当与否，将直接影响整个表达方法和其他视图的选择。因此，确定零件的表达方案，首先应选择主视图。主视图的选择应从投射方向和零件的安放位置两方面来考虑。选择最能反映零件形状特征的方向作为主视图的投射方向，如图 6-2 所示。确定零件的放置位置应考虑以下原则。

（1）加工位置原则　加工位置原则是指主视图按照零件在机床上加工时的装夹位置放置，应尽量与零件主要加工工序中所处的位置一致。例如，加工轴、套、圆盘类零件时，大部分工序是在车床和磨床上进行的，为了使工人在加工时

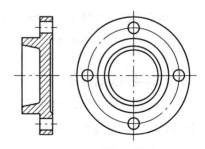

图6-2　主视图的投射方向

读图方便，主视图中应将其轴线水平放置，如图6-3所示的轴。

（2）工作位置原则　工作位置原则是指主视图按照零件在机器中工作的位置放置，以便把零件和整个机器的工作状态联系起来。对于叉架类、箱体类零件，因为常需经过多种工序加工，且各工序的加工位置也往往不同，故主视图应选择工作位置，以便与装

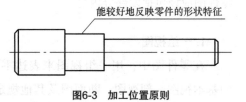

图6-3　加工位置原则

配图对照起来读图，想象出零件在部件中的位置和作用，如图6-4所示的轴承座。

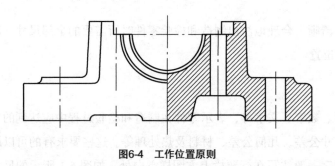

图6-4　工作位置原则

（3）自然安放位置原则　如果零件的工作位置是斜的，不便按工作位置放置，而加工位置又较多，也不便按加工位置放置，这时可将它们的主要部分放正，按自然安放位置放置，以利于布图和标注尺寸，如图6-5所示的拨叉。

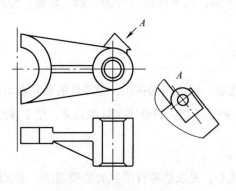

图6-5　自然安放位置原则

由于零件的形状各不相同，在具体选择零件的主视图时，除考虑上述因素外，还要综合考虑其他视图选择的合理性。

2. 其他视图的选择

主视图选定之后，应根据零件结构形状的复杂程度，采用合理、适当的表达方法，来考虑其他视图，对主视图表达未尽部分，还需要选择其他视图完善其表达，使每一视图都具有其表达的重点和必要性。

选择其他视图时，应考虑零件还有哪些结构形状未表达清楚，优先选择基本视图，并根据零件内部形状等选取相应的剖视图。对于尚未表示清楚的零件局部形状或细部结构，则可选择局部视图、局部剖视图、断面图、局部放大图等。对于同一零件，特别是结构形状比较复杂的零件，可选择不同的表达方案，并进行分析比较，最后确定一个较好的方案。

具体选用时，应注意以下几点。

（1）视图的数量 所选的每个视图都必须具有独立存在的意义及明确的表达重点，并应相互配合、彼此互补。既要防止视图数量过多、表达松散，又要避免将表示方法过多集中在一个视图上。

（2）选图的步骤 首先选用基本视图，后选用其他视图（剖视图、断面图等表示方法应兼用）；先考虑表达零件的主要部分的形体和相对位置，然后再解决细节部分。根据需要可增加向视图、局部视图、斜视图等。

（3）图形清晰、便于读图 其他视图的选择，除了要求把零件各部分的形状和它们的相互关系完整地表达出来，还应做到便于读图，清晰易懂，尽量避免使用虚线。

在初选的基础上进行精选，以确定一组合适的表达方案，在准确、完整地表示零件结构形状的前提下，使视图的数量最少。

三、典型零件的表达

机器设备中的零件多种多样，但如果就其用途和形状结构特征来说，主要可以分为轴套类、盘盖类、叉架类和箱体类四个大类。每类零件具有相近的结构特征，因此，其表达方法类似。下面介绍这四类典型零件的表达方法。

1. 轴套类零件图

轴套类零件一般在车床或磨床上进行加工，其主视图按照加工位置将轴线水平放置，主视图的投射方向垂直于轴线。过长的轴可以采用断开画法。轴上的孔、槽等结构一般用断面图进行表达，一些细部结构如退刀槽、砂轮越程槽等，必要时可以采用局部放大图准确地表达其形状和标注尺寸。图6-6所示为轴的典型表达方法。

2. 盘盖类零件图

盘盖类零件的基本形状是扁平的盘状，主体部分多为回转体，零件的径向尺寸远大于其轴向尺寸。盘盖类零件的主要加工表面以车削为主，因此在表达这类零件时，其主视图经常是将轴线水平放置，并作全剖视，即采用一个全剖的主视图，基本上清楚地反映了零件的结构。另一视图主要用来表达外形轮廓和各组成部分如孔、轮辐等的相对位置。图6-7所示为轴承盖的表达方法。

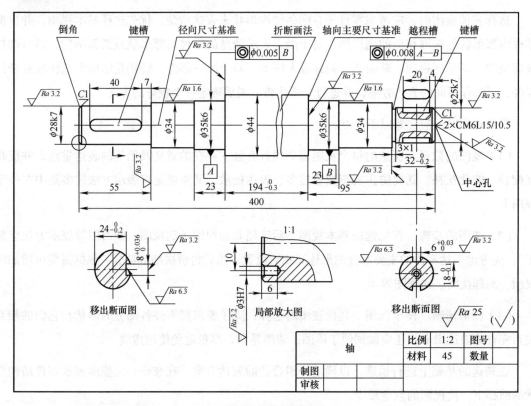

图6-6 轴的零件图

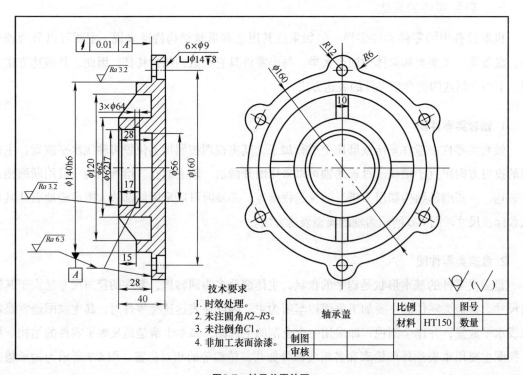

图6-7 轴承盖零件图

3. 叉架类零件图

叉架类零件包括拨叉、支架、连杆等。叉架类零件一般由三部分构成，即支持部分、工作部分和连接部分。连接部分多是肋板结构，且形状弯曲、扭斜的较多。支持部分和工作部分的细部结构也较多，如圆孔、螺纹孔、油槽、油孔等。这类零件大多形状不规则，结构比较复杂，毛坯多为铸件，需经多道工序加工制成。

由于叉架类零件加工工序较多，其加工位置经常变化，因此选择主视图时，主要考虑零件的形状特征和工作位置。叉架类零件常需要两个或两个以上的基本视图，为了表达零件上的弯曲或扭斜结构，还要选用斜视图、单一斜剖切面剖切的全视图、断面图和局部视图等表示方法。图 6-8 所示为托架的表达方法。

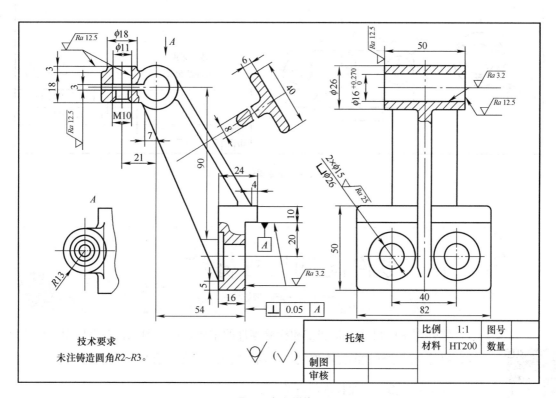

图6-8 托架零件图

4. 箱体类零件图

箱体类零件主要用来支承和包容其他零件，其内外结构都比较复杂，一般为铸件。泵体、阀体、减速器的箱体等都属于这类零件。由于箱体形状复杂，加工工序较多，加工位置不尽相同，但箱体在机器中的工作位置是固定的。因此，箱体的主视图常常按工作位置及形状特征来选择。为了清晰地表达内部结构，常采用剖视的方法。图 6-9 所示为泵体的表达方法。

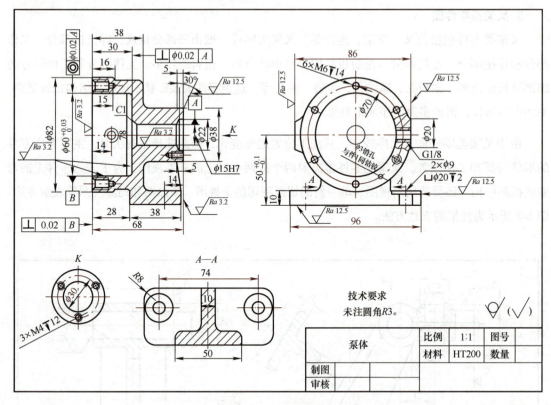

图6-9 泵体零件图

零件图的尺寸标注

第二节　零件图的尺寸标注

零件图中的尺寸，是加工和检验零件的重要依据。因此，在零件图上标注尺寸，要符合尺寸标注的基本原则：正确、完整、清晰、合理。

正确——遵守国家标准的有关规定。

完整——完整标出零件各组成部分的定形尺寸和定位尺寸，既不重复，也不遗漏。

清晰——尽量避免尺寸与其他图线相交，尽量将尺寸标注在视图的外面，并合理配置。

合理——尺寸的合理性主要是指既符合设计要求，又便于加工、测量和检验。

为了合理标注尺寸，必须了解零件的作用，在机器中的装配位置及采用的加工方法等，从而选择恰当的尺寸基准，合理地标注尺寸。

1. 尺寸基准的选择

尺寸基准是指零件在设计、制造和检验时，计量尺寸的起点。

要做到合理标注尺寸，首先必须选择好尺寸基准。一般以安装面、重要的端面、装配的结合面、对称平面和回转体的轴线等作为基准。零件在长、宽、高三个方向都应有一个主要尺寸基准。除此之外，在同一方向上有时还有辅助尺寸基准，如图6-10所示。同一方向主要基准与辅助基准之间的联系尺寸应直接注出。

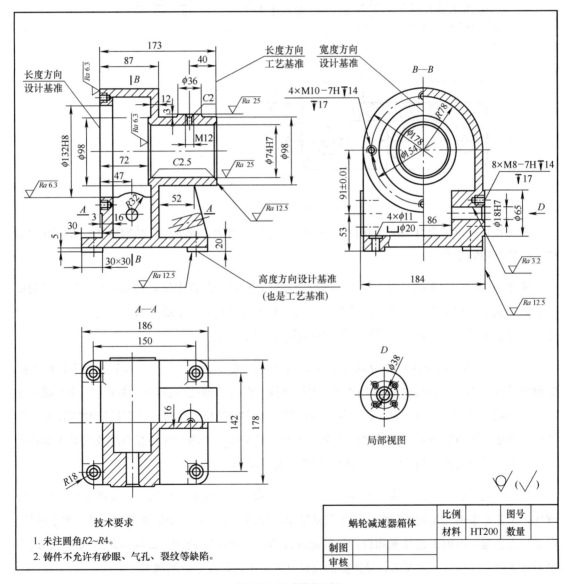

图6-10 尺寸基准示例

从设计和工艺的不同角度来确定基准，一般把基准分成设计基准和工艺基准两大类。下面以图6-11所示的轴承座为例加以说明。

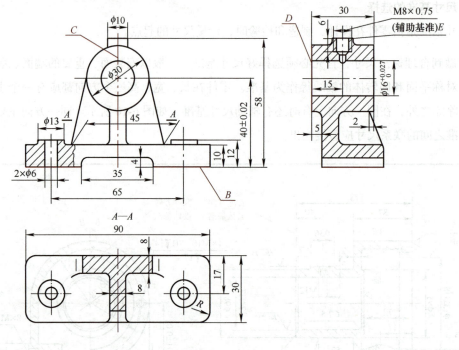

图6-11 轴承座

（1）设计基准 设计基准是在设计零件时，为保证功能、确定零件结构形状和各部分相对位置时所选用的基准。

用来作为设计基准的，大多是工作时确定零件在机器或部件中位置的面或线，如零件的重要端面、底面、对称面、回转面的轴线等。设计基准通常是主要基准。从设计基准出发标注尺寸，可以直接反映设计要求，能体现零件在装配体中的功能。

如图 6-11 所示的轴承座，分别选底面 B 为高度方向的设计基准，对称平面 C 为长度方向的设计基准。因为一根轴通常要用两个轴承座支撑，两者的轴孔应在同一轴线上。两个轴承座都以底面确定高度方向的位置，以对称平面确定左右方向的位置。所以，在设计时以底面 B 为基准来确定高度方向的尺寸，以对称平面 C 为基准确定底板上两个孔的孔心距及其对于轴孔的对称关系，最终实现两轴承座安装后轴孔同心，保证功能。

（2）工艺基准 工艺基准是在加工或测量时，确定零件相对于机床、工装或量具位置的面或线。工艺基准通常是辅助基准。从工艺基准出发标注尺寸，可直接反映工艺要求，便于测量，保证加工质量。有时工艺基准和设计基准是重合的，如图 6-11 所示，高度方向的基准 B，既满足设计要求，又符合工艺要求，是典型的设计基准与工艺基准重合的例子。

在标注尺寸时，最好能把设计基准和工艺基准统一起来，这样，既能满足设计要求，又能满足工艺要求。当设计基准和工艺基准不能统一时，重要尺寸应从设计基准出发直接注出，以保证加工时达到设计要求，避免尺寸之间的换算。考虑到测量方便，一般尺寸应从工艺基准出发标注。

2. 合理标注尺寸应注意的一些问题

1）主要尺寸应从设计基准直接标注，如图 6-11 所示的高度方向尺寸（40 ± 0.02）mm。

2）尺寸标注应便于加工和测量，如图 6-12 所示。

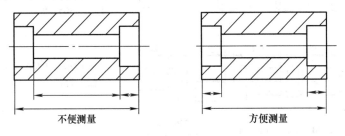

不便测量 　　　　　　　　方便测量

图6-12　方便测量示例

3）避免出现封闭尺寸链。所谓封闭尺寸链，是指在某个方向的尺寸标注中首尾相接。一旦出现封闭尺寸链，加工无法正常进行。在这个封闭尺寸链中，应删除不重要的那个尺寸，如图 6-13 所示。

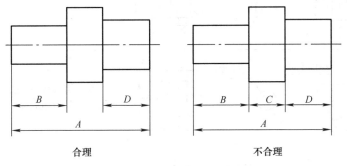

合理 　　　　　　　　　　不合理

图6-13　避免出现封闭尺寸链

4）零件上的工艺结构尺寸应查阅有关设计手册并进行标注，见表 6-1。

3. 零件尺寸标注的方法及步骤

1）对零件进行结构分析，从装配图或装配体上了解零件的作用，明确该零件与其他零件的装配关系。

2）选择尺寸基准和标注主要尺寸。

3）考虑工艺要求，结合形体分析法注全其余尺寸。

4）认真检查尺寸的配合与协调，是否满足设计与工艺要求，是否遗漏了尺寸，是否有多余和重复尺寸。

尺寸标注方法请参照组合体的尺寸标注，不再赘述。

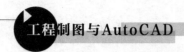

表 6-1　零件常见工艺结构的尺寸注法

结构类型	标注方法	说　明
倒角	$C1$　　$C1$　　1.5　　$C1$ 30°	一般 45° 倒角按 "C 倒角宽度" 标出，特殊情况下，30° 或 60° 倒角应分别标注宽度和角度
退刀槽	$2×\phi6$　　$2×1$　　$2×1$　　$2×\phi8$	一般按 "槽宽 × 槽深" 或 "槽宽 × 直径" 标注
螺纹孔	$3×M6-6H$　$3×M6-6H$　　$3×M6-6H$ $3×M6-6H▽10$　$3×M6-6H▽10$　$3×M6-6H$　10	$3×M6$ 表示公称直径为 6mm，均匀分布的 3 个螺纹孔。"▽" 为深度符号，"10" 表示孔深 10mm
光孔	$4×\phi5▽10$　$4×\phi5▽10$　　$4×\phi5$　10	表示直径为 5mm，均匀分布的 4 个光孔，孔深为 10mm
沉孔	$6×\phi7$　$6×\phi7$　　90°　$\phi13$ $▽\phi13×90°$　$▽\phi13×90°$　$6×\phi7$	"▽" 为锥形沉孔的符号。锥形沉孔的直径 $\phi13$mm 和锥角 90° 均需标出
沉孔	$4×\phi6$　$4×\phi6$　　$\phi10$　3.5 $⊔\phi10▽3.5$　$⊔\phi10▽3.5$　$4×\phi6$	"⊔" 为柱形沉孔的符号
沉孔	$4×\phi7$　$4×\phi7$　　$⊔\phi16$ $⊔\phi16$　$⊔\phi16$　$4×\phi7$	锪平 $\phi16$mm 的深度不需要标注，一般锪平到不出现毛刺为止

第三节 零件图上的技术要求

一、零件的表面粗糙度

零件图不仅要把零件的形状和大小表达清楚，还需要对零件的材料、加工、检验、测量等提出必要的技术要求。用规定的代号、数字、文字等，表示零件在制造和检验过程中应达到的技术指标，称为技术要求。技术要求的主要内容包括：表面粗糙度、尺寸公差、几何公差、材料及热处理等。这些内容凡有指定代号的，需将代号注写在视图上，无指定代号的则用文字说明，注写在图样的空白处。

表面粗糙度

1. 表面粗糙度的概念

零件的表面，无论采用哪种方法加工，都不可能绝对光滑、平整。将零件表面置于显微镜下观察，都将呈现出不规则的凹凸不平的状况，凸起的部分称为峰，低凹的部分称为谷，这种表面上具有较小间距的峰谷所组成的微观几何形状特性，称为表面粗糙度，如图 6-14 所示。这是由于加工零件时，刀具在零件表面上留下的刀痕和切削时金属的塑性变形造成的。

表面粗糙度反映了零件表面的加工质量，它对零件的耐磨性、耐蚀性、配合精度、疲劳强度及接触刚度和密封性等都有较大影响。国家标准规定了零件表面粗糙度的评定参数，应在满足零件表面功能要求的前提下，合理地选择表面粗糙度的参数值。一般来说，凡零件上有配合要求或有相对运动的表面，零件表面质量要求较高。

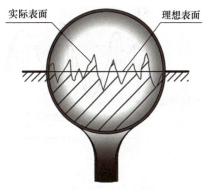

图6-14 表面粗糙度

2. 表面粗糙度符号

表面结构要求用符号标注在图样上。符号由图形符号、数字及说明文字组成。在零件的每个表面，都应按设计要求，标注表面粗糙度符号。表面粗糙度符号见表 6-2。

3. 表面粗糙度的高度评定参数

评定表面粗糙度的高度参数有：轮廓的算术平均偏差 Ra、轮廓的最大高度 Rz 等。这里只介绍最常用的轮廓算术平均偏差 Ra，其他内容可参阅国家标准。

轮廓的算术平均偏差 Ra 是指在取样长度 lr 内，沿测量方向的轮廓线上的点与基准线之间距离绝对值的算术平均数，如图 6-15 所示。

表6-2　表面粗糙度符号

符号	意　　义
√	基本图形符号，对表面结构有要求的图形符号，简称基本符号。没有补充说明时不能单独使用
⟋√	扩展图形符号，基本符号上加一短横，表示指定表面是用去除材料的方法获得。例如：车、铣、钻、磨、剪切、抛光、腐蚀、电火花加工、气割等
⟲√	基本符号上加一个圆圈，表示指定表面是用不去除材料的方法获得，如铸、锻、冲压、热轧、冷轧等
√	完整图形符号，当要求标注表面结构特征的补充信息时，在允许任何工艺图形符号的长边上加一横线
⟋√	完整图形符号，当要求标注表面结构特征的补充信息时，在去除材料图形符号的长边上加一横线
⟲√	完整图形符号，当要求标注表面结构特征的补充信息时，在不去除材料图形符号的长边上加一横线

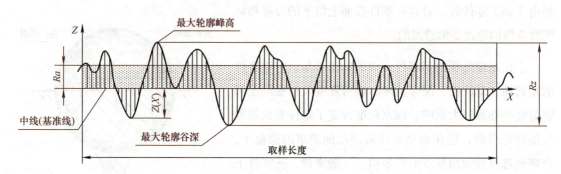

图6-15　轮廓算术平均偏差

表面粗糙度评定参数 Ra 的数值见表 6-3。

表6-3　表面粗糙度评定参数 Ra 的数值　　　　　　　　　　　　　　　　　　　　（单位：μm）

Ra	0.012	0.025	0.05	0.1	0.2	0.4	0.8	1.6	3.2	6.3	12.5	25	50	100

　　零件的表面粗糙度幅度评定参数轮廓算术平均偏差 Ra 的数值越大，表面越粗糙，零件表面质量越低，加工成本就越低；轮廓算术平均偏差 Ra 的数值越小，表面越光滑，零件表面质量越高，加工成本就越高。在满足零件使用要求的前提下，应合理选用表面粗糙度参数。

4. 表面粗糙度符号在图样上的标注

　　各种表面粗糙度符号的画法如图 6-16 所示。各种符号的含义见表 6-4。其他诸如加工方法、加工余量、表面纹理与方向等要求的标注如图 6-17 所示。

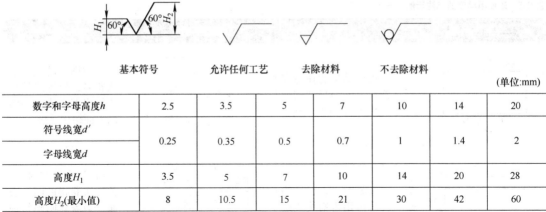

基本符号		允许任何工艺		去除材料		不去除材料		
								(单位:mm)

数字和字母高度h	2.5	3.5	5	7	10	14	20
符号线宽d'	0.25	0.35	0.5	0.7	1	1.4	2
字母线宽d							
高度H_1	3.5	5	7	10	14	20	28
高度H_2(最小值)	8	10.5	15	21	30	42	60

注：H_2取决于标注内容。

图6-16　表面粗糙度符号的画法

表 6-4　表面粗糙度符号的含义

符号	含义	符号	含义
$\sqrt{}$ $Ra\ 3.2$	用任何方法获得的表面，Ra 的上限是 3.2μm	$\sqrt{}$ $Ra\ 3.2$	用不除表面材料的方法得到的表面，Ra 的上限是 3.2μm
$\sqrt{}$ $Ra\ 3.2$	用去除表面材料的方法得到的表面，Ra 的上限是 3.2μm	$\sqrt{}$ U $Ra\ 3.2$ L $Ra\ 1.6$	用去除表面材料的方法得到的表面，Ra 的上限是 3.2μm，下限是 1.6μm

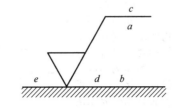

图6-17　表面粗糙度各种要求的注写位置

图 6-17 中：

a——注写表面结构的单一要求。

a 和 b——标注两个或多个表面结构要求。

c——注写加工方法。

d——注写表面纹理和方向。

e——注写加工余量（mm）。

在图样上标注表面粗糙度的要求见表 6-5 和表 6-6。

表6-5 表面粗糙度的标注示例（一）

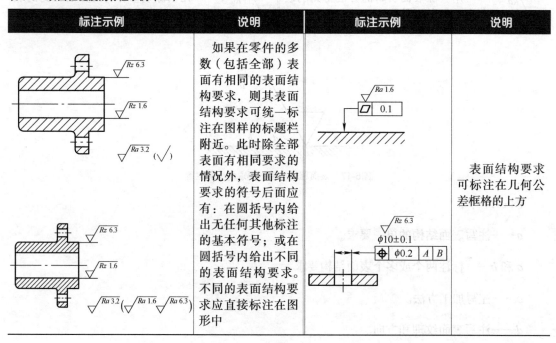

标注示例	说明	标注示例	说明
	表面结构的注写和读取方向与尺寸的注写和读取方向一致		可用图示的表面结构符号，以等式的形式给出多个表面共同的表面结构要求
	必要时，表面结构符号可用带箭头或黑点的指引线引出标注		由几种不同的工艺方法获得的同一表面，当需要明确每种工艺方法的表面结构要求时的标注方法
	当多个表面具有相同的表面结构要求或图纸空间有限时，可以采用简化注法		表面结构要求可以直接标注在尺寸延长线上或分别标注在轮廓线和尺寸界线上

表6-6 表面粗糙度的标注示例（二）

标注示例	说明	标注示例	说明
	如果在零件的多数（包括全部）表面有相同的表面结构要求，则其表面结构要求可统一标注在图样的标题栏附近。此时除全部表面有相同要求的情况外，表面结构要求的符号后面应有：在圆括号内给出无任何其他标注的基本符号；或在圆括号内给出不同的表面结构要求。不同的表面结构要求应直接标注在图形中		表面结构要求可标注在几何公差框格的上方

5. 表面粗糙度的选用

表面粗糙度值的选用，应该既要满足零件表面的功能要求，又要考虑经济合理性。具体选用时，可参照已有的类似零件，用类比法确定。

选用时要注意以下问题：

1）在满足功用的前提下，尽量选用较大的表面粗糙度值，以降低生产成本。

2）一般情况下，零件的接触表面比非接触表面的粗糙度值要小。

3）受循环载荷的表面极易引起应力集中，表面粗糙度值要小。

4）配合性质相同时，零件尺寸小的比尺寸大的表面粗糙度值要小；同一公差等级时，小尺寸比大尺寸、轴比孔的表面粗糙度值要小。

5）运动速度高、单位压力大的摩擦表面比运动速度低、单位压力小的摩擦表面的表面粗糙度值小。

6）要求密封性、耐蚀性的表面，其表面粗糙度值要小。

表 6-7 列举了表面粗糙度参数 Ra 值与加工方法的关系及应用举例，可供选用时参考。

表 6-7　表面粗糙度参数 Ra 值与加工方法的关系及应用举例

$Ra/\mu m$	表面状况	加工方法	应用举例
50	明显可见刀纹	粗车、粗铣、钻孔、粗刨等	不接触表面，如倒角、退刀槽表面等
25	可见刀纹		
12.5	微见刀纹		
6.3	可见加工痕迹	精车、精铣、粗磨、粗铰等	支架、箱体和盖等的非配合表面，一般螺栓支承面
3.2	微见加工痕迹		箱、盖、套筒要求紧贴的表面，键和键槽的表面等
1.6	不可见加工痕迹		要求有精确定心及配合特性的表面，如支架孔、衬套、胶带轮工作面
0.8	可辨加工痕迹方向	精磨、精铰、精拉等	要求保证定心及配合特性的表面，如轴承配合表面、锥孔等
0.4	微辨加工痕迹方向		要求能长期保持规定的配合特性的公差等级为 7 级的孔和 6 级的轴
0.2	不可辨加工痕迹方向		主轴的定位锥孔，$d < 20mm$ 淬火或精确轴的配合表面
0.1 ~ 0.012	光泽面	研磨、抛光、超级加工等	精密量具的工作面等

二、极限与配合

1. 极限与配合的基本概念

（1）零件的互换性　现代化的大规模生产，要求零件具有互换性，即在同一规格的一批零件中任取一件，在装配时不经加工与修配，就能顺利地将其装配到

零件图上的技术要求二极限与配合

机器上，并能够保证机器的使用要求。零件在制造过程中，由于加工和测量等因素引起的误差，使得零件的尺寸不可能绝对准确，为了使零件具有互换性，就必须限制零件尺寸的误差范围，并且在制造上又是经济合理的。零件具有互换性，不但给装配、修理机器带来方便，还可用专用设备生产，增加产品数量和提高产品质量，同时降低产品的成本。

（2）尺寸公差　制造零件时，为了使零件具有互换性，就必须对零件的尺寸规定一个允许的变动范围。为此，国家制定了极限尺寸制度，即零件制成后的实际尺寸，限制在最大极限尺寸和最小极限尺寸的范围内。这种允许尺寸的变动量，称为尺寸公差，如图 6-18 所示。

下面简要介绍关于尺寸公差的一些名词。

1）公称尺寸：根据零件强度、结构和工艺性要求，设计给定的尺寸，如图 6-18 中的 $\phi50$mm。

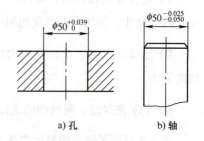

图6-18　尺寸及其公差

2）实际尺寸：通过测量所得到的尺寸。

3）极限尺寸：允许尺寸变化的两个界限值。它以公称尺寸为基数来确定。两个界限值中较大的一个称为上极限尺寸；较小的一个称为下极限尺寸。在图 6-18a 中，上极限尺寸为 $\phi50.039$mm，下极限尺寸为 $\phi50$mm。

4）极限偏差：极限尺寸减去公称尺寸的代数差，分别为上极限偏差和下极限偏差。孔的上极限偏差用 ES 表示，下极限偏差用 EI 表示；轴的上极限偏差用 es 表示，下极限偏差用 ei 表示。

$$上极限偏差 = 上极限尺寸 - 公称尺寸$$
$$下极限偏差 = 下极限尺寸 - 公称尺寸$$

在图 6-18 中，$ES = 50.039$mm $- 50$mm $= +0.039$mm

$$EI = 50\text{mm} - 50\text{mm} = 0\text{mm}$$

上、下极限偏差统称极限偏差。上、下极限偏差可以是正值、负值或零。

5）尺寸公差（简称公差）：允许尺寸的变动量。它等于上极限尺寸与下极限尺寸之代数差的绝对值。也等于上极限偏差与下极限偏差之代数差的绝对值。

$$尺寸公差 = 上极限尺寸 - 下极限尺寸 = 上极限偏差 - 下极限偏差$$

在图 6-18a 中，公差 $= 50.039$mm $- 50$mm $= 0.039$mm $= 0.039$mm $- 0$mm $= 0.039$mm

尺寸公差表示的是尺寸变化的范围，因此，尺寸公差没有正负之分，也不能为零。

6）零线：在公差带图中，确定偏差值的基准线称为零线，也称零偏差线。通常以零线代表公称尺寸。

7）尺寸公差带（简称公差带）：在公差带图中由代表上极限尺寸和下极限尺寸的两条直线

所限定的一个区域称为公差带。为了便于分析，一般将尺寸公差与公称尺寸的关系，按放大比例画成简图，称为公差带图。

2. 标准公差和基本偏差

公差带是由标准公差和基本偏差组成的。标准公差确定公差带的大小，基本偏差确定公差带的位置。

（1）标准公差　标准公差是国家标准所列的、用以确定公差带大小的任一公差。标准公差的数值由公称尺寸和公差等级来决定。公差等级确定尺寸的精确程度，分为 20 级，符号"IT"表示标准公差，公差等级的代号用阿拉伯数字表示，即 IT01，IT0，IT1，…，IT18。其尺寸精确程度从 IT01 到 IT18 依次降低。对于一定的公称尺寸，公差等级越高，标准公差值越小，尺寸的精确程度越高。公称尺寸和公差等级相同的孔与轴，它们的标准公差值相等。标准公差的具体数值见附表 12。

（2）基本偏差　基本偏差是指在标准的极限与配合中，确定公差带相对零线位置的上极限偏差或下极限偏差，一般指靠近零线的那个极限偏差。当公差带在零线的上方时，基本偏差为下极限偏差；反之，则为上极限偏差。基本偏差共有 28 个，用拉丁字母表示，大写字母代表孔，小写字母代表轴，如图 6-19 所示。

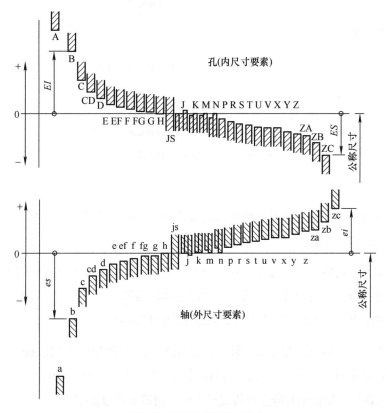

图6-19　基本偏差系列示意图

从基本偏差系列图中可以看出：孔的基本偏差 A~H 和轴的基本偏差 k~zc 为下极限偏差；孔的基本偏差 K~ZC 和轴的基本偏差 a~h 为上极限偏差；JS 和 js 的公差带对称分布于零线两边，孔和轴的上、下极限偏差分别都是 +IT/2、–IT/2。基本偏差系列图只表示公差带的位置，不表示公差的大小，因此，公差带一端是开口的，开口的另一端由标准公差限定。根据尺寸公差的定义有以下的计算式。

孔的另一偏差：$ES = EI + IT$　或　$EI = ES - IT$

轴的另一偏差：$ei = es - IT$　或　$es = ei + IT$

（3）孔、轴的公差带代号　对于某一公称尺寸，取标准规定的一种基本偏差，配上某级标准公差，就可以形成一种公差带。我们用基本偏差代号的字母和标准公差等级代号的数字即可组成一种公差带代号，如 H9、h7、F8、f7 等。

例如 $\phi50H8$ 的含义是：

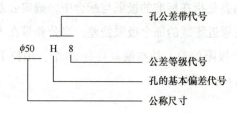

又如 $\phi50f7$ 的含义是：

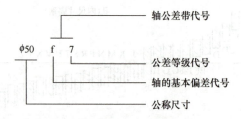

3. 配合

公称尺寸相同、相互结合的孔和轴的公差带之间的关系，称为配合。配合分为三类，即间隙配合、过盈配合和过渡配合。

（1）间隙配合　孔的公差带完全在轴的公差带之上，孔的实际尺寸比轴的大，任取其中一对轴和孔相配合都成为具有间隙的配合（包括最小间隙为零），如图 6-20 所示。当互相配合的两个零件需相对运动或要求拆卸很方便时，则需采用间隙配合。

（2）过盈配合　孔的公差带完全在轴的公差带之下，孔的实际尺寸比轴的小，任取其中一对轴和孔相配合都成为具有过盈的配合（包括最小过盈为零），如图 6-21 所示。当互相配合的两个零件需牢固连接、保证相对静止或传递动力时，则需采用过盈配合。

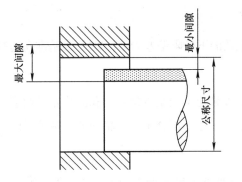
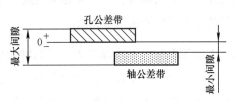

孔的公差带完全位于轴的公差带之上

图6-20　间隙配合

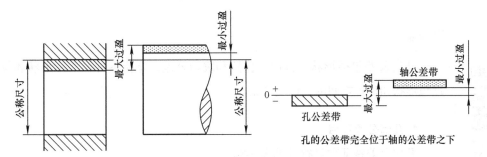

孔的公差带完全位于轴的公差带之下

图6-21　过盈配合

（3）过渡配合　孔和轴的公差带相互交叠，孔的尺寸可能比轴大，也可能比轴小，任取其中一对孔和轴相配合，可能成为间隙配合，也可能成为过盈配合，如图6-22所示。过渡配合常用于不允许有相对运动，轴、孔对中要求高，但又需拆卸的两个零件间的配合。

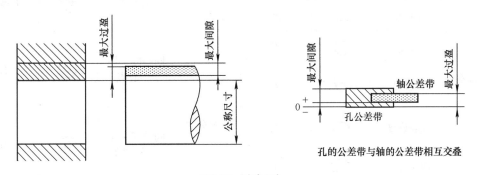

孔的公差带与轴的公差带相互交叠

图6-22　过渡配合

4. 配合制

在制造相互配合的零件时，使其中一种零件作为基准件，它的基本偏差一定，通过改变另一种非基准件的基本偏差来获得各种不同性质配合的制度称为配合制。根据生产实际的需要，国家标准规定了基孔制和基轴制两种配合制。

（1）基孔制配合　基本偏差为一定的孔的公差带，与不同基本偏差的轴的公差带构成各种配合的一种制度，称为基孔制。这种制度在同一公称尺寸的配合中，将孔的公差带位置固定，通过变动轴的公差带位置，得到各种不同的配合。

基孔制的孔称为基准孔。国家标准规定基准孔的下极限偏差为零，"H"为基准孔的基本偏差。一般情况下应优先选用基孔制。

（2）基轴制配合　基本偏差为一定的轴的公差带与不同基本偏差的孔的公差带构成各种配合的一种制度，称为基轴制。这种制度在同一公称尺寸的配合中，将轴的公差带位置固定，通过变动孔的公差带位置，得到各种不同的配合。

基轴制的轴称为基准轴。国家标准规定基准轴的上极限偏差为零，"h"为基准轴的基本偏差。

三、几何公差

零件图上的技术
要求三几何公差

几何公差包括形状、方向、位置和跳动公差，是指零件的实际形状和位置与理想形状和位置之间的允许变动量。

1. 几何公差项目
几何公差特征项目符号见表 6-8。

表 6-8　几何公差特征项目符号

公差类型	几何特征	符号	有无基准	公差类型	几何特征	符号	有无基准
形状公差	直线度	—	无	位置公差	位置度	⊕	有或无
	平面度	▱	无		同心度（用于中心点）	◎	有
	圆度	○	无				
	圆柱度	⌭	无		同轴度（用于轴线）	◎	有
	线轮廓度	⌒	无				
	面轮廓度	⌓	无				
方向公差	平行度	//	有		对称度	⫶	有
	垂直度	⊥	有		线轮廓度	⌒	有
	倾斜度	∠	有		面轮廓度	⌓	有
	线轮廓度	⌒	有	跳动公差	圆跳动	↗	有
	面轮廓度	⌓	有		全跳动	⌰	有

2. 几何公差框格

几何公差框格如图 6-23 所示。

3. 被测要素的标注

1）当被测要素为轮廓线或表面时，箭头应指向该要素的轮廓线或轮廓线的延长线上，但是必须与尺寸线明显错开，如图 6-24a 所示。

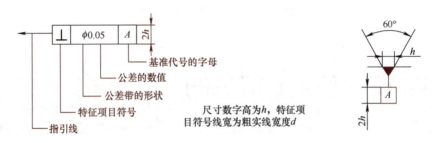

图6-23　几何公差框格

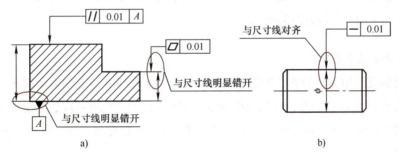

a)　　　　　　　　　　　　　　　　　　　b)

图6-24　被测要素的标注（一）

2）当被测要素为轴线、中心面或由带尺寸的要素确定点时，箭头的指引线应与尺寸线的延长线重合，如图 6-24b 所示。

3）当几个不同被测要素具有相同公差项目和数值时，从框格一端画出公共指引线，然后将带箭头的指引线分别指向被测要素，如图 6-25 所示。

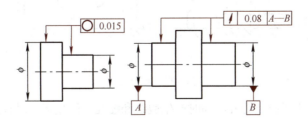

图6-25　被测要素的标注（二）

4）当同一个被测要素具有不同的公差项目时，两个公差框格可上下并列，并共用一条带箭头的指引线，如图 6-26 所示。

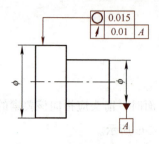

图6-26　被测要素的标注（三）

第四节　零件上常见的工艺结构

零件的结构形状，取决于它在机器中所起的作用。大部分零件都要经过铸造、锻造和机械加工等过程制造出来，因此，制造零件时，零件的结构形状不仅要满足机器的使用要求，还要符合制造工艺和装配工艺等方面的要求。

1. 铸造零件的工艺结构

（1）起模斜度　用铸造的方法制造零件毛坯时，为了便于在砂型中取出模样，一般沿模样起模方向做成约 3°～7° 的斜度，称为起模斜度，因此在铸件上也有相应的起模斜度，如图 6-27 所示。起模斜度在图上可以不标注，也不画出；必要时，可以在技术要求中用文字说明。

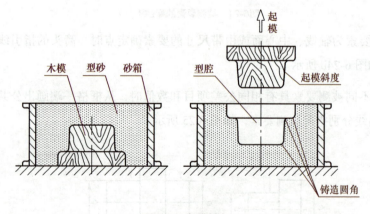

图6-27　起模斜度

（2）铸造圆角　为了防止铸件冷却时产生裂纹和缩孔，防止浇注时转角处落砂，铸件各表面相交的转角处都应做成圆角，称为铸造圆角，如图 6-28 所示。铸造圆角的大小一般取 $R = 3 \sim 5mm$，可在技术要求中统一注明。相交的两铸件表面中有一个表面经过切削加工后，铸造圆角被削平，相交的转角处变成尖角。

（3）铸件壁厚　若铸件的壁厚不均匀，铸件在浇注后，因各处金属冷却速度不同，壁薄处先凝固，壁厚处冷却慢，易产生缩孔，或在壁厚突变处产生裂纹，如图 6-29 所示。因此，铸件的壁厚应尽量均匀。当必须采用不同壁厚连接时，应采用逐渐过渡的方式。铸件的壁厚尺寸一般直接注出。

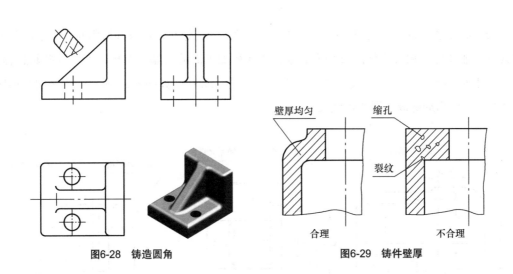

图6-28　铸造圆角　　　　　　　　　　图6-29　铸件壁厚

（4）过渡线　在铸造零件上，由于铸造圆角的存在，使零件表面上的交线变得不十分明显。但是，为了便于读图及区分不同表面，在图样上，仍需按没有圆角时交线的位置，画出这些不太明显的线，这样的线称为过渡线，如图 6-30、图 6-31 所示。

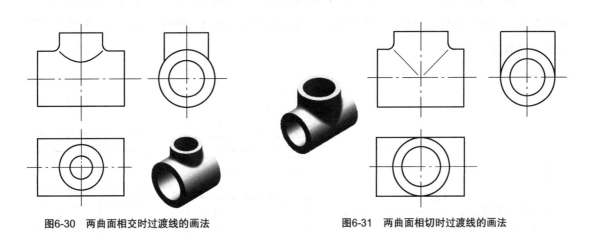

图6-30　两曲面相交时过渡线的画法　　　　　　　图6-31　两曲面相切时过渡线的画法

2. 加工面的工艺结构

（1）倒角和倒圆　为了便于装配和操作安全，在轴或孔的端部一般都加工出倒角或倒圆。倒角一般与轴线成 45° 角，有时也可以用 30° 或 60° 角，如图 6-32 所示。

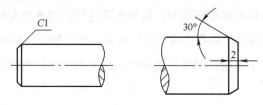

图6-32　倒角

（2）退刀槽和砂轮越程槽　在切削加工零件时，特别是在车螺纹和磨削时，为了便于退出刀具及保证装配时相关零件的接触面靠紧，常在待加工面的末端先车出退刀槽或砂轮越程槽。槽的尺寸按"槽宽 × 直径"或"槽宽 × 槽深"的方式标注，如图 6-33 所示；当槽的结构比较复杂时，可画出局部放大图并标注尺寸。

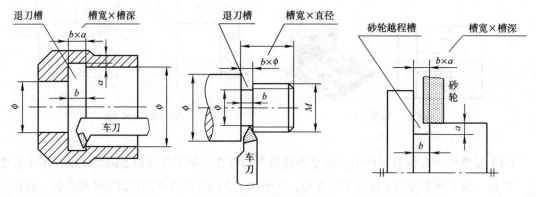

图6-33　退刀槽和砂轮越程槽

（3）减少加工面积　零件上与其他零件的接触面，一般都要加工。为了减少加工面积，保证零件表面之间有良好的接触，常常在铸件上设计出凸台、凹坑。如图 6-34 所示，螺栓连接的支承面成凸台。

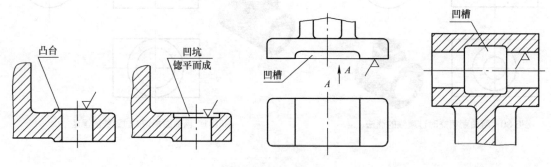

图6-34　减少加工面积

（4）钻孔的工艺要求　用钻头钻出的不通孔，底部有一个 120° 的锥顶角，圆柱部分的深度称为钻孔深度。在阶梯形孔中，有锥顶角为 120° 的圆锥台。

钻孔时，要求钻头的轴线尽量垂直于被钻表面，以保证钻孔准确，避免钻头折断，当零件表面倾斜时，可设置凸台或凹坑。钻头单边受力时也容易折断，因此，钻头钻透处也要设置凸台，使孔完整，如图6-35所示。

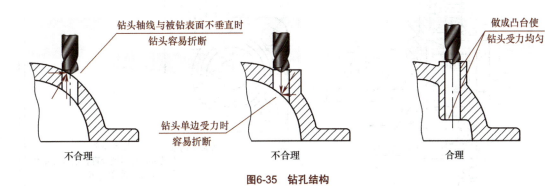

图6-35　钻孔结构

第五节　读零件图

读零件图的要求是：了解零件的名称、所用材料和它在机器或部件中的作用；通过分析视图、尺寸和技术要求，想象出零件各组成部分的结构形状及相对位置；在头脑中建立一个完整的、具体的零件形象，并对其复杂程度等有初步的认识，理解其设计意图，分析其加工方法等。

读零件图的基本方法仍然是形体分析法和线面分析法。

对于一个较为复杂的零件，由于组成零件的形体较多，将每个形体的三视图组合起来，图形就显得繁杂了。实际上，对每个基本体而言，用两三个视图就可以确定它的形状，读图时只要善于运用形体分析法，把零件分解成基本体，便不难读懂较复杂的零件图。

下面以图6-36所示的阀体为例，说明读零件图的方法和步骤。

一、概括了解

首先，通过标题栏，了解零件名称、材料、绘图比例等，根据零件的名称想象零件的大致功能，并对全图进行大体观览，这样就可以对零件的大致形状、在机器中的大致作用等有个大概认识。

该零件的名称为阀体，属于箱体类零件，材料为灰铸铁（HT200），零件毛坯是铸造而成，结构较复杂，加工工序较多。

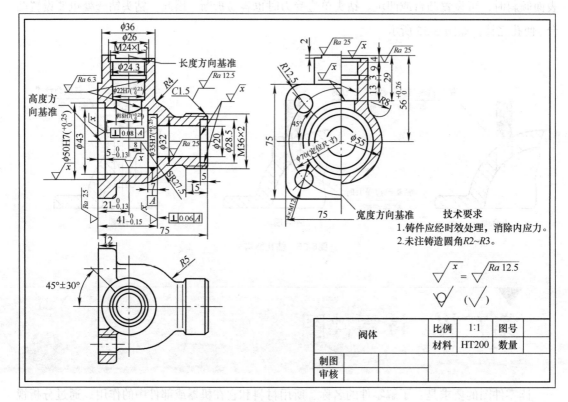

图6-36　阀体

二、分析视图，想象零件形状

在纵览全图的基础上，详细分析视图，想象零件的形状。要先看主要部分，后看次要部分；先看容易确定、能够看懂的部分，后看难以确定、不易看懂的部分；先看整体轮廓，后看细节形状。即应用形体分析的方法，抓特征部分，分别将组成零件各个形体的形状想象出来。对于局部投影难解之处，要用线面分析的方法仔细分析，辨别清楚。最后将其综合起来，明确它们之间的相对位置，想象零件的整体形状。

可按下列顺序进行分析：

1）找出主视图。

2）找出其他视图、剖视图、断面图等，找出它们的名称、相互位置和投影关系。

3）凡有剖视、断面处，要找到剖切平面位置。

4）有局部视图和斜视图的地方，必须找到表示投射部位的字母和表示投射方向的箭头。

5）有无局部放大图及简化画法。

在这一过程中，既要熟练地运用形体分析法，弄清楚零件的主体结构形状，又要依靠对典型局部功能结构（如螺纹、齿轮、键槽等）和典型局部工艺结构（如倒角、退刀槽等）规定画法的熟练掌握，弄清楚零件上的相应结构。

既要利用视图进行投影分析，又要注意尺寸标注（如 R、ϕ、SR 等）和典型结构规定注法的"定形"作用。既要看图想物，又要量图确定投影关系。

用形体分析法分析各基本体，想象各部分的形状。对于投影关系较难理解的局部，要用线面分析法仔细分析。最后综合想象零件的整体形状。

分析零件图选用了哪些视图、剖视图和其他表达方法，想象零件的空间形状。各视图用了何种表达方法，若采用剖视图，从零件哪个位置剖切，用何种剖切面剖切，向哪个方向投射；若采用向视图，从哪个方向投射，表示零件的哪个部位。

图 6-36 所示阀体采用了三个基本视图，零件的结构、形状属中等复杂程度。主视图表达阀体内部结构。左视图为半剖视图，主要用来反映 4 个螺纹孔的分布情况以及主视图中未能表达清楚的内部结构。俯视图表达阀体和连接板之间的关系，其端部连接阀盖的螺纹孔分布情况。

三、尺寸分析

分析零件图上的尺寸，首先要找出三个方向尺寸的主要基准，然后从基准出发，按形体分析法，找出各组成部分的定形尺寸、定位尺寸及总体尺寸。

阀体长度方向的基准为 $\phi36mm$ 的轴线，标注的定位尺寸有 21mm、41mm。宽度方向的尺寸基准为阀体前后的对称面，标注定位尺寸 $\phi70mm$。高度方向的尺寸基准为阀体上下的对称面，标注定位尺寸 56mm，标注内孔的辅助基准 29mm。

四、了解技术要求

读懂技术要求，如表面粗糙度、尺寸公差、几何公差及其他技术要求。分析技术要求时，关键是弄清楚哪些部位的要求比较高，以便考虑在加工时采取措施予以保证，如应经时效处理，消除内应力等。

五、综合分析

把零件的结构形状、尺寸标注、工艺和技术要求等内容综合起来，就能了解零件的全貌，也就读懂了零件图。有时为了读懂一些较复杂的零件图，还要参考有关资料，全面掌握技术要求、制造方法和加工工艺，综合起来就能掌握零件的总体概念。

第六节　零件测绘

零件的测绘就是根据已有的实际零件，进行分析并目测估计图形与实物的比例，徒手画出它的草图，测量并标注尺寸和技术要求，然后经整理画成零件图的过程。在仿造机器、修配损坏的零件和技术改造等过程中，常常需要进行零件测绘。

测绘一般在现场进行，绘图条件受到限制，通过目测比例徒手绘图，测量所有尺寸，将技术要求等一一标注清楚，绘制出零件草图。然后再进行整理，绘制正式的零件图。零件草图是绘制正式零件图的原始文件，因此，零件图所应有的内容，零件草图也必须具备。应努力做到：内容完整、表达正确、图线清晰、比例匀称、字体工整、技术要求等相关内容表达清楚。草图不应是"潦草"的图，应认真对待，仔细画好。测绘的重点在于画好零件草图，这就必须掌握徒手画图技巧和正确的画图步骤及尺寸测量方法等。

一、零件测绘的方法和步骤

1. 了解和分析测绘对象

首先应了解零件的名称、用途、材料，以及它在机器（或部件）中的位置和作用、与其他相邻零件的关系，然后对零件的内、外结构形状进行分析，酝酿零件的表达方案。

如图 6-37 所示，轴承座的材料为 HT200，其内孔与轴承配合，用三个螺栓将端盖连接起来，以形成通道，并起密封作用；底部有 2 个孔，用于固定底座，顶部有 1 个螺纹孔，用于调节轴承。

2. 确定零件的表达方案

根据零件的形状特征，判断属于哪一类典型零件（轴套类、盘盖类、叉架类、箱体类等）。然后根据零件的结构形状特征，按零件的加工位置或工作位置确定主视图；再按零件的内、外结构特点，选用必要的其他视图、剖视图、断面图等表达方法。确定出来的表达方案应将零件的结构形状正确、清晰、简练地表示出来。

图6-37　轴承座

3. 绘制零件草图

零件草图的内容和零件图相同，可以徒手完成，要求视图正确、尺寸完整、图线清晰、字体工整，并注写必要的技术要求。

1）根据零件的总体尺寸和大致比例确定图幅，在图纸上定出各视图的位置。画主要轴线、中心线等作图基准线，如图 6-38 所示。安排各视图的位置时，要考虑到各视图间应有标注尺寸的地方，右下角留有标题栏的位置。

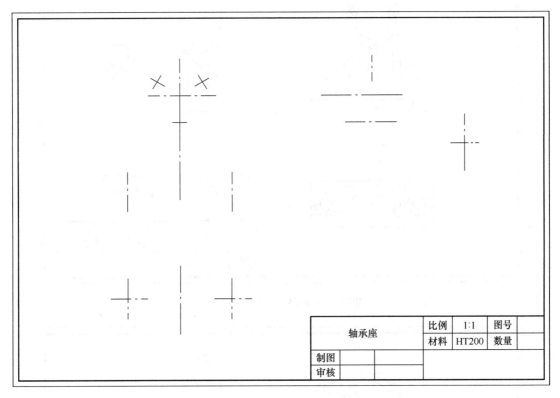

轴承座	比例	1:1	图号	
	材料	HT200	数量	
制图				
审核				

图6-38 绘制零件草图的步骤（一）

2）详细地画出零件外部和内部的结构形状，以目测比例徒手画出各基本视图、剖视图、断面图等，如图 6-39 所示。

3）选择基准，画出全部尺寸的尺寸线、尺寸界线及箭头。经过仔细校核后，描深轮廓线，画好剖面线，标注表面粗糙度、几何公差等必要的技术要求，填写标题栏中的相关内容，完成零件草图全部工作，如图 6-40 所示。

4.根据零件草图画零件图

零件草图是现场测绘的，所考虑的问题不一定是最完善的。因此，在画零件图时，需要对草图再进行审核。有些要设计、计算和选用，如表面粗糙度值、尺寸公差、几何公差、材料及表面处理等；有些问题也需要重新加以考虑，如表达方案的选择、尺寸的标注等。经过复查、补充、修改后，方可画零件图。零件图的绘图方法和步骤同前，不再赘述。

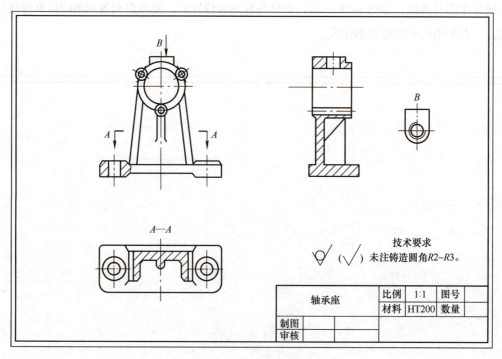

图6-39　绘制零件草图的步骤（二）

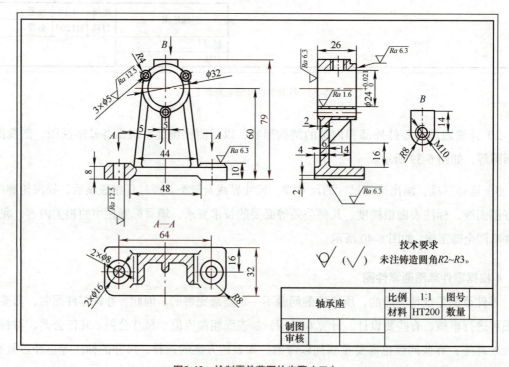

图6-40　绘制零件草图的步骤（三）

二、零件尺寸的测量方法

测量零件尺寸应集中进行，以避免遗漏和错误，提高工作效率。测量时，应根据尺寸精度的要求不同，选用不同的测量工具。常用的量具有钢直尺、外卡钳、内卡钳等。精密的量具有游标卡尺、千分尺等。此外，还有专用量具，如螺纹量规、半径样板等。

三、零件测绘时的注意事项

1）被测绘零件在制造中所存在的缺陷，如砂眼、气孔、刀痕、创伤及长期使用所造成的磨损、破损等都不应画出。

2）不应忽略零件上制造、装配必要的工艺结构，如铸造圆角、倒角、退刀槽、凸台、凹坑、工艺孔等都必须画出。

3）有配合关系的尺寸，一般只要测出它的公称尺寸就可以了，其配合关系和相应的公差值，应在分析后再查阅有关资料确定。

4）没有配合关系的尺寸或不重要的尺寸，允许对测量所得尺寸进行适当调整。

5）对螺纹、键槽、齿轮等标准结构的尺寸，应把测量的结果与标准值对照，一般均采用标准的结构尺寸，以利于制造。

6）与相邻零件的相关尺寸必须一致。

【本章小结】

本章学习了零件图的选择与表达、零件图的尺寸标注，并对零件图的识读、绘制方法进行了学习。通过学习，希望同学们养成严格遵守国家标准的良好习惯，并能够正确按照要求绘制符合国家标准的零件图。

【知识拓展】

零件是加工制造的最小单元，而在生产过程中，按本单位的实际情况，根据设计的技术要求，需制订必要的工艺规程，以利于安排生产。零件加工的工艺规程就是一系列不同工序的综合。由于生产规模与具体情况的不同，对于同一零件的加工工序可能有很多方案，应当根据具体条件，采用其中最完善（从工艺上来说）和最经济的一个方案。

1. 影响编制工艺规程的因素

1）生产规模是决定生产类型（单件、成批、大量）的主要因素，也是选择设备、工夹量具、机械化与自动化程度等的依据。

2）制造零件所用的坯料或型材的形状、尺寸和精度是选择加工总余量和加工过程中头几道工序的决定因素。

3）零件材料的性质（硬度、可加工性、热处理在工艺路线中排列的先后等）是决定热处理工序和选用设备及切削用量的依据。

4）零件制造的精度，包括尺寸公差、几何公差，以及零件图上所指定或技术条件中所补充指定的要求。

5）零件的表面粗糙度是决定表面光精加工工序的类别和次数的主要因素。

6）特殊的限制条件，例如工厂的设备和用具的条件等。

7）编制的加工规程要在既定生产规程与生产条件下达到多、快、好、省的生产效果。

2. 工艺规程的编制步骤

工艺规程的编制，可按下列步骤进行。

1）研究零件图及技术条件。如零件复杂、要求高，要先详细了解零件在机器中所起的作用、加工材料及热处理方法、毛坯的类别与尺寸，并分析对零件制造精度的要求，然后选择粗基准面，再选择零件重要表面加工所需的精基准面。

2）加工的粗基准面和精基准面确定后，最初工序（由粗基准面所决定的）和主要表面的粗、精加工工序（在某种程度上由精基准面决定）已很清楚，也就能确定零件加工的顺序。

3）分析已加工表面的表面粗糙度，在已拟的加工顺序中增加光精加工的工序。

4）根据加工时的便利情况，确定并排列零件上不重要表面加工所需的所有其余工序（带自由尺寸的表面的加工、减小零件质量的工序、改善外观的工序、不重要的螺纹切削等）。这一类次要工序往往分配在已确定的主要工序之间（或与之合并），有时也放在加工过程的末尾。这时必须考虑，由于次要工序排列不当，在执行中会有损坏精密加工后的重要表面的可能性。

5）如果有限制加工工艺规程的特殊条件存在，通常要进行补充说明，以修正加工的顺序。

6）确定每一工序所需的机床和工具，填写工艺卡和工序卡。

7）详细拟订工艺规程时，必须进行全部加工时间的标定和单件加工时间的结算，并计算每一工序所需的机床台数。有时需对已拟订好的工艺规程进行某些修正（例如个别机床任务太少，则有必要把几个单独工序合并成一个工序）。

8）为了使所编制的工艺规程具有最大经济性，在确定了规程的全部项目以后，必须再检查该零件的加工是否还可能完善或有更为经济的工艺规程。可对工艺规程的方案和分别算出的成本进行比较，然后确定最为经济的方案。由此可见，在最后的步骤中，也可能对已拟订的工艺规程有所修正。

在一般场合下，工艺规程的拟订必须根据工艺条件与经济条件，用逐次修正的方法来进行。

第七章

装 配 图

【学习目标】

1. 清楚装配图的内容、意义和应用。

2. 清楚装配图的各种画法规定。

3. 熟悉装配图的尺寸标注。

4. 看懂装配图并能从装配图中拆画零件图。

5. 测绘装配体。

【素质目标】

1. 培养学生一丝不苟、精益求精、严格遵循标准与规范的职业素养和工匠精神。

2. 努力促使学生养成互帮互助、团结友爱、不怕困难的良好品质。

3. 培养学生团队合作与人际交流、沟通的能力。

【重点】

1. 清楚装配图的内容、意义和应用。

2. 掌握装配图的各种画法规定。

3. 熟悉装配图的尺寸标注。

4. 识读装配图。

5. 由装配图拆画零件图。

【难点】

1. 装配图的尺寸标注。

2. 识读懂装配图。

3. 由装配图拆画零件图。

第一节　装配图概述及装配图的表达方法

装配图的作用和内容

装配图是表达机器或部件的图样，通常用来表达机器或部件的工作原理以及零件、部件间的装配、连接关系，是机械设计和生产中的重要技术文件之一。

1. 装配图的作用和内容

在产品设计中，一般先根据产品的工作原理图画出装配图，然后再根据装配图进行零件设计，并拆画出零件图，根据零件图制造出零件，再根据装配图，将零件装配成机器或部件。在产品制造中，装配图是制订装配工艺规程、进行装配和检验的技术依据。

在机器使用时，装配图是了解机器的工作原理和构造，进行调试、维修的主要依据。此外，装配图也是进行科学研究和技术交流的工具。因此，装配图是生产中的主要技术文件。

总装配图——表示整台机器的组成部分、各部分的相互位置和连接、装配关系的图样。

部件装配图——表示部件的组成零件、各零件的相互位置和连接、装配关系的图样。

如图 7-1 所示手动液压泵，可看出装配图的内容一般包括以下四个方面：

（1）一组视图　表达装配体（机器或部件）的工作原理，装配关系，各组成零件的相对位置、连接方式，主要零件的结构形状及传动路线等。

（2）必要的尺寸　装配图上仅需要标注表示装配体（机器或部件）规格、装配、安装时所必需的尺寸。

（3）技术要求　用符号、文字等说明对装配体（机器或部件）的工作性能、装配要求、试验或使用等方面的有关条件或要求。

（4）零件序号和明细栏　在装配图中，对每个不同的零件编写序号，并在标题栏上方按序号编制成零件明细栏，说明装配体各组成零件的名称、数量和材料等一般概况。

应当指出，由于装配图的复杂程度和使用要求不同，以上各项内容并不是在所有的装配图中都要表现出来，而是要根据实际情况来确定。

2. 选择装配图视图的方法和步骤

（1）对装配图视图的基本要求

1）应着重表达部件的整体结构，特别要把部件所含零件的相对位置、连接方式及装配关系清晰地表达出来。

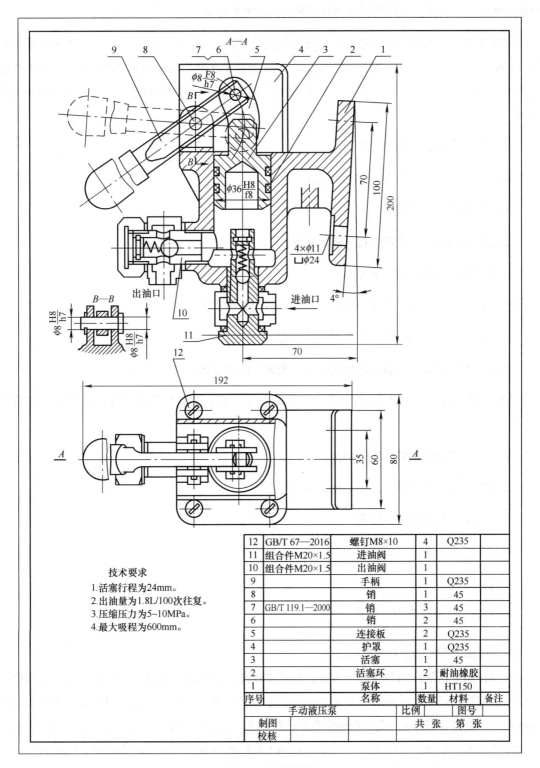

12	GB/T 67—2016	螺钉M8×10	4	Q235	
11	组合件M20×1.5	进油阀	1		
10	组合件M20×1.5	出油阀	1		
9		手柄	1	Q235	
8		销	1	45	
7	GB/T 119.1—2000	销	3	45	
6		销	2	45	
5		连接板	2	Q235	
4		护罩	1	Q235	
3		活塞	1	45	
2		活塞环	2	耐油橡胶	
1		泵体	1	HT150	
序号		名称	数量	材料	备注
手动液压泵			比例		图号
制图				共 张 第 张	
校核					

技术要求

1.活塞行程为24mm。
2.出油量为1.8L/100次往复。
3.压缩压力为5~10MPa。
4.最大吸程为600mm。

图7-1 手动液压泵

2）能根据视图分析部件（或机器）的传动路线、运动情况、润滑冷却方式以及如何操纵或控制等情况，使阅图者得到所画部件结构特点的完整印象。

（2）选择装配图视图的方法　根据部件的结构特点，从装配主线入手，首先考虑和部件功用密切的主要干线（如工作系统、传动系统等），然后是次要干线（如润滑冷却系统、操纵系统和各种辅助装置等），最后考虑连接、定位等方面的表达。力求视图数目适当、看图方便和作图简便。

（3）选择装配图视图的步骤

1）部件分析。从以下 6 个方面考虑：

① 部件的功用、组成。

② 各零件的相互位置和连接、装配关系。

③ 各零件的作用、运动情况。

④ 部件中的零件形成几条装配线，分清各装配线的主次。

⑤ 部件的工作原理、工作状态和安装状态。

⑥ 部件与其他部件及机座的位置关系，安装、固定方式。

2）选择主视图。选择主视图时，应将部件的工作位置作为安放位置，选择恰当的投射方向。

① 应能反映部件的整体形状特征。

② 应能表示主装配线零件的装配关系。

③ 应能表示部件的工作原理。

④ 应能表示较多零件的装配关系。

3）选择其他视图。

4）检查、比较、调整、修改。

3. 装配图的规定画法和特殊画法

在零件图上所采用的各种表达方法，如基本视图、剖视图、断面图、局部放大图等也同样适用于装配图。但是画零件图所表达的是一个零件，而画装配图所表达的则是由许多零件组成的装配体（机器或部件）。因为两种图样的要求不同，所表达的侧重面也不同。装配图应该表达出装配体的工作原理、装配关系和主要零件的主要结构形状。因此，国家标准《机械制图》和《技术制图》对绘制装配图制定了规定画法、特殊画法和简化画法等。

（1）规定画法　在装配图中，为了便于区分不同的零件，正确地表达各零件之间的关系，在画法上有以下规定：

1）接触面和配合面的画法。相邻两零件的接触表面和公称尺寸相同的两配合表面只画一条线；两零件的不接触表面和公称尺寸不同的非配合表面画成两条线，即使间隙很小，也必须用夸大画法画出间隙。

2）剖面线的画法。在装配图中，同一个零件在所有的剖视图、断面图中，其剖面线应保持同一方向，且间隔一致。相邻两零件的剖面线则必须不同，可使其方向相反，或方向相同但间隔不同，如图 7-1 所示。

当零件的断面厚度在图中等于或小于 2mm 时，允许将剖面涂黑以代替剖面线。

3）实心件和某些标准件的画法。在装配图的剖视图中，若剖切平面通过实心零件（如轴、杆等）和标准件（如螺栓、螺母、销、键等）的对称平面或基本轴线时，这些零件按不剖绘制；但其上的孔、槽等结构需要表达时，可采用局部剖视；当剖切平面垂直于其轴线剖切时，则需画出剖面线。

（2）特殊画法

1）拆卸画法和沿结合面剖切画法。

① 在装配图的某个视图上，如果有些零件在其他视图上已经表示清楚，而又遮住了需要表达的零件时，则可将其拆卸不画，而画剩下部分的视图，这种画法称为拆卸画法。为了避免读图时产生误解，可对拆卸画法加以说明，在图上方加注"拆去零件 ××"等，如图 7-2 所示。

② 在装配图中，为了表示内部结构，可假想沿着某些零件的结合面剖开。由于剖切平面相对于螺钉和销是横向剖切，故应画剖面线；对沿结合面剖开的零件，则结合面不画剖面线，如图 7-3 所示。

2）假想画法。

① 对于运动零件，当需要表明其运动极限位置时，可以在一个极限位置上画出该零件，而在另一个极限位置用双点画线来表示。

② 为了表明部件与其他相邻但不属于本装配体的部件或零件的装配关系，可用双点画线画出相邻部件或零件的轮廓线，如图 7-3 所示。

3）夸大画法。在装配图中，对于一些薄片零件、细小结构、微小间隙等，若按其实际尺寸很难画出，或难以明确表示时，可不按其实际尺寸作图，而适当地夸大画出，如图 7-4 所示。

4）单独表示某个零件。在装配图中，当某个零件的形状未表达清楚，或对理解装配关系有影响时，可另外单独画出该零件的某一视图。

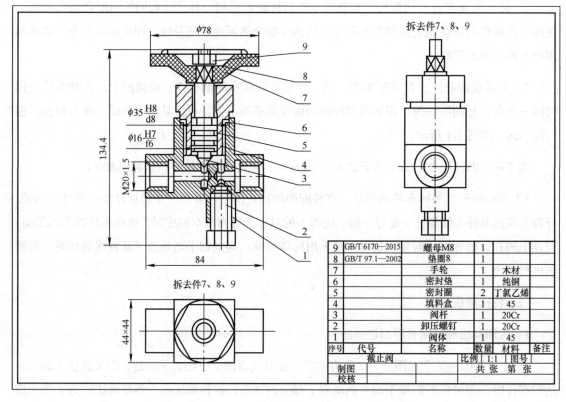

图7-2　截止阀装配图

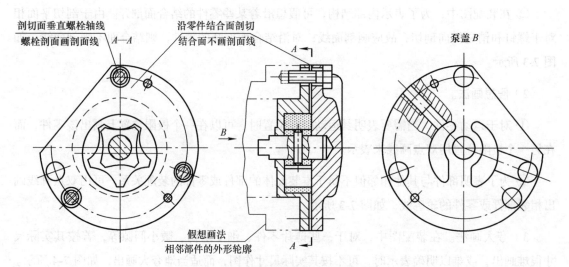

图7-3　沿结合面剖切画法和零件的单独表示法

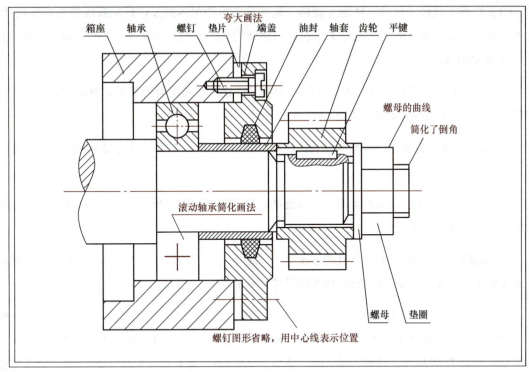

图7-4　装配图的夸大画法和简化画法

（3）简化画法

1）在装配图中，对若干相同的零件组如螺栓、螺钉连接等，可以仅详细地画出一处或几处，其余只需用点画线表示其位置。

2）在装配图中，对于零件上的一些工艺结构，如小圆角、倒角、退刀槽和砂轮越程槽等，可以省略不画，如图 7-4 所示。

第二节　装配图的尺寸标注、技术要求、零部件序号和明细栏

一、装配图的尺寸标注和技术要求

1. 尺寸标注

装配图的作用与零件图不同，因此，在图上标注尺寸的要求也不同。零件图中必须标注出零件的全部尺寸，以确定零件的形状和大小；在装配图上应按照装配体的设计、制造要求来标注某些必要的尺寸，以说明装配体性能规格、装配体"成员"的装配关系、装配体整体大小等。即装配图没有必要标注出零件的所有尺寸，只需标出性能尺寸、装配尺寸、安装尺寸和外形尺寸等。

装配图的尺寸标注、零部件序号、明细栏和技术要求

（1）性能（规格）尺寸　性能（规格）尺寸是表示装配体的工作性能或规格大小的尺寸，这些尺寸是设计时确定的，它也是了解和选用该装配体的依据。如图 7-1 所示手动液压泵的直径尺寸 ϕ36H8/f8。

（2）装配尺寸　装配尺寸是表示装配体中各零件之间相互配合关系和相对位置的尺寸，这种尺寸是保证装配体装配性能和质量的尺寸。

1）配合尺寸。表示零件间配合性质的尺寸。如图 7-1 所示配合尺寸有 ϕ36H8/f8，ϕ8F8/h7 等。

2）相对位置尺寸。表示装配时需要保证的零件间相互位置的尺寸。如图 7-1 所示的两螺栓连接的位置尺寸 70mm。

3）安装尺寸。装配体安装到其他装配体上或地基上所需的尺寸。如图 7-1 所示的安装螺栓的通孔所注的直径尺寸 4×ϕ11mm 和孔距尺寸 70mm 等。

4）外形尺寸。表示装配体外形大小的总体尺寸，即装配体的总长、总宽、总高。它反映了装配体的大小，提供了装配体在包装、运输和安装过程中所占的空间尺寸。如图 7-1 所示的液压泵，总长为 192mm，总宽为 80mm，总高为 200mm。若某尺寸可变化时，应注明其变化范围。

5）其他重要尺寸。其他重要尺寸是指在设计中确定的而又未包括在上述几类尺寸之中的尺寸。其他重要尺寸视需要而定，如主体零件的重要尺寸、齿轮的中心距、运动件的极限尺寸、安装零件要有足够操作空间的尺寸等。

上述五类尺寸之间并不是互相孤立无关的，实际上有的尺寸往往同时具有多种作用。此外，在一张装配图中，也并不一定需要全部注出上述五类尺寸，而是要根据具体情况和要求来确定。

2. 技术要求

在装配图中，还应在图的右下方空白处，写出部件在装配、安装、检验及使用等方面的技术要求。主要包括零件装配过程中的质量要求，以及在检验、调试过程中的特殊要求等。

拟定技术要求一般可从以下几个方面来考虑：

1）装配要求：装配体在装配过程中注意的事项，装配后应达到的要求，如装配间隙、润滑要求等。

2）检验要求：装配体在检验、调试过程中的特殊要求等。

3）使用要求：对装配体的维护、保养、使用时的注意事项及要求。

二、装配图的零件序号和明细栏

为了便于装配时读图查找零件，便于生产准备和图样管理，必须对装配图中所有不同的零件编写序号，并列出零件的明细栏。

1. 零件序号

（1）一般规定　装配图中所有的零件都必须编写序号。相同的零件只编一个序号。装配图中零件序号应与明细栏中的序号一致。

（2）零件序号的组成　零件序号由圆点、指引线、水平线或圆（均为细实线）及数字组成，序号写在水平线上或小圆内，如图 7-5 所示。序号数字比装配图中的尺寸数字大一号。

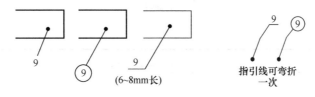

图7-5　零件序号编写

1）指引线不要与轮廓线或剖面线等图线平行；指引线之间不允许相交，但指引线允许弯折一次。

2）指引线应自所指零件的可见轮廓内引出，并在其末端画一圆点；若所指的部分不宜画圆点，如很薄的零件或涂黑的剖面等，可在指引线的末端画一箭头，并指向该部分的轮廓，如图 7-6 所示。

图7-6　零件序号编写

3）如果是一组螺纹连接件或装配关系清楚的零件组，可以采用公共指引线，如图 7-7 所示。

4）标准化组件（如滚动轴承、电动机、油杯等）只能编写一个序号。

图7-7　零件组序号

（3）序号编排方法　应将序号在视图的外围按水平或垂直方向排列整齐，并按顺时针或逆时针方向顺序依次编号，不得跳号，如图 7-1 所示。

2. 明细栏

在装配图的右下角必须设置标题栏和明细栏。明细栏位于标题栏的上方，并和标题栏紧连在一起。图 7-8 所示的内容和格式可供制图作业中使用。

明细栏是装配体全部零件的目录，由序号、代号、名称、数量、材料、备注等内容组成，其序号填写的顺序要由下而上。如位置不够时，可移至标题栏的左边继续编写。

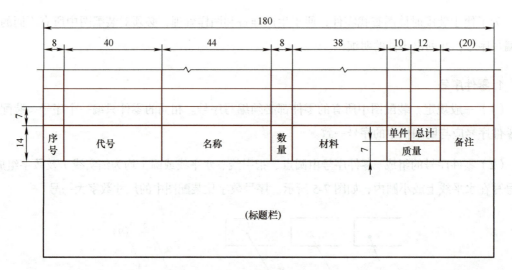

图7-8 明细栏

第三节 装配结构简介

零件除了应根据设计要求确定其结构外，还要考虑加工和装配的合理性，否则就会给装配工作带来困难，甚至不能满足设计要求。下面介绍几种最常见的装配工艺结构。

1. 接触面转角处的结构

两配合零件在转角处不应设计成相同的圆角，否则既影响接触面之间的良好接触，又不易加工。轴肩面和孔端面相接触时，应在孔边倒角，或在轴的根部切槽，以保证轴肩与孔的端面接触良好，如图 7-9 所示。

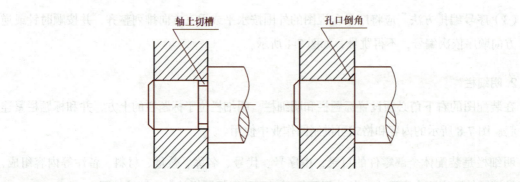

图7-9 接触面转角处的结构

2. 两零件接触面的数量

两零件装配时，在同一方向上，一般只宜有一个接触面，否则就会给制造和配合带来困难，如图 7-10 所示。

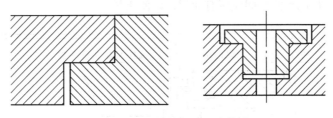

图7-10　同一方向上只能有一个接触面

3. 减少加工面积

为了使螺栓、螺钉、垫圈等紧固件与被连接表面接触良好，减少加工面积，应把被连接表面加工成凸台或凹坑，如图 7-11 所示。

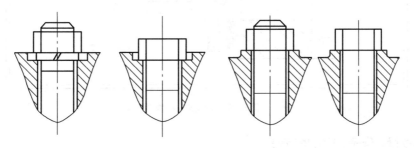

图7-11　凸台或凹坑

4. 密封装置的结构

在一些部件或机器中，常需要有密封装置，以防止液体外流或灰尘进入。图 7-12 所示滚动轴承的密封装置是泵和阀上的常见结构。

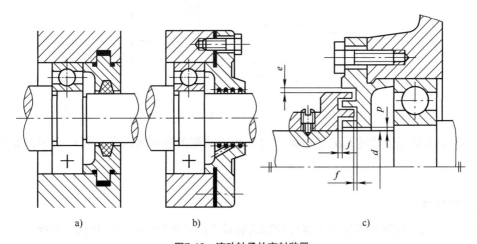

a)　　　　　　　　b)　　　　　　　　c)

图7-12　滚动轴承的密封装置

5. 零件在轴向的定位结构

装在轴上的滚动轴承及齿轮等一般都要有轴向定位结构，以保证能在轴线方向不产生移动。如图 7-13 所示，轴上的滚动轴承及齿轮是靠轴的轴肩来定位的，齿轮的另一端用螺母、垫圈来压紧，垫圈与轴肩的台阶面间应留有间隙，以便压紧。

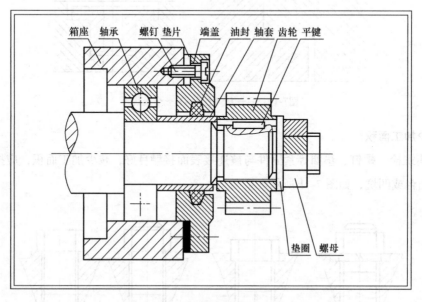

箱座　轴承　螺钉　垫片　端盖　油封　轴套　齿轮　平键

垫圈　螺母

图7-13　轴向定位结构

6. 考虑维修、安装、拆卸的方便

1）轴肩过大，会降低机械效率和轴承使用寿命，也会给拆卸轴承带来困难；座孔直径过小，会降低机械效率和轴承使用寿命，也会给拆卸轴承带来困难。正确的定位结构如图 7-14 所示。

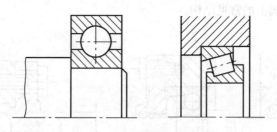

图7-14　滚动轴承的定位结构

2）在安排螺钉位置时，应考虑扳手的空间活动范围和放入时所需要的空间，如图 7-15 所示。

7. 防松装置

（1）双螺母　这种装置靠两个螺母拧紧后螺母之间产生的轴向力，使内、外螺纹之间的摩擦力增大来达到防松的目的，如图 7-16a 所示。

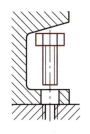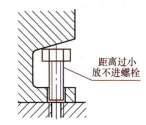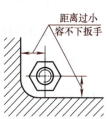

图7-15　考虑安装与拆卸空间

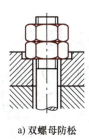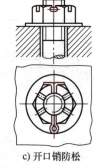

a) 双螺母防松　　　　　　b) 弹簧垫圈防松　　　　　c) 开口销防松

图7-16　防松装置

（2）弹簧垫圈　当螺母拧紧后，弹簧垫圈受压变平，依靠变形力，螺母、螺栓之间的摩擦力增大，弹簧垫圈开口的刀刃又阻止螺母的转动，防止了螺母的松脱，如图 7-16b 所示。

（3）开口销　开口销直接插入六角螺母的槽和螺栓末端的孔中，使螺母不能松脱，如图 7-16c 所示。

第四节　读装配图和由装配图拆画零件图

一、读装配图

在装配机器、维护和保养设备、从事技术改造的过程中，都需要读装配图。其目的是了解装配体的规格、性能、工作原理，各个零件之间的相互位置、装配关系，传动路线及各零件的主要结构形状等。例如在设计中，需要依据装配图来设计零件并画出零件图；在装配机器时，需根据装配图将零件组装成部件或机器；在设备维修时，需参照装配图进行拆卸和重新装配；在技术交流时，则要参阅有关装配图才能了解、研究一些工程、技术等有关问题。因此，工程技术人员必须具备读装配图的能力。

读装配图

1. 读装配图的一般要求

1）了解装配体的功用、性能和工作原理，装配体的使用、调整方法等。

2）弄清楚各零件间的装配关系，各零件的定位、固定和装拆次序。

3）弄清楚各零件的主要结构形状和作用等。

4）了解技术要求中的各项内容。

2. 读图实例

现以图 7-17 所示齿轮泵为例，介绍读装配图的方法和步骤。

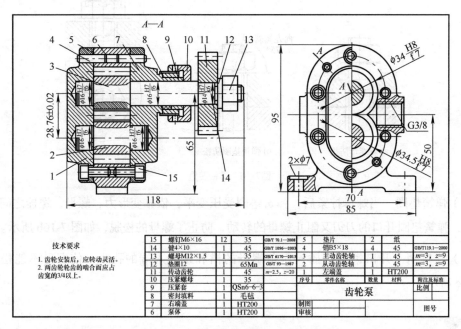

技术要求
1. 齿轮安装后，应转动灵活。
2. 两齿轮齿的啮合面应占齿宽的3/4以上。

15	螺钉M6×16	12	35	GB/T 70.1—2008	5	垫片	2	纸	
14	键4×10	1	45	GB/T 1096—2003	4	销B5×18	4	45	GB/T119.1—2000
13	螺母M12×1.5	1	35	GB/T 6170—2015	3	主动齿轮轴	1	45	$m=3$, $z=9$
12	垫圈12	1	65Mn	GB/T 93—1987	2	从动齿轮轴	1	45	$m=3$, $z=9$
11	传动齿轮	1	45	$m=2.5$, $z=20$	1	左端盖	1	HT200	
10	压紧螺母	1	35		序号	零件名称	数量	材料	附注及标准
9	压紧套	1	QSn6-6-3						
8	密封填料	1	毛毡			齿轮泵		比例	
7	右端盖	1	HT200		制图				图号
6	泵体	1	HT200		审核				

图7-17 齿轮泵

（1）概括了解

1）从标题栏了解装配体的名称、大致用途及绘图的比例等。通过绘图比例，查外形尺寸可明确装配体大小。

如图 7-17 所示，齿轮泵是机器润滑、供油系统中的一个部件，用来为机器输送润滑油。齿轮泵的外形尺寸为 118mm×85mm×95mm，可以对该装配体外形的大小有一个认识。

2）从零件编号及明细栏中，可以了解零件的名称、数量及在装配体中的位置。从明细栏了解装配体由哪些零件组成，标准件和非标准件各为多少，以判断装配体的复杂程度。

齿轮泵是由泵体、传动齿轮、齿轮轴、泵盖等零件组成。齿轮泵由 15 种 30 个零件组成，5 种标准件，属简单装配体。

3）分析视图，了解各基本视图、剖视图、断面图等相互间的投影关系及表达意图。了解视图数量、视图的配置，找出主视图，确定其他视图的投射方向，明确各视图的画法。

（2）分析视图，了解工作原理　根据视图配置，找出它们的投影关系。对于剖视图，要找到剖切位置，分析所采用的表达方法及表达的主要内容。

图7-17所示的齿轮泵共用了两个视图，主视图是用两相交剖切平面剖切的全剖视图，它将该部件的结构特点和零件间的装配、连接关系大部分表达出来。由于齿轮泵内、外结构形状对称，左视图为半剖视图，采用沿左端面剖切的拆卸画法，表达泵体内齿轮啮合情况，以及泵体的形状和螺钉的分布情况。主视图中的局部剖视图表达了一对齿轮的啮合情况，左视图中的局部剖视图则是用来表达进油口。

一般情况下，直接从图样上分析装配体的传动路线及工作原理。当装配体比较复杂时，需参考产品说明书。

图7-17所示的齿轮泵，当外部动力经齿轮传至传动齿轮11时，即产生旋转运动。当它逆时针方向（在左视图上观察）转动时，通过键14带动主动齿轮轴3，再经过齿轮啮合带动从动齿轮轴2，使从动齿轮轴2顺时针方向转动。当主动齿轮逆时针方向转动时，从动齿轮顺时针方向转动，齿轮啮合区的右边的轮齿逐渐分开时，齿轮泵的右腔空腔体积逐渐扩大，油压降低，形成负压，油箱内的油在大气压的作用下，经吸油口被吸入齿轮泵的右腔；齿槽中的油随着齿轮的继续旋转被带到左腔，而左边的各对轮齿又重新啮合，空腔体积缩小，使齿槽中不断挤出的油成为高压油，并由出油口压出。这样，泵室右面齿间的油被高速旋转的齿轮源源不断地带往泵室左腔，然后经管道被输送到机器中需要供油的部位。

（3）分析零件间的装配关系及装配体的结构　这是读装配图进一步深入的阶段，需要把零件间的装配关系和装配体结构搞清楚。通过细致分析视图，弄清各零件之间的装配关系，以及各零件的主要结构形状，各零件如何定位、固定，零件间的配合情况，各零件的运动情况，零件的作用和零件的拆、装顺序等。

齿轮泵主要有两条装配线：一条是主动齿轮轴系统，由主动齿轮轴3装在泵体6和左端盖1及右端盖7的轴孔内；在主动齿轮轴上装有密封填料8、压紧套9及压紧螺母10；在主动齿轮轴右边伸出端，装有传动齿轮11、垫圈12及螺母13。另一条是从动齿轮轴系统，从动齿轮轴2也装在泵体6和左端盖1及右端盖7的轴孔内，与主动齿轮啮合。

对于齿轮泵的结构，可分析下列内容：

1）连接和固定方式。在齿轮泵中，左端盖1和右端盖7都是靠螺钉15与泵体6连接，并用销4来定位。密封填料8是由压紧套9及压紧螺母10将其挤压在右端盖的相应的孔槽内。传动齿轮11靠主动齿轮轴3轴肩定位，用螺母13及垫圈12固定。两齿轮的轴向定位，是靠两端盖端面及泵体两侧面分别与齿轮两端面接触。从图 7-17 中可以看出，采用 4 个圆柱销定位、12 个螺钉紧固的方法将两个端盖与泵体连接在一起。

2）配合关系。凡是配合的零件，都要弄清基准制、配合种类、公差等级等。可由图上所标注的极限与配合代号来判别。如两齿轮轴与两端盖轴孔的配合均为 $\phi 16H7/f6$。两齿轮与两齿轮腔的配合均为 $\phi 34.5H8/f7$。它们都是基孔制、间隙配合，都可以在相应的孔中转动。

3）密封装置。泵、阀之类的部件，为了防止液体或气体泄漏及灰尘进入内部，一般都有密封装置。在齿轮泵中，主动齿轮轴 3 伸出端用压紧套 9 和压紧螺母 10 压紧密封填料 8 加以密封；两端盖与泵体接触面间放有垫片 5，也用于密封防漏。

4）装拆顺序。装配体在结构设计上都应有利于各零件能按一定的顺序进行装拆。齿轮泵的拆卸顺序是：先拧出螺母 13，取出垫圈 12、传动齿轮 11 和键 14，旋出压紧螺母 10，取出压紧套 9；再拧出左、右端盖上各六个螺钉 15，两端盖、泵体和垫片即可分开；然后从泵体中抽出两齿轮轴。对于销和填料，可不必从泵盖上取下。如果需要重新装配，可按拆卸的相反次序进行。

（4）分析零件，看懂零件的结构形状　弄清楚每个零件的结构形状和作用，是读懂装配图的重要标志。在分析清楚各视图表达的内容后，对照明细栏和图中的零件序号，逐一分析各零件的结构形状。分析时一般从主要零件开始，再看次要零件。

分析零件，首先要会正确地区分零件。区分零件的方法主要是依靠不同方向和不同间隔的剖面线，以及各视图之间的投影关系。从标注该零件序号的视图入手，用对线条、找投影关系及根据"同一零件的剖面线在各个视图上方向相同、间隔相等"的规定等，将零件在各个视图上的投影范围及其轮廓搞清楚，进而构思出该零件的结构形状。此外，分析零件的主要结构形状时，还应考虑零件为什么要采用这种结构形状，以进一步分析该零件的作用。

零件区分出来之后，便要分析零件的结构形状和功用。例如，对于图 7-17 所示齿轮泵的件 7，首先从标注序号的主视图中找到件 7，并确定该件的视图范围；然后利用对线条、找投影关系，以及根据同一零件在各个视图中剖面线应相同这一原则来确定该件在左视图中的投影。这样就可以根据从装配图中分离出来的属于该件的投影进行分析，想象它的结构形状。齿轮泵的两端盖与泵体装在一起，将两齿轮密封在泵腔内，同时对两齿轮轴起着支承作用，所以需要用圆柱销来定位，以便保证左端盖上的轴孔与右端盖上的轴孔能够很好地对中。

分析清楚零件之间的配合关系、连接方式和接触情况，能够进一步了解装配体。

（5）归纳总结　在详细分析各个零件之后，可综合想象出装配体的结构和装配关系，弄懂装配体的工作原理，拆卸顺序。之后还需对装配图所注尺寸及技术要求（符号、文字）进行分析研究，进一步了解装配体的设计意图和装配工艺。主动齿轮轴 3 与传动齿轮 11 的配合为

ϕ14H7/k6，为基孔制过渡配合，ϕ16H7/f6 为基孔制间隙配合。ϕ34.5H8/f7 为基孔制间隙配合。尺寸（28.76 ± 0.02）mm 为重要尺寸，反映出对啮合齿轮中心距的要求。118mm 为总长尺寸，85mm 为总宽尺寸，95mm 为总高尺寸。2 × ϕ7mm、70mm 为安装尺寸。这样，对装配体的全貌就有了进一步的了解，从而读懂装配图，为进一步拆画零件图打好了基础。齿轮泵的立体图如图 7-18 所示。

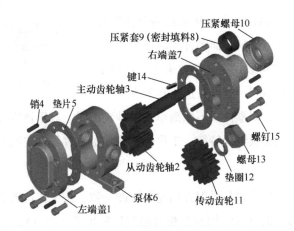

图7-18　齿轮泵的立体图

以上所述是读装配图的一般方法和步骤，事实上有些步骤不能截然分开，而要交替进行。再者，读图总有一个具体的重点目的，在读图过程中应该围绕着这个重点目的去分析、研究。只要这个重点目的能够达到，可以不拘一格，灵活地解决问题。

由装配图拆画
零件图

二、由装配图拆画零件图

在设计新机器时，通常根据使用要求，先画出装配图，确定实现其工作性能的主要结构，然后依据装配图来设计零件并画出零件图。由装配图拆画零件图，不仅是机械设计中的一个重要环节，也是考核检查能否读懂装配图的重要手段。

根据装配图拆画零件图，不仅需要较强的读图、画图能力，而且需要有一定的设计和工艺知识。现以图 7-17 所示的齿轮泵件 7 零件（右端盖）为例，简要说明拆画零件图的方法和步骤。

1. 读懂装配图，掌握所拆画零件的轮廓和结构形状

拆画前必须认真识读装配图。一般情况下，主要零件的结构形状在装配图上已表达清楚，而且主要零件的形状和尺寸还会影响其他零件。因此，可以从拆画主要零件开始。对于一些标准零件，只需要确定其规定标记，可以不拆画零件图。

拆画零件时，先从各个视图上区分出零件。应当注意，在装配图中，由于零件间的相互遮掩或采用了简化画法、夸大画法等，零件的具体形状或某些形状不能完全表达清楚。这时，零件的某些不清楚部位应根据其作用和与相邻零件之间的装配关系进行分析，补充完善零件图。

在装配图的主视图中，分离出右端盖的投影，左视图不能直接反映其端面形状。从主视图上看，左、右端盖的销孔、螺纹孔均与泵体贯通，与泵体接触部分的结构和它们所起的作用完全相同。据此，可确定右端盖的端面形状与左端盖的端面形状完全一致，如图 7-19 所示。

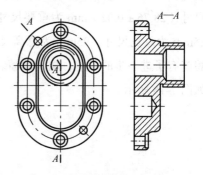

图7-19　由装配图拆画零件图

装配图的视图选择方案，主要是从表达装配体的装配关系和整个工作原理来考虑的，而零件图的视图选择，则主要是从表达零件的结构形状这一特点来考虑。由于表达的出发点和主要要求不同，所以在选择视图方案时，就不应强求与装配图一致，即零件图不能简单地照抄装配图上对于该零件的视图数量和表达方法，而应该结合该零件的形状结构特征、工作位置或加工位置等，按照零件图的视图选择原则重新考虑。

右端盖的主视图的安放位置和投射方向与装配图一致，按工作位置放置。主视图采用全剖视图，可将三个组成部分的外部结构及其相对位置反映出来，也可将其内部结构，如阶梯孔、销孔、螺纹孔等表达清楚。右视图表达右端盖的外形轮廓，以及销孔、螺纹孔等的分布情况。

在装配图中对零件上某些局部结构的表达可能不完全，而且对一些工艺标准结构还允许省略（如圆角、倒角、退刀槽、砂轮越程槽等），在画零件图时均应补画清楚，对标准结构应查表确定。

2. 合理、清晰、完整地标注尺寸

拆画零件图时应按零件图的要求注全尺寸。

1）装配图已注的尺寸，在有关的零件图上应直接注出。对于配合尺寸，一般应注出尺寸的上、下极限偏差。

2）对于一些工艺结构，如圆角、倒角、退刀槽、砂轮越程槽、螺栓通孔等，应尽量选用标准结构，查阅有关标准尺寸后标注。

3）对于与标准件相连接的有关结构尺寸，如螺纹孔、销孔、键槽等尺寸，应查阅有关手册资料确定。

4）有的零件的某些尺寸需要根据装配图所给的数据进行计算才能得到（如齿轮分度圆、齿顶圆直径等），需经计算确定。

5）一般尺寸均按装配图的图形大小、绘图的比例，从装配图中按比例直接量取，并将量得的尺寸数值圆整。

应该特别注意，各零件间有装配关系的尺寸，必须协调一致，配合零件的相关尺寸不可互相矛盾。相邻零件接触面的有关尺寸和连接件有关的定位尺寸必须一致，拆画零件图时应一并将它们注在相关的零件图上。

3. 零件图上的技术要求

要根据零件在装配体中的作用和与其他零件的装配关系，以及工艺结构等要求，参考有关资料和同类产品，标注出该零件的表面粗糙度等方面的技术要求。有配合要求或有相对运动的表面，零件表面质量要求较高，如右端盖与轴配合的孔表面粗糙度 Ra 的上限值为 1.6μm。在标题栏中填写零件的材料时，应和明细栏中的一致。

第五节　装配体测绘

对新产品进行仿制或对现有机械设备进行技术改造及维修时，往往需要对其进行测绘。即通过拆卸零件进行测量，画出装配示意图和零件草图，然后根据零件草图画装配图，再依据装配图和零件草图画零件图，从而完成装配图和零件图的整套图样，这个过程称为装配体测绘。现以图 7-20 所示球阀为例，介绍装配体测绘的方法和步骤。

装配体测绘

一、了解测绘对象

通过观察实物、阅读有关技术资料和类似产品图样，了解其用途、性能、工作原理、结构特点及装拆顺序等情况。在收集资料的过程中，尤其要重视生产工人和技术人员对该装配体的使用情况和改进意见，为测绘工作顺利进行做好充分准备。在初步了解装配体功能的基础上，通过对零件作用和结构的仔细分析，进一步了解零件间的装配、连接关系。

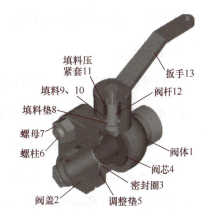

图7-20　球阀

图 7-20 所示球阀的阀芯是球形的，是用来启闭和调节流量的部件。图示位置阀门全部开启，当扳手按顺时针方向旋转 90° 时，阀门全部关闭。

该装配体的关键零件是阀芯。下面从运动关系、密封关系、包容关系等方面进行分析。

1）运动关系：扳手→阀杆→阀芯。

2）密封关系：两个密封圈为第一道防线，调整垫既保证阀体与阀盖之间的密封，又保证阀芯转动灵活；第二道防线为填料，以防止从转动零件阀杆处的间隙泄露流体。

3）包容关系：阀体和阀盖是球阀的主体零件，它们之间用四组双头螺柱连接。阀芯通过两个密封圈定位于阀中，通过填料压紧套与阀体的螺纹，将材料为聚四氟乙烯的填料固定于阀体中。

阀体左端通过螺柱、螺母与阀盖连接，形成球阀容纳阀芯的空腔。阀体左端的圆柱槽与阀盖的圆柱凸缘相配合。阀体空腔右侧圆柱槽用来放置密封圈，以保证球阀关闭时不泄露流体。阀体右端有用于连接系统中管道的外螺纹，内部阶梯孔与空腔相通。在阀体上部的圆柱体中，有阶梯孔与空腔相通，在阶梯孔内装有阀杆、填料压紧套等。阶梯孔顶端 90° 扇形限位凸块，用来控制扳手和阀杆的旋转角度。

二、拆卸零件，画装配示意图

在拆卸前，应准备好有关的拆卸工具，以及放置零件的用具和场地，然后根据装配体的特点，制订周密的拆卸计划，按照一定的顺序拆卸零件。拆卸过程中，对每一个零件应进行编号、登记并贴上标签。对拆下的零件要分区分组放在适当地方，避免碰伤、变形，以免混乱和丢失，从而保证再次装配时能顺利进行。

拆卸零件时应注意：在拆卸之前应测量一些必要的原始尺寸，比如某些零件之间的相对位置等。拆卸过程中，严禁胡乱敲打，避免损坏原有零件。对于不可拆卸连接的零件、有较高精度的配合或过盈配合，应尽量少拆或不拆，避免降低原有配合精度或损坏零件。

图 7-20 所示球阀的拆卸可以按以下步骤进行：

1）取下扳手 13。

2）拧出填料压紧套 11，取出阀杆 12，带出填料 9、10 和填料垫 8。

3）用扳手分别拧下四组螺柱连接的螺母 7，取出阀盖 2、调整垫 5。

4）从阀体中取出阀芯 4，拆卸完毕。

装配示意图是通过目测，徒手用简单的图线画出装配体各零件的大致轮廓，以表示其装配位置、装配关系和工作原理等情况的简图。

画示意图时，可将零件看成是透明体，其表示可不受前后层次的限制，并尽量把所有零件集中在一个图上表示出来。画机构传动部分的示意图时，应按照 GB/T 4460—2013《机械制图 机构运动简图用图形符号》的规定绘制。对一般零件可按其外形和结构特点形象地画出零件的大致轮廓。

装配示意图应在对装配体全面了解、分析之后画出，并在拆卸过程中进一步了解装配体内部结构和各零件之间的关系，进行修正、补充，以备将来正确地画出装配图和重新装配装配体之用。球阀的装配示意图如图 7-21 所示。

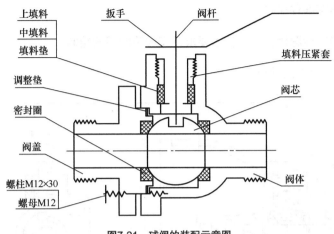

图7-21　球阀的装配示意图

三、画零件草图

对于拆下的零件，逐个徒手画出零件草图。对于一些标准零件，如螺栓、螺钉、螺母、垫圈、键、销等，可以不画零件图，但应测量其主要规格尺寸，以确定它们的规定标记，其他数据可通过查阅有关标准获取。所有非标准件都必须画出零件草图，并要准确、完整地标注测量尺寸。

零件草图的画法前面已经介绍，在装配体测绘中，画零件草图还应注意以下三点：

1）绘制零件草图时，除了图线是徒手完成的外，其他方面的要求均和画正式的零件图一样。

2）零件草图可以按照装配关系或拆卸顺序依次画出，以便随时校对和协调各零件之间的相关尺寸。

3）零件间有配合、连接和定位等关系的尺寸要协调一致，并在相关零件草图上一并标出。

四、绘制装配图

对装配图表达方案的要求是清晰、完整地表达机器或部件的工作原理、零件之间的相对位置和装配关系。

1）主视图的选择。主视图一般按装配体的工作位置选择，而且能够尽量多地表达装配体的工作原理、零件之间的相对位置和装配关系及主要零件的结构特征。

2）确定其他视图。主视图确定后，选择其他视图，用来补充主视图上没有表达清楚而又必须表达的内容。所选择的视图要重点突出，避免重复。

3）画底稿。画底稿的基本原则是"先主后次"，从主视图入手，几个视图配合进行。

4）检查校核，加深图线；画剖面线，标注尺寸。

5）编写并注出零部件序号。

6）填写明细栏、标题栏，注写技术要求，完成装配图的绘制。

球阀的装配图如图 7-22 所示。

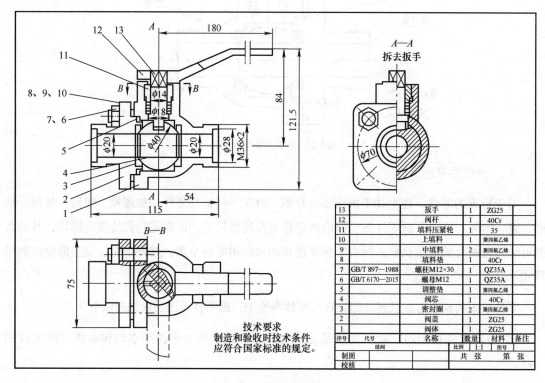

13		扳手	1	ZG25	
12		阀杆	1	40Cr	
11		填料压紧轮	1	35	
10		上填料	1	聚四氟乙烯	
9		中填料	2	聚四氟乙烯	
8		填料垫	1	40Cr	
7	GB/T 897—1988	螺柱M12×30	1	QZ35A	
6	GB/T 6170—2015	螺母M12	1	QZ35A	
5		调整垫	1	聚四氟乙烯	
4		阀芯	1	40Cr	
3		密封圈	2	聚四氟乙烯	
2		阀盖	1	ZG25	
1		阀体	1	ZG25	
序号	代号	名称	数量	材料	备注
制图			比例	1:1	图号
校核			共 张	第 张	

技术要求
制造和验收时技术条件
应符合国家标准的规定。

图7-22　球阀的装配图

【本章小结】

本章对装配图的选择、尺寸标注进行了详细的阐述与说明，并对装配图的识读、绘制方法进行了学习。通过学习，希望同学们养成严格遵守国家标准的良好习惯并能够正确按照要求绘制符合国家标准的装配图。

【知识拓展】

一、装配精度

装配需要保证装配精度。一般机械产品的装配精度包括零、部件间的距离精度、相互位置精度、相对运动精度及接触精度等。

（1）距离精度　指相关零件间距离的尺寸精度和装配中应保证的间隙。如卧式车床主轴轴线与尾座孔轴线等高的精度、齿轮副的侧隙等。

（2）相互位置精度　包括相关零、部件间的平行度、垂直度、同轴度、跳动等。如主轴莫氏锥孔的径向圆跳动、其轴线对床身导轨面的平行度等。

（3）相对运动精度　指产品中有相对运动的零、部件间在相对运动方向和相对速度方面的精度。相对运动方向精度表现为零、部件间相对运动的平行度和垂直度，如铣床工作台移动对主轴轴线的平行度或垂直度。相对速度精度即传动精度，如滚齿机主轴与工作台的相对运动速度等。

（4）接触精度　零、部件间的接触精度通常以接触面积的大小、接触点的多少及分布的均匀性来衡量，如主轴与轴承的接触、机床工作台与床身导轨的接触等。

二、装配方法

装配工作的主要任务是保证产品在装配后达到规定的各项精度要求，因此，必须采取合理的装配方法。保证装配精度的方法主要有以下几种。

1. 互换装配法

在装配时各配合零件不经修理、选择或调整即可达到装配精度的方法，称为互换装配法。

互换装配法具有装配工作简单、生产率高、便于协作生产和维修、配件供应方便等优点，但应用有局限性，仅适用于参与装配的零件较少、生产批量大、零件可以用经济加工精度制造的场合。如汽车、中小型柴油机的部分零、部件等。

2. 分组装配法

在成批或大量生产中，将产品各配合副的零件按实测尺寸分组，装配时按组进行互换装配以达到装配精度，这种方法称为分组装配法。

由于采用了分组装配法，降低了零件的制造精度（公差放大为原来的3倍），即降低了零件的生产成本。分组装配法的缺点是增加了零件的检测、分组工作量，还增加了零件的投入批量、储存量及相应的管理工作，一般应用于成批或大量生产中装配精度要求高、参与装配的零件数量少且不便于调整装配的场合。如中、小型柴油机的活塞与缸套、活塞与活塞销，滚动轴承内、外圈和滚动体的装配等。

3. 修配装配法

在装配时修去指定零件上预留的修配量以达到装配精度的方法，称为修配装配法。

修配装配法的特点是参与装配的零件仍按经济精度加工，其中一件预留修配量，装配时进行修配，以补偿装配中的累积误差，从而达到装配质量的要求。用修配装配法可以获得较高的装配精度，但增加了装配工作量，生产率低，且要求工人技术水平高，多用于单件、小批生产，以及装配精度要求高的场合。修配件应选择易于拆装且修配量较小的零件。

4.调整装配法

在装配时改变产品中可动调整件的相对位置或选用合适的固定调整件以达到装配精度的方法，称为调整装配法。调整装配法的特点是零件按经济加工精度制造，装配时产生的累积误差通过选用机构设计时预先设定的固定调整件（又称补偿件）或改变可动调整件的相对位置来消除。

常用的调整方法有两种：

（1）固定调整法　预先制造各种尺寸的固定调整件（如不同厚度的垫圈、垫片等），装配时根据实际累积误差，选定所需尺寸的调整件装入，以保证装配精度要求。例如，传动轴组件装入箱体时，使用适当厚度的调整垫圈（补偿件）补偿累积误差，保证箱体内侧面与传动轴组件的轴向间隙。

（2）可动调整法　使调整件移动、回转或移动和回转同时进行，以改变其位置，进而达到装配精度。常用的可动调整件有螺钉、螺母、楔块等。可动调整法在调整过程中不需拆卸零件，故应用较广。例如可通过调整螺钉使楔块上下移动，改变两螺母的间距，以调整传动丝杠和螺母的轴向间隙。又如可用螺钉调整轴承间隙。

调整装配法可获得很高的装配精度，并且可以随时调整因磨损、热变形或弹性及塑性变形等原因所引起的误差，其不足是增加了零件数量及较复杂的调整工作量。

第八章

AutoCAD绘制工程图样

【学习目标】

1. 熟悉 AutoCAD 的启动方法及工作界面。

2. 熟练掌握 AutoCAD 绘图过程中常见操作方法与常用绘图、修改命令的使用。

3. 能够根据国家标准的要求设置各种图线，按照工程图样的要求熟练使用常用绘图与修改命令绘制各种工程图样。

4. 能够按照工程图样的要求进行各种标注，包括尺寸标注、尺寸公差标注、几何公差标注、表面结构标注与文字注写。

【素质目标】

1. 培养学生规范操作、严格遵循标准的职业素养。

2. 培养学生学以致用的工程思维并养成一丝不苟、兢兢业业、精益求精的工匠精神。

3. 培养学生认真负责的工作态度和团队合作的能力。

【重点】

1. AutoCAD 绘图过程中常见操作方法与常用绘图、修改命令的使用。

2. 按照国家标准的要求设置各种图线与文字及标注样式。

3. 采用正确的方法绘制完成各种工程图样。

【难点】

1. 各种常见操作方法、绘图命令与修改命令的合理使用。

2. 按照投影关系绘制各种工程图样与标注。

AutoCAD 是一款主流的计算机辅助绘图设计软件，它被广泛地应用在机械设计、建筑设计、电气设计等多个领域。熟练地操作和使用 AutoCAD，是高职学生必须掌握的一项基本技能。本章主要针对全国 CAD 技能等级考试"工业产品类一级（二维计算机绘图）"的考试内容（题型）进行简要的介绍，为大家备考打下基础。

第一节　AutoCAD绘图初步

现以 AutoCAD 2018 为例，开始 AutoCAD 的学习。

一、启动AutoCAD 2018

Auto CAD
绘图初步

启动 AutoCAD 2018 的方式主要有以下 3 种：

1）通过桌面的快捷方式启动：双击桌面"AutoCAD 2018 - 简体中文（Simplified Chinese）"图标或右键单击该图标，选择"打开"。

2）通过 Windows 开始菜单中的程序，找到"AutoCAD 2018 - 简体中文（Simplified Chinese）"图标并单击。

3）打开已经绘制的 AutoCAD 图形文件。

启动 AutoCAD 2018 后进入起始界面，如图 8-1 所示。

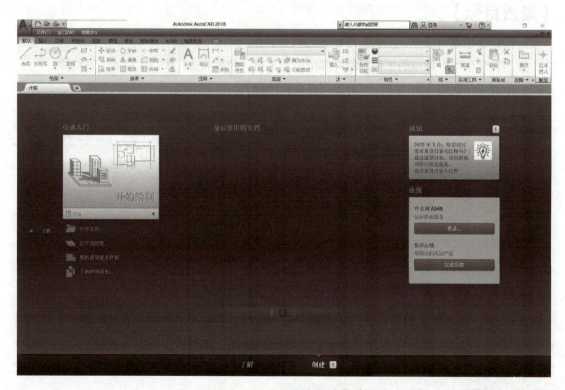

图8-1　AutoCAD 2018起始界面

可以通过"开始绘制"进入 AutoCAD 2018 的工作界面，也可以通过打开"最近使用的文档"中的文档进入 AutoCAD 2018 的工作界面，如图 8-2 所示。

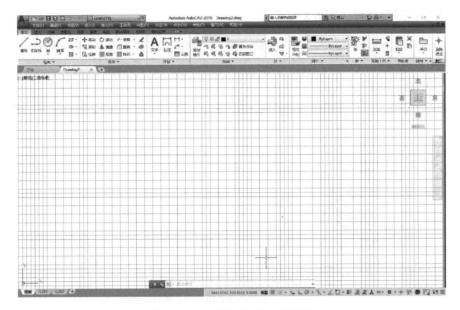

图8-2 AutoCAD 2018的工作界面

二、认识AutoCAD 2018的工作界面

当进入 AutoCAD 2018 工作界面后，可看到界面由应用程序菜单、快速访问工具栏、标题栏、交互信息工具栏、功能区选项卡、功能区面板、绘图区、ViewCube、导航栏、坐标系、浮动命令窗口、状态栏等组成，如图 8-3 所示。

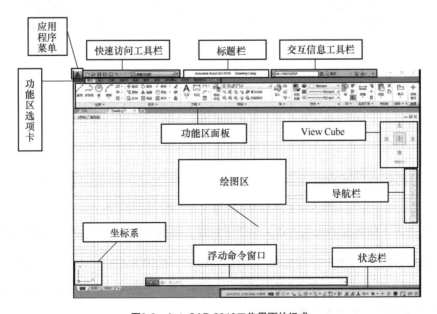

图8-3 AutoCAD 2018工作界面的组成

进入工作界面后，可以做一些调整与更改，以便于作图。

1）在起始工作界面中菜单栏是隐藏的，可以通过"快速访问工具栏"右侧下拉按钮"▼"，选择"显示菜单栏"，如图8-4所示。

图8-4　AutoCAD 2018工作界面选择"显示菜单栏"

此时菜单栏在起始工作界面中显示，如图8-5所示。

建议在使用AutoCAD时显示菜单栏。

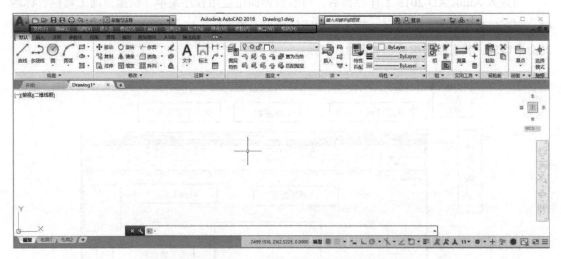

图8-5　AutoCAD 2018"显示菜单栏"的工作界面

2）初次进入工作界面的颜色较暗，为便于观察，可做一些调整，将界面和窗口颜色调亮。

打开菜单栏中的"工具"下拉菜单，选择"选项"，如图8-6所示。在弹出的"选项"对话框中，单击"显示"选项卡，在"配色方案"中选择"明"，此时，功能区选项卡、功能区面板的颜色将变成明亮色，如图8-7所示。

图8-6　AutoCAD 2018"菜单栏"中选择"选项"

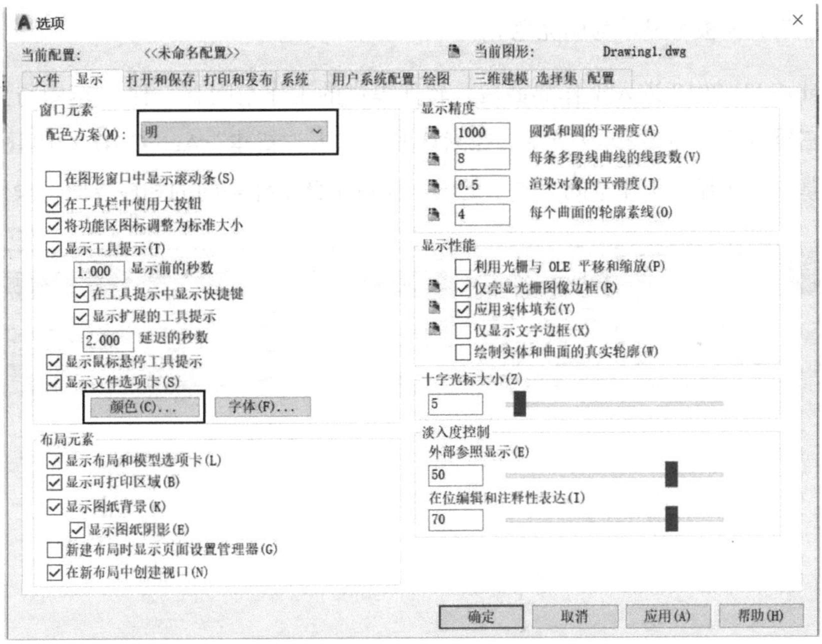

图8-7　AutoCAD 2018"选项"中设置"显示"的"配色方案"

单击"颜色"按钮，在弹出的"图形窗口颜色"对话框中选择"颜色"的中"白"选项，如图 8-8 所示。需要清楚的是，在该对话框中可以把 AutoCAD 绘图区的"图形窗口颜色"设置为任意色，但推荐选择"黑"或"白"色。

为防止使用中过度用眼而产生疲劳，"图形窗口颜色"应尽量避免使用其他颜色。

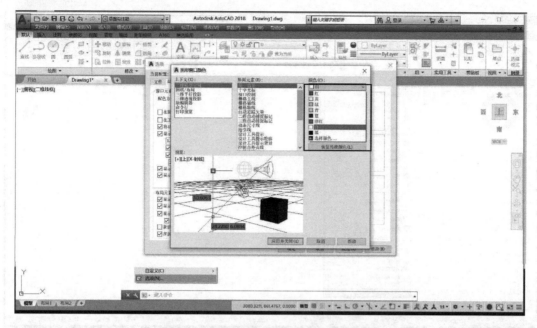

图8-8　AutoCAD 2018设置"绘图区域"颜色

单击"应用并关闭"按钮，回到"选项"对话框；单击"确定"按钮，此时绘图区背景显示为白色，各工具面板等显示为明亮色。

打开 AutoCAD 2018 进入工作界面后，软件提供的工作空间有三种："草图与注释""三维基础"和"三维建模"，如图 8-9 所示。在默认的状态下"新建"AutoCAD 2018 图形文件，进入的都是"草图与注释"工作空间。本章的学习仅讨论此工作空间的相应界面与操作方式。

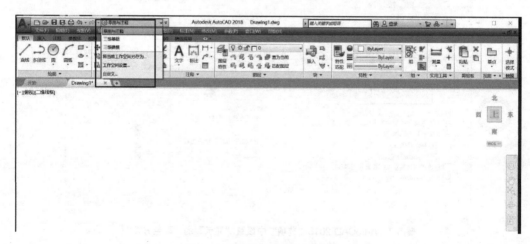

图8-9　AutoCAD 2018的工作空间选择

三、工作界面介绍

（1）标题栏　标题栏位于 AutoCAD 2018 工作界面的最上方，用来显示当前软件名称及其版本。当新建或打开图形文件时，在标题栏中还显示出该文件的名称，如图 8-10 所示。

图8-10 AutoCAD 2018标题栏

打开 AutoCAD 2018 后，软件默认新建文件为"Drawing1.dwg"。"dwg"是 AutoCAD 新建图形文件的默认格式，除此格式外，AutoCAD 还有"dxf"标准文本文件格式和"dwt"样本文件格式。

（2）菜单栏　在"草图与注释"等工作空间中，主菜单有"文件""编辑""视图""插入""格式"等菜单命令。可以从中执行 AutoCAD 中绝大多数的绘图命令，如图 8-11 所示。

图8-11 AutoCAD 2018菜单栏

（3）功能区　功能区按逻辑分组来组织工具，它提供一个简洁紧凑的选项板，其中包括创建或修改图形所需的所有工具。

功能区由一系列选项卡组成，每个选项卡又包含有若干个同类功能的面板，每个面板包含若干组可用工具和控件。

如"绘图"面板就包含有"直线""圆""圆弧"等工具，如图 8-12 所示。

图8-12 AutoCAD 2018功能区

若面板标题中带有符号"▼"，单击该符号可以展开一个滑出式面板，以显示其他工具和控件。

（4）状态栏　状态栏位于工作界面的底部，用来显示光标坐标值，以及显示和控制捕捉、推断约束、栅格、正交、极轴追踪、对象捕捉、对象捕捉追踪、动态用户坐标系（UCS）、动态输入、线宽、透明度、快捷特性、模型的状态等，如图 8-13 所示。

图8-13 AutoCAD 2018状态栏及"自定义"按钮

对于大部分工具按钮，如果按钮高亮显示，表示打开该按钮的功能；反之，则关闭该按钮的功能。

一般情况下，在绘图时应该将"极轴追踪""对象捕捉追踪"和"对象捕捉"功能打开。在绘制图样时，"线宽"功能可不打开，绘制完成后审图时，可打开"线宽"功能，方便查找问题或者错误。

【友情提示】

图 8-13 中红色矩形框位置所示"线宽"按钮在第一次打开 AutoCAD 2018 时并没有固定在"状态栏"中。可以通过单击状态栏最右端"自定义"按钮打开选项，找到"线宽"并勾选，"线宽"按钮就固定在"状态栏"中了。

（5）浮动命令窗口　浮动命令窗口，也称命令窗口，它包含当前命令行和命令历史列表。当前命令行用来显示 AutoCAD 等待输入的提示信息或提示选项，并接受用户输入的命令或参数值，而命令列表则保留着自系统启动以来操作的命令历史记录，可供用户查询。图 8-14 所示为当前命令等待输入的提示信息或提示选项。

图8-14　AutoCAD 2018浮动命令窗口

【友情提示】

在用 CAD 绘制图样的过程中，一定要在发出命令后注意当前命令窗口的提示，然后按照这些提示作出响应，或输入命令对应的字符，或移动光标选择命令行窗口的提示中的选项，完成命令，再继续绘制。

如要在绘图区画一条直线，可以通过单击"直线"绘图工具绘制，此时在浮动命令行窗口会显示"LINE 指定第一个点"，如图 8-15a 所示；为此，在绘图区找到一个适当的点，单击鼠标左键，如图 8-15b 所示；此时，绘制直线的第一个端点已确定，同时，在浮动命令行窗口会显示"LINE 指定下一点或 [放弃（U）]"，而在绘图区则显示为一端固定待确定的直线；然后，在绘图区找到下一个适当的点，单击鼠标左键，就画出了一条直线，如图 8-15c 所示。

可以继续在绘图区拾取点，继续绘制直线；也可以直接回车（按〈Enter〉键）或空格键结束直线的绘制。

（6）绘图区　绘图区是主要的工作区域，图形绘制与编辑基本都在该区域中进行。在该区域中包括鼠标光标所在的空白区域、坐标系图标（当前显示在空白区域左下角的 XY 坐标系）、View Cube 工具、视口控件和导航栏，如图 8-16 所示。

在绘图区中，鼠标光标的作用最为重要，图形的绘制和编辑要依赖它来执行，移动鼠标光标，则在状态栏中显示当前鼠标光标所在位置的坐标相应发生变化。

四、新建AutoCAD文件

新建 AutoCAD 图形文件主要有以下三种方式：

1）单击启动界面中应用程序菜单下拉菜单中的"新建"命令，如图 8-17 所示。

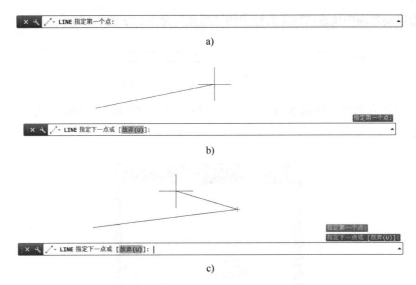

a)

b)

c)

图8-15 绘图工具的使用

图8-16 AutoCAD 2018绘图区

图8-17 AutoCAD 2018"新建"CAD文件方式（一）

2）单击启动界面中快速访问工具栏中的"新建"命令，如图 8-18 所示。

图8-18　AutoCAD 2018"新建"CAD文件方式（二）

3）单击启动界面中"快速入门"中的"开始绘制"，直接进入 AutoCAD 2018 工作界面，如图 8-19 所示。

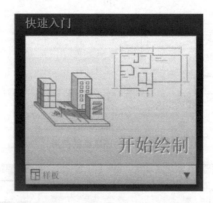

图8-19　AutoCAD 2018"新建"CAD文件方式（三）

启动 AutoCAD 2018 后，在默认状态下打开的是"草图与注释"工作空间，此时，系统将创建一个名称为"Drawing1.dwg"的文件，如图 8-20 所示。

图8-20　AutoCAD 2018启动界面中的文件名

AutoCAD 图形文件的扩展名是 dwg，AutoCAD 图形文件的备份文件的扩展名是 bak。

五、打开文件

AutoCAD 打开文件的方法主要有以下两种：

1）找到文件在计算机中的存盘位置，直接双击鼠标左键或选中文件后单击鼠标右键，在弹出的快捷菜单中选择"打开"，即可打开所需打开的文件。

2）在 AutoCAD 2018 的起始界面，在"最近使用的文档"中单击 CAD 文档即可打开文件，如图 8-21 所示。

六、执行命令

用 AutoCAD 绘制图样时，需要用户通过工作界面选择命令，让计算机执行。因此，命令是 AutoCAD 的核心。在 AutoCAD 中，执行命令进行绘制前，需先选择命令。选择命令的常用方式有：

图8-21　AutoCAD 2018打开最近使用文档

1）单击菜单栏选项，打开下拉菜单，如图 8-22 所示，单击相应命令即可。

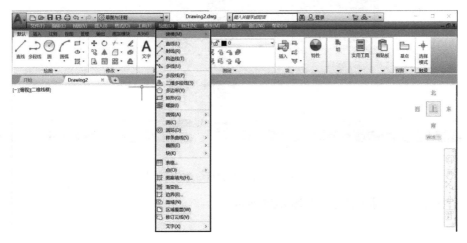

图8-22　AutoCAD 2018执行命令方式（一）

2）单击功能区中的工具按钮。如图 8-23 所示，当单击"圆"的工具按钮后，弹出绘制圆的工具选项，选择一种即可开始绘制圆。

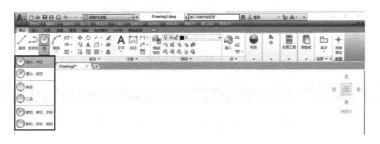

图8-23　AutoCAD 2018执行命令方式（二）

3）单击菜单栏中的"工具"，调出"工具栏"选项，如图 8-24 所示，可以勾选调出需要的工具栏，然后在调出的工具栏中可以找到相应的工具按钮。

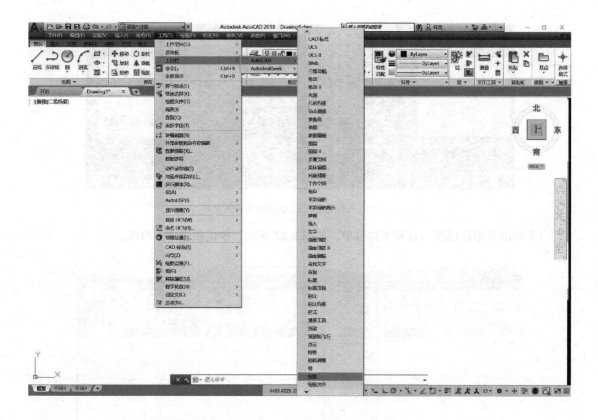

图8-24 AutoCAD 2018执行命令方式（三）

4）直接在命令行输入命令，如图 8-25 所示。

图8-25 AutoCAD 2018执行命令方式（四）

5）右键单击绘图窗口，在弹出的快捷菜单中选择菜单命令，如图 8-26 所示。

图8-26　AutoCAD 2018执行命令方式（五）

【友情提示】

在AutoCAD中，执行命令的方式有很多种，在实际使用时，常用的是单击功能区面板或工具栏中的工具按钮，或直接在浮动命令窗口输入命令。为简洁明了，本章仅说明通过一种方式来执行"命令"的方式，其他的方式，读者课后可以自己去练习。需要说明的是，调出命令后要按照浮动命令窗口的提示作出选择并给予正确响应。如AutoCAD中在执行命令时，命令行中会有提示：默认选项和在方括弧里的备选选项。

如执行"CIRCLE"或者"C"（绘制"圆"命令）时，默认的方式是"指定圆的圆心"开始画圆，而方括弧里有选项"三点（3P）"，若输入"3P"或者鼠标点选"3P"，则表示使用三点画圆的方式画圆，如图8-27所示。

图8-27　AutoCAD 2018执行命令方式的选择

七、命令的结束与重复

在AutoCAD中，用户可以方便地结束当前命令，一般按〈Enter〉键或空格键即可；也可以在绘图区单击鼠标右键，在弹出的快捷菜单中选择"确认"或"取消"；还可以按〈ESC〉键退出。

要重复执行上一个命令，通常可在结束命令后再次按 <Enter> 键、空格键即可；或者在绘图区单击鼠标右键，在弹出的快捷菜单中选择要重复的命令选项。

为便于提高绘图速度，建议在"选项"中设置"右键"，如图 8-28 所示。

在菜单栏中单击"工具"，展开下拉菜单后单击"选项"，打开对话框；单击"用户系统配置"选项卡，单击"自定义右键单击"，在弹出的对话框中勾选"打开计时右键单击"，单击"应用并关闭"，回到"选项"对话框；单击"确定"，关闭对话框。绘图时，如果快速单击右键，就等于按〈Enter〉键，重复执行上一条命令；而慢速单击时，则仍然弹出快捷菜单。

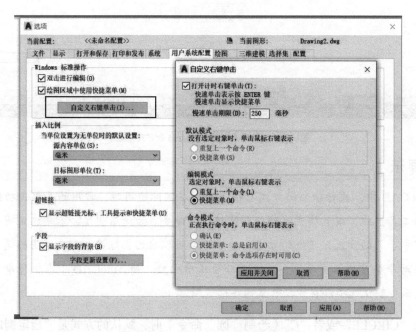

图8-28　AutoCAD 2018设置鼠标右键

八、选择对象

"对象"是 AutoCAD 中的一个重要概念。所有在当前 CAD 图形界面里的元素，如线、圆、圆弧、多段线、图块等，都是对象。"对象选择"是一项基础性绘图工作，例如，要复制、删除、移动或编辑对象，都要选择对象。选择对象有下列两种方法：

（1）点选法　直接单击某一对象，此时对象上将显示若干蓝色小方框（称为夹点），表明该对象被选中；继续单击，则继续添加。如图 8-29 所示，依次单击"圆"及"圆的中心线"和"矩形"，它们均被选中。

（2）框选法　框选法分为左选框和右选框。当选择的对象较多时，可以利用选择框选择对象。

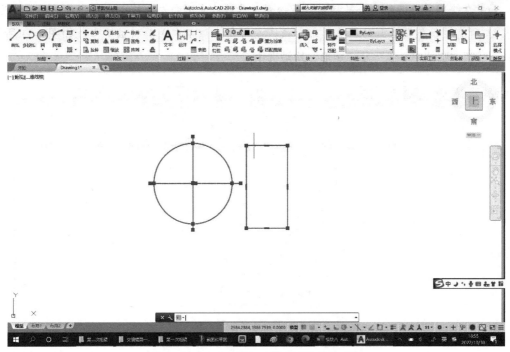

图8-29 AutoCAD 2018"点选法"选择对象

首先在绘图区适当处单击鼠标左键后松开，然后从左上向右下拖曳出一矩形图框（称为左选框），所有包含在该框内的对象都将被选中。如图8-30所示，此时"圆"及"圆的中心线"将被选中，而"矩形"未被选中。

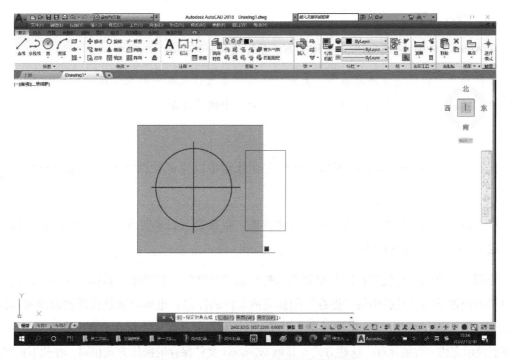

图8-30 AutoCAD 2018"左选框"选择对象

如果在绘图区适当处单击鼠标左键后松开，然后从右下向左上拖曳出一矩形图框（称为右选框），所有被该框覆盖到的对象（部分或者全部都在该框内）都将被选中。如图8-31所示，此时，"圆""圆的中心线"及"矩形"均被选中。

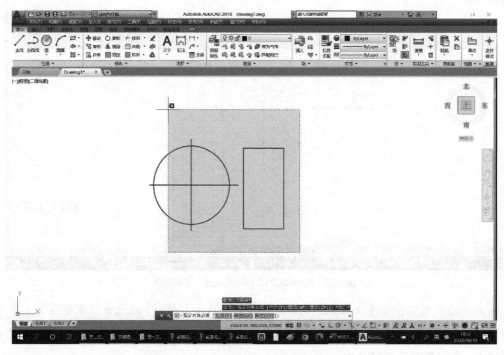

图8-31　AutoCAD 2018"右选框"选择对象

九、缩放和平移视图

在AutoCAD中，观察图形最常用的方法是缩放和平移视图。

缩放和平移视图的方法有很多，最便捷的方法是按住鼠标中键来实现"平移"，滚动中键来实现"缩放"——外推中键滚轮是"放大"，内推中键滚轮是"缩小"。

十、保存文件

保存图形文件即将当前的图形文件保存在软盘中以保证数据的安全，或便于以后再次使用。

在AutoCAD 2018中进行第一次保存操作时，系统都会自动打开"图形另存为"对话框，以确定文件的保存位置和名称。

绘图时，可以通过应用程序菜单和菜单栏中的"文件"下拉菜单，选择"保存"选项，或通过单击快速访问工具栏中的"保存"图标完成文件的保存；也可以通过在浮动命令窗口输入"SAVE"或"SAVEAS"，回车后按照提示完成文件的保存；还可以直接在键盘上按下 <Ctrl+s> 键后按照提示完成文件的保存。这些方式与其他 Windows 文件保存的操作方式相同，在此不再赘述。

十一、退出并关闭程序

文件保存后就可以退出并关闭 AutoCAD 2018 了。

可以通过应用程序菜单和菜单栏中的"文件"下拉菜单，选择"关闭"选项关闭程序。同样，也可以通过在浮动命令窗口输入"EXIT"或"QUIT"，回车后按照提示完成文件的保存。

要注意的是，在 AutoCAD 2018 的窗口右上角有两个"关闭"按钮，单击外侧"关闭"按钮，表示关闭 AutoCAD 2018 打开的所有文件并关闭软件；而单击内侧"关闭"按钮，则表示关闭当前窗口，但不退出 AutoCAD 2018 软件。

第二节　AutoCAD绘制平面图形

国家标准规定，在绘制工程图样时，需要用到不同类型的图线，如粗实线、细虚线、细点画线和细实线等。因此，在用 AutoCAD 绘制平面图形时，为便于对图形的编辑和修改，让图形中各种信息清晰有序，需要对绘制图形所需要的图线进行管理，这里就需要用到"图层"这个概念。所谓图层，可以理解为透明的玻璃片，不同类型的图线就绘制在不同的透明玻璃片上，再通过叠加的方式，将构成图形的各种图线在绘图区中全部显示出来，就构成了一个完整的图形。在图层设置完成以后，就可以利用"绘图"和"修改"等工具，开始平面图形的绘制。

Auto CAD 绘制平面图形一设置图层

一、设置图层

在"默认"功能区选项卡的"图层"面板中，单击"图层特性"图标，可弹出"图层特性管理器"对话框，就可以开始设置图层，如图 8-32 所示。

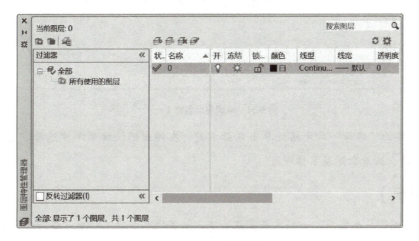

图8-32　图层特性管理器

1. 新建图层

在默认状态下，AutoCAD 会自动创建一个"0"图层。

根据绘图的基本需要，可以新建粗实线、细实线、细虚线和中心线四个图层。

新建图层的方法为：在"图层特性管理器"对话框中，单击"新建"按钮，将在图层显示区域中增加一新图层，默认的图层名为"图层1"。采用类似方法，依次再建图层2、图层3和图层4，如图 8-33 所示。

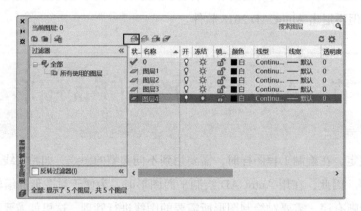

图8-33　新建图层

2. 设置图层名称

为便于在绘图中随时转换图层，建议对图层的名称进行设置，设置为具体的线型名为宜。

1）单击图层的"名称"单元格，此时该单元格处于可编辑状态，如图 8-34 所示。

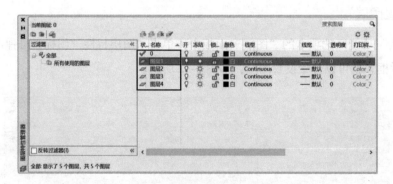

图8-34　编辑图层名称（一）

2）在图层的"名称"单元格处单击鼠标右键，在弹出的快捷菜单中选择"重命名图层"，如图 8-35 所示，输入新图层名称即可。

【友情提示】

为满足绘图的基本需求，一般需设置粗实线、细实线、细虚线和中心线四个图层。

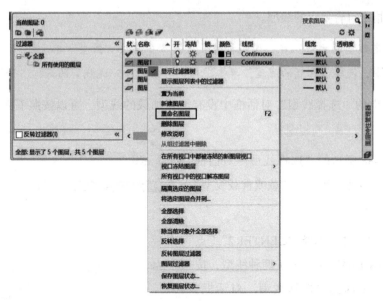

图8-35   编辑图层名称（二）

3. 设置图层颜色

为了能够清楚地区分不同的图形对象，用户可设置图层的颜色。颜色可以单独设置，也可以在"图层特性管理器"中统一设置。

统一设置图层颜色的方法：在"图层特性管理器"中单击"颜色"单元格（颜色色块），弹出"选择颜色"对话框，如图8-36所示；在"索引颜色"中选择一种颜色，单击"确定"按钮，即可完成图层颜色设置。

通常，将粗实线和细实线设置为"黑色/白色"，细虚线设置为"黄色"，中心线设置为红色，如图8-37所示。

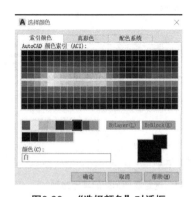

图8-36   "选择颜色"对话框

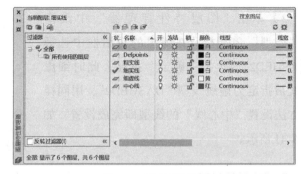

图8-37   设置图层颜色

4. 设置图层线型

AutoCAD在默认情况下，图层的线型是连续线型（Continuous）。因此，细虚线和中心线就需要加载并指定符合要求的线型。

加载并指定线型的方法：在"图层特性管理器"中单击"线型"单元格，在弹出的"选择线型"对话框中，选择已加载的线型，单击"确定"按钮即完成线型的选择，如图8-37所示。

如果在弹出的"选择线型"对话框中没有需要加载的线型，可以按照下面所述方法予以加载：

1）在图8-38所示的"选择线型"对话框中单击"加载"按钮，弹出"加载或重载线型"对话框，如图8-39所示。

2）按〈Ctrl〉键，选择"CENTER2"（点画线）和"DASHED2"（虚线）两种线型，按"确定"按钮，返回到"选择线型"对话框，结果如图8-40所示。

图8-38 "选择线型"对话框

图8-39 "加载或重载线型"对话框

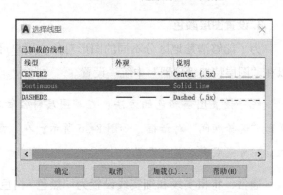

图8-40 加载其他线型后的"选择线型"对话框

此时该对话框中多了"CENTER2"和"DASHED2"两种线型。

3）单击"图层特性管理器"中细虚线"线型"单元格，在弹出的对话框中选择"DASHED2"，再按"确定"按钮，此时细虚线就被指定为虚线线型"DASHED2"。用同样的方法设置"中心线"的线型即完成设置，如图8-41所示。

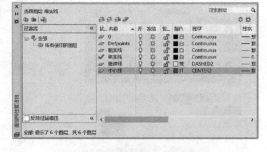

图8-41 选定需要加载的其他线型

5. 设置图层线宽

在工程图样中，国家标准规定了工程图样中有粗、细两种线宽，它们之间的宽度比例为2:1。按照国家标准的推荐，将粗线线宽设置为0.5mm，细线线宽设置为0.25mm。

设置线宽的方法：在"图层特性管理器"中单击"线宽"单元格，弹出"线宽"对话框，如图 8-42 所示；对应各种不同线型，按照要求在"线宽"列表中选择符合要求的线宽值，单击"确定"按钮即可完成该线型线宽的指定。重复上述过程，完成其余线型线宽的指定，结果如图 8-43 所示。

图8-42 "线宽"对话框　　　　　　　　　　图8-43 确定图层线型的线宽

在绘图时，用户需要使用某种线型，则应把该线型所在图层设为当前层，即用鼠标左键在"默认"功能选项卡下"图层"面板中的"图层"工具下拉菜单中选择所需图层，如图 8-44 所示，然后绘图。

图8-44 选择图层

选择图层时，一般情况下，在"特性"功能面板中均应采用"ByLayer"（随层）。

二、常用绘图工具

AutoCAD 绘制图形时需要用到各种"绘图"工具。

Auto CAD 绘制平面图形二常用绘图工具

在"默认"选项卡下的"绘图"面板中，默认显示有"直线""多段线""圆""圆弧"和"矩形""椭圆"及"图案填充"工具，在"绘图"的下拉菜单中还有一些其他工具，如图 8-45、图 8-46 所示。

图8-45 常用绘图工具

图8-46 被折叠的绘图工具

本章中，因篇幅关系，我们仅对最常用的绘图工具做介绍。同时还需要说明的是，调用AutoCAD各种命令的方法有多种，这里只是对各种命令常用的1~2种方法做讲解。此外，状态栏中的"极轴追踪"处于开启状态（一般设置为45°、90°），后面不再说明。

1. 直线

AutoCAD采用两点确定一条直线。单击"直线"工具按钮后，在浮动命令窗口会显示"LINE指定第一个点"，此时，在绘图区找到一个适当的点（如绘图区一个任意位置或图中已有对象的端点、交点、圆心、切点等）单击鼠标左键，则绘制的该直线的第一个端点已确定。此时，在浮动命令窗口会显示"LINE指定下一点或[放弃（U）]"，而在绘图区则显示为一端固定待确定的直线，如图8-47所示。

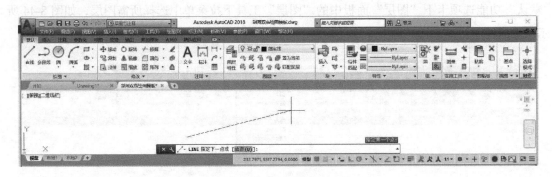

图8-47 绘制直线（一）

然后，在绘图区找到下一个适当的点，单击鼠标左键，这样就画出了一条直线，如图8-48所示。

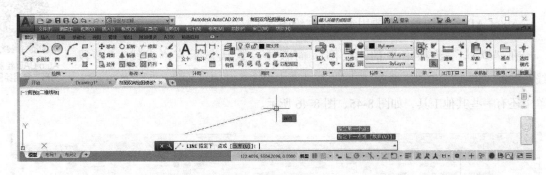

图8-48 绘制直线（二）

继续上述操作，可以继续绘制直线。

只有在按回车键（包括＜空格＞键）或者是＜ESC＞键及单击鼠标右键，在弹出的快捷菜单中选择"确认"后，方可结束"直线"的绘制命令。当在结束"直线"命令后又重新开始"直线"命令时，除可以继续单击"直线"工具外，也可以直接按回车键（包括＜空格＞键），重新进入"直线"命令。

2. 圆

AutoCAD绘制"圆"的方式有多种。单击功能区"圆"的下拉符号，可以展开下拉菜单，如图8-49所示。该菜单显示了所有绘制圆的方式。默认状态下，AutoCAD绘制圆采用"圆心，半径"方式。

图8-49　绘制圆的方法

单击"圆"工具按钮后，在浮动命令窗口会显示"CIRCLE 指定圆的圆心或 [三点（3P）/两点（2P）/切点、切点、半径（T）] ："，此时，可根据具体情况来绘制圆。

1）"圆心，半径（直径）"画圆。在绘图区适当位置拾取一点，单击鼠标左键即确定该圆的圆心，然后输入半径值或输入或选择字母"D"后回车再输入直径值，即可完成圆的绘制，如图8-50所示。

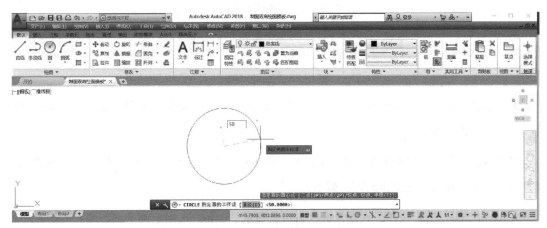

图8-50　指定半径或直径绘制圆

2）"三点"画圆。在浮动命令窗口输入或选择"3P"后回车，此时，在浮动命令窗口会提示"CIRCLE 指定圆上的第一个点"，应在绘图区适当位置拾取一点，单击鼠标左键即完成第一个点的确定。按照提示，重复这个过程即完成"三点绘圆"的命令，如图 8-51 所示。

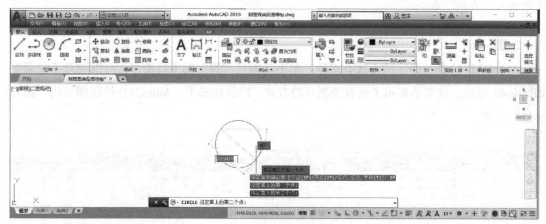

图8-51　三点法绘制圆

3）"两点"画圆。在浮动命令窗口输入或选择"2P"后回车，此时，在浮动命令窗口会提示"CIRCLE 指定圆直径第一个端点"，在绘图区适当位置拾取一点，单击鼠标左键即完成第一个端点的确定。按照提示，重复这个过程即完成"两点绘圆"的命令，如图 8-52 所示。

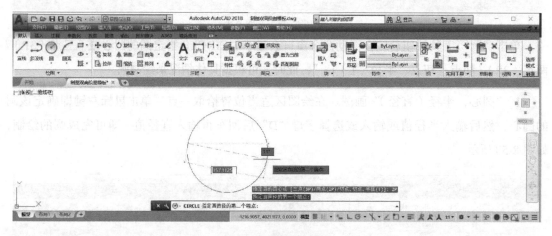

图8-52　两点法绘制圆

4）"切点、切点、半径"画圆。用"切点、切点、半径"画圆一般是绘制两已知线段之间连接圆弧最常见的方法。

如图 8-53 所示，已知两已知线段Ⅰ、Ⅱ，用半径为某一定值（本例为 R20mm）的圆弧与已知线段Ⅰ、Ⅱ相切，其操作的方法如下：

① 单击"圆"工具按钮，在浮动命令窗口会显示"CIRCLE 指定圆的圆心或 [三点（3P）/两点（2P）/ 切点、切点、半径（T）] :"，键入或选择"T"后回车。

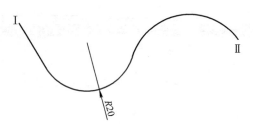

图8-53　圆弧连接两线段

② 此时浮动命令窗口会提示"CIRCLE 指定对象与圆的第一个切点",如图 8-54 所示。按照该提示,移动鼠标至已知线段Ⅰ上,当出现捕捉到"切点"的提示符号时单击鼠标左键,此时浮动命令窗口会提示"CIRCLE 指定对象与圆的第二个切点",按照该提示,移动鼠标至已知线段Ⅱ上,当出现捕捉到"切点"的提示符号时再次单击鼠标左键,此时浮动命令窗口会提示"CIRCLE 指定圆的半径",如图 8-55 所示。按照标注键入"20"后回车,在绘图区中会将半径为 20mm 且与线段Ⅰ、Ⅱ相切的圆绘制出来,如图 8-56 所示。再通过"修剪"的命令,将线段中多余的部分删除。

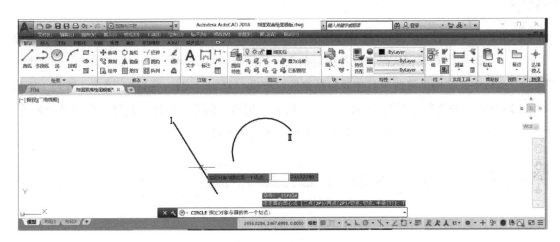

图8-54　用切点、切点、半径圆弧连接方法（一）

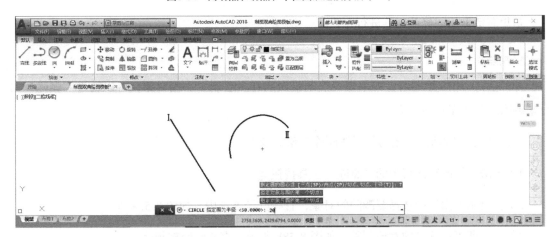

图8-55　用切点、切点、半径圆弧连接方法（二）

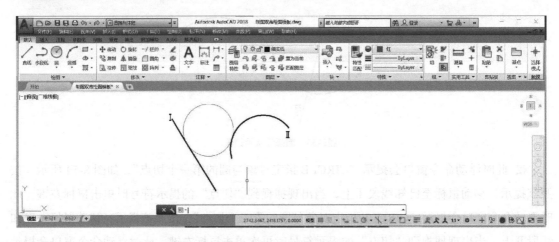

图8-56　用切点、切点、半径圆弧连接方法（三）

Auto CAD 绘制平面
图形三常用修改工具

必须说明的是，在绘制该相切圆的过程中，选取切点的顺序对结果无影响，但选取切点的位置对结果有影响。这个问题将在下节绘制平面图形实例中说明。

三、常用修改工具

在使用基本的绘图命令绘制二维图形后，通常需要利用修改命令来编辑或修改图形对象，从而完成各种复杂图形的绘制。AutoCAD 2018 在"默认"选项卡下"修改"面板中，常用的修改工具主要包括删除、移动、复制、旋转、缩放、镜像、阵列（矩形阵列、环形阵列和路径阵列）、修剪、延伸、圆角、倒角、断开、拉伸、偏移、合并及分解等，如图 8-57 所示。在"修改"的下拉菜单中还有一些其他工具。

图8-57　修改工具面板

这里对最常用的修改工具进行介绍。

1. 删除

AutoCAD 2018 绘图时，如果发现绘制错误或者多绘制了一些对象，可以通过"删除"命令来删除这些不需要的对象。

下面以图 8-58 所示对象为例说明删除对象的步骤。

1）单击"修改"面板中的"删除"工具按钮 。

2）在绘制的图形中选择要删除的对象，直线已经被选中，如图 8-58a 所示。

3）回车即可将选择的对象删除，如图 8-58b 所示，直线已经被删除。

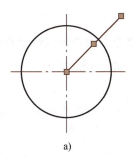
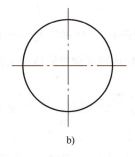

a)　　　　　　　　　　　　　　　　b)

图8-58　删除对象

需要注意的是，当某些对象被选中时，直接按 <Delete> 键，也可以删除被选中的对象。

在这里还需要说明的是：AutoCAD 的修改命令在调用时，发出命令和选择对象的顺序可以颠倒。如在使用"删除"命令删除对象时，可以先发出"删除"的命令（如单击"删除"工具按钮），然后再选择要删除的对象，回车即可完成对象的删除；也可以先选择要删除的对象并回车，再发出"删除"的命令（如单击"删除"工具按钮）来完成对象的删除。另外，在用修改命令时，都有一个选择对象的步骤，只有当所有应该选择的对象选择完成后方能回车；如果无回车，则选择对象的步骤将会持续下去，修改命令无法完成。

2. 偏移

"偏移"命令常用于已知一对象的位置去定位另一对象的位置，主要用来复制平行线或同心圆。

在绘制平面图形时，常使用"偏移"命令来搭"图架"（基准线）或者绘制定位线。

其操作方法常用两种：按照指定距离偏移和通过指定点偏移。

下面就按照指定距离偏移的方式给大家介绍"偏移"命令。

如图 8-59 所示，绘制与已知直线 I 距离为 50mm 的直线 II 。

1）单击"修改"面板中的"偏移"工具按钮 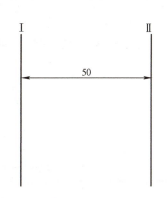。

2）在浮动命令窗口键入偏移的距离"50"后回车。

图8-59　用"偏移"命令绘制两平行线

3）在绘制的图形中选择要偏移的对象 I 。

4）移动鼠标至需要偏移的一侧（本例为右侧），单击鼠标左键即完成选中对象的偏移，完成直线 II 的绘制。

3. 镜像

在绘制对称图形时，"镜像"是一个非常有用的命令。用户可以绘出对称图形的二分之一甚至四分之一后，使用镜像命令完成整个图形的绘制，如图 8-60 所示。

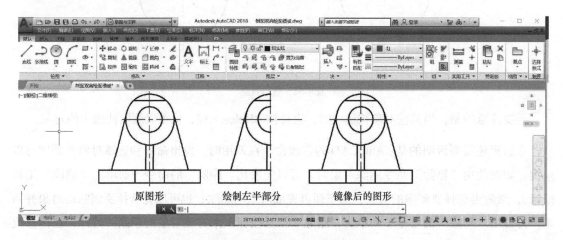

原图形　　　绘制左半部分　　　镜像后的图形

图8-60　"镜像"命令的操作结果

下面介绍"镜像"命令的操作方式。

1）先绘制图 8-60 所示对称图形的左半部分，然后单击"修改"面板中的"镜像"工具按钮 镜像。

2）按照浮动命令窗口的提示"MIRROR 选择对象"，选择已经绘制的左半部分后回车，如图 8-61 所示。

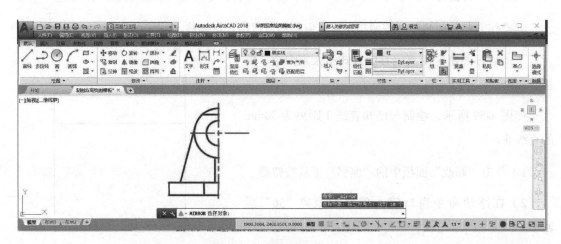

图8-61　选择需要镜像的对象

3）按照浮动命令窗口的提示"MIRROR 指定镜像线的第一点"，选择图形左右对称线上任意一点，回车，如图 8-62 所示。这里所说的"镜像线"即平面图形的对称中心线。本例图形左右对称，故在指定镜像线的第一点时，选择图形左右对称线上的任意一点，此时选择的是其上端点。

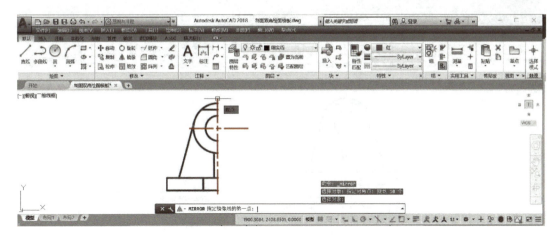

图8-62　指定镜像线的第一点

4）按照浮动命令窗口的提示"MIRROR 指定镜像线的第二点"，仍然选择图形左右对称线上另外的任意一点，此时选择的是图形左右对称线的下端点，回车，如图 8-63 所示。

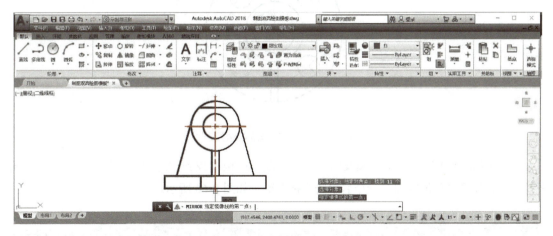

图8-63　指定镜像线的第二点

5）浮动命令窗口出现提示"MIRROR 要删除源对象码？ [是（Y）否（N）]<否>"，如果要删除原已经绘制的图形，仅保留镜像后的一半，则需要在浮动命令窗口键入或选择字母"Y"；如果要保留原已经绘制的图形，则需要在浮动命令窗口键入或选择字母"N"。系统默认是"N"，所以直接回车便可得到一个完整的对称图形，如图 8-64 所示。

4. 阵列

当物体上有均匀分布的孔和肋板时，使用"阵列"命令非常重要。在 AutoCAD 2018 中，阵列工具分为 3 种，即矩形阵列、环形阵列和路径阵列。这里给大家介绍最常用的"环形阵列"命令的使用方法。

如图 8-65 所示，该图形圆周上均匀分布 4 个圆和肋，可以采用"环形阵列"的方式完成其绘制，步骤如下：

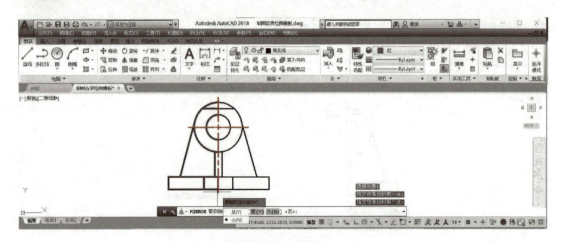

图8-64　镜像后图形

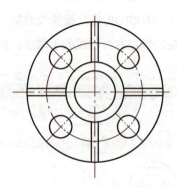

图8-65　圆周均布结构

1）先绘制主体轮廓和1个圆及肋。在"修改"面板中找到"阵列"工具 ⊞ 阵列 ▾，打开下拉菜单，找到"环形阵列"命令后单击鼠标左键，如图8-66所示。

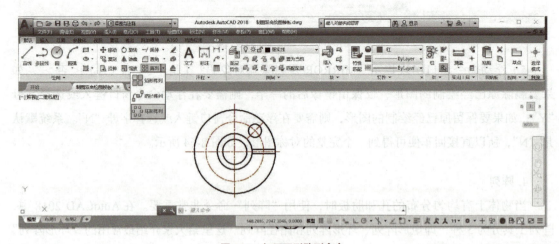

图8-66　打开环形阵列命令

2）此时浮动命令窗口提示"ARRAYPOLAR 选择对象："。选中均布小圆及其中心线和肋板的2条边，回车，如图8-67所示。

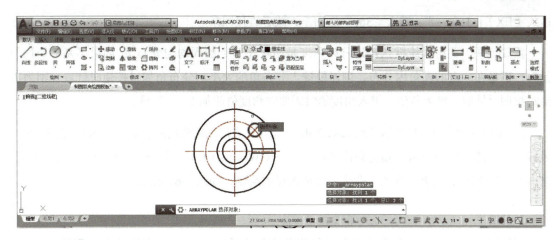

图8-67 选择环形阵列对象

3）此时浮动命令窗口提示"ARRAYPOLAR 指定阵列的中心点或 [基点（B）] 旋转轴 [A] :"。指定对称中心线交点（均布小圆及其中心线和肋板的旋转中心），回车，此时在默认状态下显示为 6 个环形阵列对象，如图 8-68 所示。

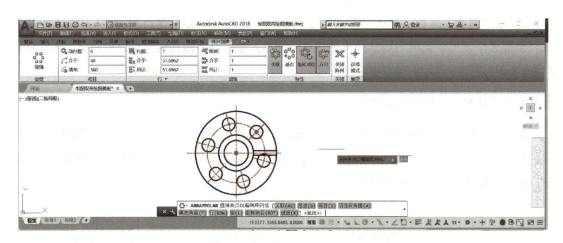

图8-68 指定环形阵列中心

4）此时浮动命令窗口提示"ARRAYPOLAR 选择夹点以编辑阵列或 [关联（AS）/ 基点（B）/ 项目（I）/ 项目间角度（A）/ 填充角度（F）/ 行（ROW）/ 层（L）/ 旋转项目（ROT）/ 退出（X）]< 退出 > :"。键入字母"I"，回车。

5）此时浮动命令窗口提示"ARRAYPOLAR 输入阵列中的项目数或 [表达式（E）]<6>:"。键入数字"4"（沿圆周分布数），回车。

6）此时浮动命令窗口提示"ARRAYPOLAR 选择夹点以编辑阵列或 [关联（AS）/ 基点（B）/ 项目（I）/ 项目间角度（A）/ 填充角度（F）/ 行（ROW）/ 层（L）/ 旋转项目（ROT）/ 退出（X）]< 退出 > :"。键入字母"F"，回车。

7）此时浮动命令窗口提示"ARRAYPOLAR 指定填充角度（+= 逆时针、–= 顺时针）或 [表达式（EX）]<360>："。键入"360"后回车，或者直接回车。

需要说明，此时系统默认环形阵列角度是360°（整个圆周均匀分布）；如果不是整周均匀分布，而是在一定的夹角内分布，则需要键入分布角的大小。分布角如果按逆时针取，则为正值；按顺时针取，则为负值，键入角度值时需要在角度值前加上"-"号。

8）此时浮动命令窗口提示"ARRAYPOLAR 选择夹点以编辑阵列或 [关联（AS）/ 基点（B）/项目（I）/ 项目间角度（A）/ 填充角度（F）/ 行（ROW）/ 层（L）/ 旋转项目（ROT）/ 退出（X）]<退出 >："。回车，结束"阵列"命令，完成图形的绘制，如图 8-65 所示。

5. 修剪

"修剪"命令是以选定或系统自定的修剪边界去除部分对象，而不能完全删除该对象，图形中的所有对象都可以选定为修剪边界。"修剪"命令是图形编辑中使用频率最高的命令之一。

下面以图 8-69 所示对象为例说明"修剪"操作的一般步骤。

1）在"修改"面板中单击"修剪"工具按钮，此时浮动命令窗口提示"TRIM 选择对象或 < 全部选择 >："。此时可以选择修剪边界后回车，也可以不做任何选择直接回车，选择全部对象。

一般直接回车，全部选择即可。

2）直接单击需要删除的部位，或者框选需要删除的多个部位，此时被选中的删除部位的颜色会变淡，如图 8-69 所示，原始图形上端 U 形槽中间圆弧多余，通过框选两段圆弧后单击鼠标左键，即完成该多余部分的删除。

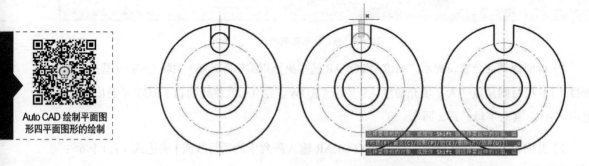

图8-69　修剪工具的使用

完成后的图形如图 8-69 所示。

四、平面图形的绘制

按 1:1 的比例绘制图 8-70 所示手柄。

画图步骤：

1）尺寸分析和线段分析。分清定形尺寸和定位尺寸，判断已知线段、中间线段和连接线段。

分析图 8-70 可知：图形中心线为该图形在宽度方向的基准线，尺寸"75"左端直线（手柄 R15mm 圆弧左端面）为长度方向的基准。

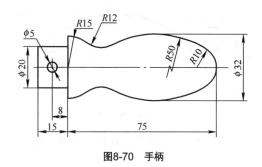

图8-70　手柄

R50mm、R12mm 圆弧为连接线段，且在 R50mm 圆弧绘制完成后方能绘制 R12mm 圆弧；其余线段均为已知线段。

2）根据图形图线的组成，可设置三个图层，即粗实线、细点画线和细实线图层。

3）绘制水平和竖直方向的作图基准线，如图 8-71 所示。

4）使用"偏移"命令，将长度基准线分别向右偏移 75mm，向左偏移 8mm、15mm，宽度基准线向上偏移 16mm，如图 8-72 所示。（因该图形上下对称，故可只绘制一半。）

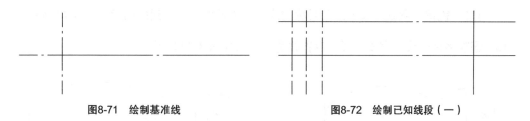

图8-71　绘制基准线　　　　　　　　　图8-72　绘制已知线段（一）

5）分别用"直线"命令、"圆"命令画出 ϕ20mm、ϕ5mm 和 R15mm、R10mm 等已知线段，如图 8-73 所示。

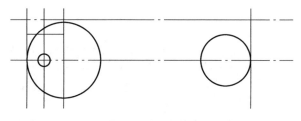

图8-73　绘制已知线段（二）

6）通过"圆"命令，使用"切点、切点、半径"的方法绘制 R50mm 的圆弧，如图 8-74 所示。提醒读者注意的是，在偏移 16mm 的直线和 R10mm 圆弧上选取切点时，选取的位置如不恰当，会出现其他的解，如图 8-75 所示。如遇到该情况，只需按"切点、切点、半径"的方式重做，在选取切点时，选取的位置尽量靠近正解的位置即可。

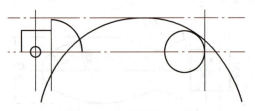

图8-74　绘制连接线段（一）

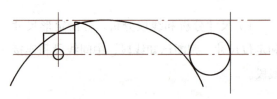

图8-75　圆弧连接的其他解

7）通过"圆"命令，使用"切点、切点、半径"的方法绘制 R12mm 的圆弧，如图 8-76 所示。

8）使用"修剪"命令对已绘图形进行修剪、编辑，完成后的图形如图 8-77 所示。

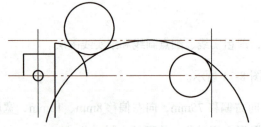

图8-76　绘制连接线段（二）

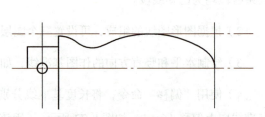

图8-77　修剪、编辑后的图形

9）通过"镜像"命令，选中需要对称的线段做镜像处理，得到的图形如图 8-78 所示。

10）删除多余图线，完成图形，设置线宽，结果如图 8-79 所示。

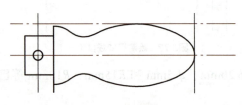

图8-78　镜像图形

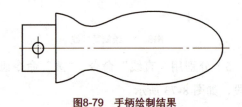

图8-79　手柄绘制结果

第三节　AutoCAD绘制三视图

Auto CAD
绘制三视图

下面以图 8-80 所示组合体为例来讲解 AutoCAD 绘制物体三视图的方法。

用 AutoCAD 绘制物体三视图时，除绘图的工具不一样之外，方法与步骤和尺规绘制物体三视图的方法一样，即应按照以下步骤进行。

一、形体分析

经过对图 8-80 所示的组合体进行分析，可以看出，该组合体是一个长方体的横板和一个长

方体的竖板沿横板的上表面贴合而成（当然也可以认为是横板沿竖板的前表面贴合而成），两长
方体的长度相等，后端平齐。从 A 向观察，横板的左右两边
沿长度方向对称并开有 $\phi 8mm$ 的通孔，竖板上部中间处开有
$R10mm$ 的半圆槽；横板与竖板组合后的形体左右对称，上下
与前后不对称。

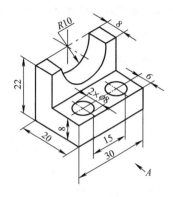

图8-80 组合体

二、选择主视图的投射方向

根据绘制三视图时主视图投射方向的选择原则，选择
图 8-80 中 A 向作为主视图的投射方向。

三、AutoCAD绘制组合体的三视图

1. 绘制三视图的基准线

绘制组合体三视图是按照一定的方法和步骤来完成的。绘制三视图时，应先绘制组合体在
三视图中的作图基准线，以搭好"图架"。

建议在绘制"图架"时，采用"构造线（XLINE）"绘图工具，这样可以很方便地实现
"长对正，高平齐，宽相等"，提高绘图的效率。

使用"构造线（XLINE）"绘图工具绘图的方
法和步骤如下：

1）单击"绘图"功能面板中的下拉符号，显
示全部绘图工具按钮，如图 8-81 所示。

2）在打开的全部绘图工具中找到"构造
线（XLINE）"工具并单击，在浮动命令窗口会显示
"XLINE 指定点或 [水平（H）/ 垂直（V）/ 角度（A）/
二等分（B）/ 偏移（O）]："。在绘图窗口中拾取一
个适当的点，此时在浮动命令窗口会显示"XLINE
指定通过点："，若选取水平方向或竖直方向单击鼠
标左键，则可以绘制水平或竖直方向的构造线，很
方便在投影作图时实现对正，如图 8-82 所示。

根据前面的形体分析，选择该组合体的左右对
称平面、后面和底面分别作为绘制三视图时长度、
宽度和高度方向的基准，在绘图区适当位置处绘制
完成三个基准的投影，作为三视图的"图架"，如
图 8-83 所示。

图8-81 "构造线（XLINE）"工具按钮

图8-82 绘制构造线

为保证俯视图与左视图"宽相等"，需要通过绘制一条辅助线，方法为：找到俯视图的宽度基准与左视图宽度基准两条构造线的交点，再由"构造线（XLINE）"命令通过拾取该交点作出一条与水平方向成45°夹角的构造线。为方便绘制45°斜线，可以打开状态栏中的"极轴追踪"按钮 ⊙，并将其追踪夹角选定为"45,90,135,180……"。绘制好的构造线如图8-84所示。

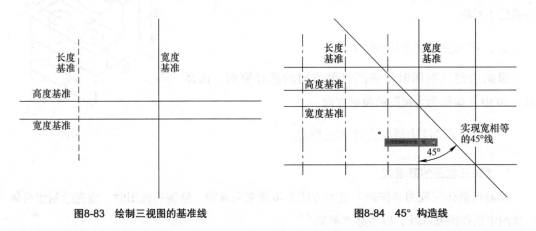

图8-83 绘制三视图的基准线　　　　　　　　　图8-84 45°构造线

2. 绘制三视图

用AutoCAD绘制三视图时，也可以按照"先整体，后局部；先主要，后次要"的绘图顺序进行绘制。

1）绘制横板三视图（未开孔）。根据横板尺寸为30mm×20mm×8mm，采用"偏移"命令分别将长度基准线向左、右分别偏移15mm，宽度基准线向前偏移20mm，高度基准线向上偏移8mm，如图8-85a所示。

一般情况下，实现俯视图与左视图"宽相等"的做法为：俯视图的宽度向前偏移20mm以后，其偏移的构造线与45°斜线相交于一点，再单击"构造线（XLINE）"命令，通过拾取该交点，在浮动命令窗口提示显示"XLINE指定通过点："时，选取竖直方向恰当位置（同样是通过开启"极轴追踪"来实现）单击鼠标左键，绘制完成左视图竖直方向宽相等的投影连线。

同样，通过左视图相应图线与45°斜线相交于一点与俯视图实现宽相等的方法类似，此处不再赘述。

将图层转换至"粗实线"图层，绘制完成横板轮廓，保留45°斜线，删除多余的投影连线（构造线），如图8-85b所示。

2）绘制竖板三视图（未开槽）。根据竖板尺寸为30mm×8mm×14mm，采用"偏移"命令分别从横板上端面向上偏移14mm，横板后端面向前偏移8mm，再根据其长度为30mm，完成竖板三视图，如图8-86所示。

3）绘制竖板半圆槽。在主视图中找到半圆槽的圆心，绘制半圆槽，再按照投影关系绘制其在另外两个视图中的投影，如图 8-87 所示。

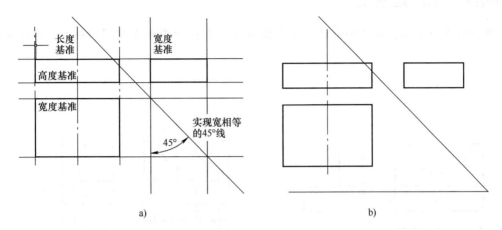

图8-85　完成横板三视图

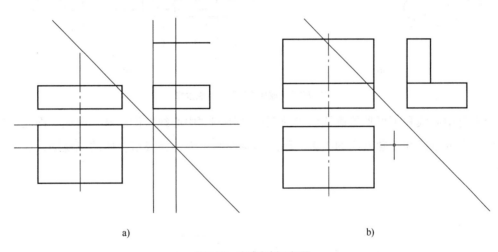

a)　　　　　　　　　　　　　　　b)

图8-86　完成竖板三视图

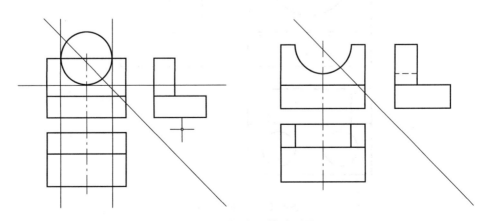

图8-87　完成竖板开槽后三视图

4）绘制横板上的两圆孔。在俯视图中通过"偏移"命令，分别将左右对称中心线向左、向右偏移 7.5mm，前端线向后偏移 6mm，即可得到 $2 \times \phi 8$mm 的圆心，绘制其中心线，完成两圆的俯视图投影，如图 8-88a 所示。

再根据投影关系，用"构造线"命令绘制两圆在主视图和左视图的投影，如图 8-88b 所示。

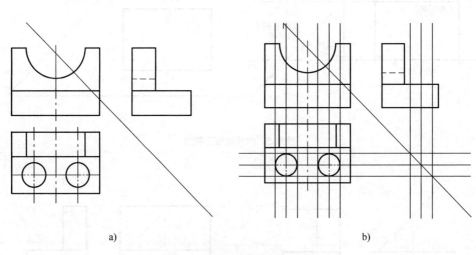

图8-88 完成横板开孔三视图投影

分别将中心线和不可见轮廓线由当前图层转换到"中心线"图层和"虚线"图层，绘制完成两圆孔的轴线和轮廓素线的投影。删除多余图线，整理完成组合体的三视图，如图 8-89 所示。

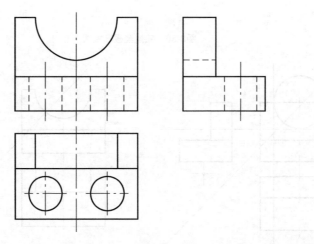

图8-89 组合体三视图

第四节 工程制图的准备工作与相关设置

在我国的《技术制图》和《机械制图》国家标准中，对工程图样的绘制除有线型的要求外，图中的文字和标注也有要求。因此，在绘制工程图样之前，就应对图样中的文字及标注样式进行定义。因篇幅原因，本节不对所涉及的设置举例详细说明，如需全面了解该部分的内容，请参照有关 AutoCAD 2018 绘制工程图样的书籍。

工程制图的准备
工作与相关设置

一、设置文字样式

国家标准规定，图样中的汉字应写成长仿宋体字，并应采用中华人民共和国国务院正式推行的《汉字简化方案》中规定的简化字。汉字的高度 h 不应小于 3.5mm，其字宽为 $h/\sqrt{2}$。根据该要求，在 AutoCAD 中进行如下设置。

1. 设置汉字样式

1）单击菜单栏中的"格式"，选择"文字样式"，如图 8-90a 所示，也可以单击"注释"面板的下拉符号，显示全部样式管理菜单中的"文字样式"选项，如图 8-90b 所示。

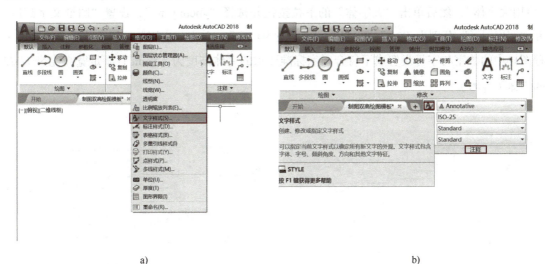

a)   b)

图8-90 设置"文字样式"的途径

2）单击"文字样式"命令后，弹出"文字样式"对话框，如图 8-91 所示。

在该对话框中，单击"新建"按钮，在弹出的对话框中将"样式名 1"修改为"汉字"，如图 8-92 所示，单击"确定"按钮，关闭对话框。

3）在"文字样式"对话框中，单击"字体名"的下拉按钮并选择"仿宋"，设置"图纸文字高度"和"宽度因子"分别为"3.5"和"0.7"，如图 8-93 所示。

图8-91　"文字样式"对话框　　　　　　　　图8-92　新建文字样式（一）

4）单击"应用"及"关闭"按钮，就将要绘制的工程图样中的文字设置成了符合国家标准要求的字体高度为3.5mm且满足宽高比为 $1/\sqrt{2}$ 的"仿宋体"（直体）。

2. 设置数字和字母样式

1）单击"文字样式"命令，打开"文字样式"对话框。

2）在对话框中单击"新建"按钮，弹出"新建文字样式"对话框，将"样式名1"修改为"数字和字母"，单击"确定"按钮。

3）在"文字样式"对话框中，单击"SHX字体"的下拉按钮并选择"isocp.shx"，勾选"使用大字体"，然后单击"大字体"的下拉按钮并选择"gbcbig.shx"；设置"图纸文字高度"和"宽度因子"分别为"3.5"和"0.7"，如图8-94所示，单击"应用"按钮，就将要绘制的工程图样中的数字与字母设置成了符合国家标准要求的字体高度为3.5mm且满足宽高比为 $1/\sqrt{2}$ 的字体（直体）。

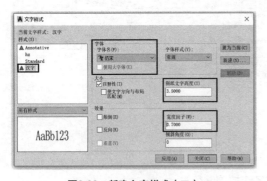

图8-93　新建文字样式（二）　　　　　　　图8-94　设置数字和字母样式

二、设置尺寸标注样式

AutoCAD中默认的标注样式与我国的国家标准中的规定存在着差异，因此，在工程图样标注中，需要设置符合我国国家标准的标注样式。

1）单击菜单栏中的"格式"，选择"标注样式"，如图8-95a所示。也可以单击"注释"面板的下拉符号，显示全部样式管理菜单中的"标注样式"选项，如图 8-95b 所示。

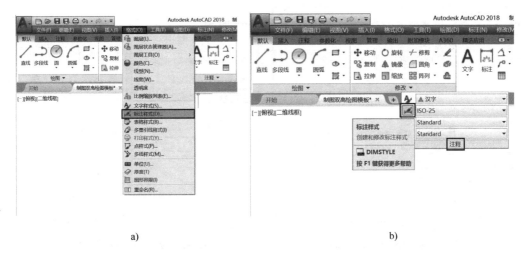

a)   b)

图8-95 设置"标注样式"的途径

2）单击"标注样式"命令后，在弹出的对话框中单击"新建"按钮，弹出"创建新标注样式"对话框，如图 8-96 所示。将"新样式名"修改为"标注"，"基础样式"选择为"ISO-25"，如图 8-97 所示，单击"继续"按钮。

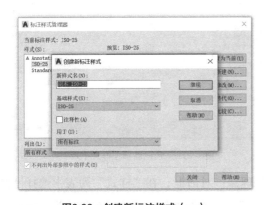

图8-96 创建新标注样式（一）

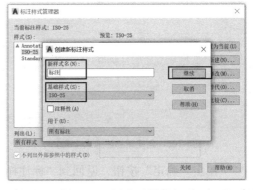

图8-97 创建新标注样式（二）

3）在弹出的"修改标注样式：标注"对话框中，单击"线"选项卡，对尺寸线和尺寸界线进行设置，其余采用默认设置，设置结果如图 8-98 所示。

4）单击"符号和箭头"选项卡，对"箭头"选项组中的"箭头大小"和"圆心标记"进行设置，其余采用默认设置，设置结果如图 8-99 所示。

5）单击"文字"选项卡，从"文字样式"下拉列表中选择"数字和字母"（在前面已经设置），将"从尺寸线偏移"设为"0.875"，在"文字对齐"中选择"与尺寸线对齐"，设置结果如图 8-100 所示。

6）单击"主单位"选项卡，从"小数分隔符"下拉列表中选择"'.'（句点）"，如图 8-101 所示。

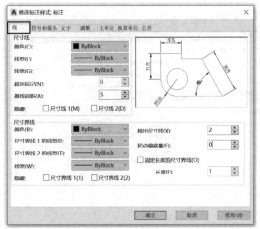

图8-98　创建新标注样式（三）

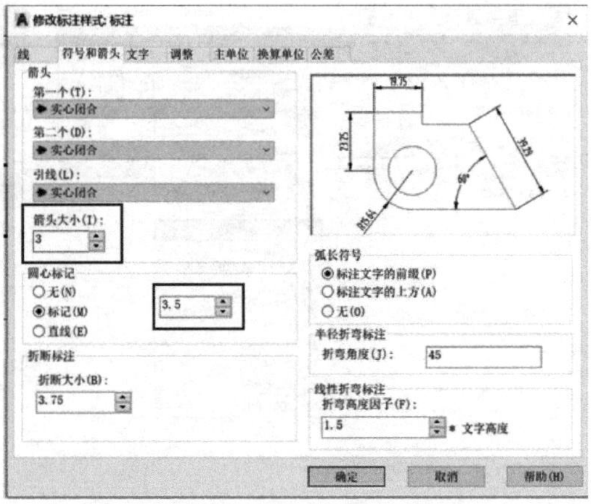

图8-99　创建新标注样式（四）

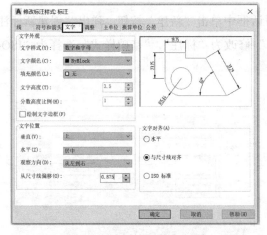

图8-100　创建新标注样式（五）

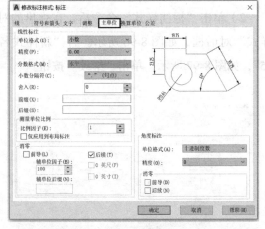

图8-101　创建新标注样式（六）

7）单击"确定"按钮，返回到"标注样式管理器"对话框；在"样式"列表中选择已经设置完毕的标注样式，再在该对话框的右侧单击"置为当前"按钮，标注时该设置为当前标注样式。

注意！我们需要按照国家标准中关于角度标注的规定设置标注样式。继续新建和设置角度标注样式，设置的结果如图 8-102 所示。

三、绘制A3图幅的图框和标题栏

在"CAD 技能一级（计算机绘图）考试试题——工业产品类"中，有 A3 图幅的图框和标题栏的绘制，标题栏的尺寸如图 8-103 所示。下面，我们就按照这个要求来绘制 A3 图幅的图框和标题栏。

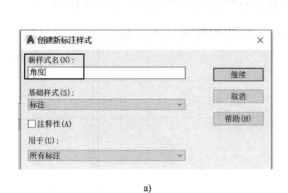

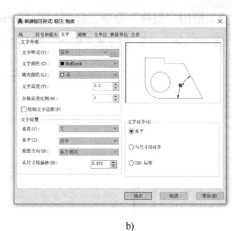

a)   b)

图8-102　基于标注样式新建"角度"标注样式

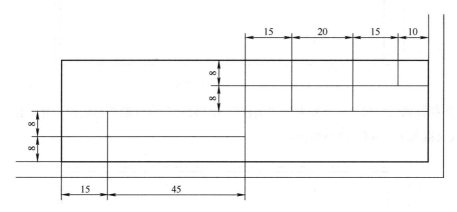

图8-103　A3图幅标题栏

1）将图层置于"细实线"图层，通过"直线"命令，绘制 420mm×297mm 的 A3 图幅的外边框，如图 8-104 所示。

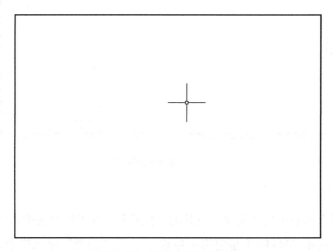

图8-104　绘制A3图幅外边框

2）使用"偏移"命令，分别偏移25mm、5mm、5mm、5mm，绘制A3图幅的内边框，再用"修剪"命令将多余的图线删除，然后将内边框的图线转换成粗实线，如图8-105所示。

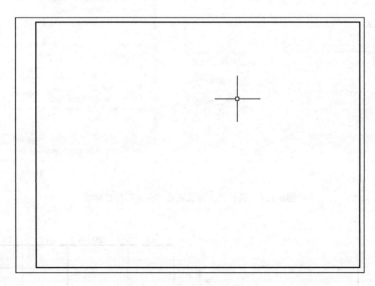

图8-105　绘制A3图幅内边框

3）按照标题栏的尺寸，分别采用"偏移"和"修剪"命令绘制标题栏，并将标题栏的外边框转换成粗实线，如图8-106所示。

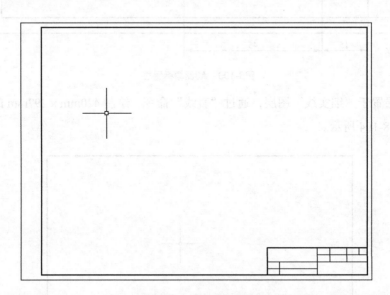

图8-106　绘制A3图幅标题栏

4）填写标题栏。

① 单击"注释"面板上的"文字"工具的下拉符号，从下拉列表中选择"多行文字"，此时浮动命令窗口会提示"MTEXT 指定第一角点："。在"制图"单元格中选择左上角点，如图 8-107 所示。

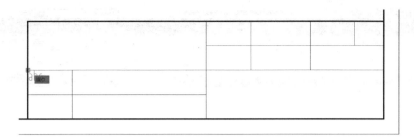

图8-107 填写标题栏（一）

② 此时浮动命令窗口会提示"MTEXT 指定对角点或 [高度（H）/ 对正（J）/ 行距（L）/ 旋转（R）/ 样式（S）/ 宽度（W）/ 栏（C）] ："。选择"对正（J）"，如图 8-108 所示。

图8-108 填写标题栏（二）

③ 此时浮动命令窗口会提示"MTEXT 输入对正方式 [左上（TL）/ 中上（TC）/ 右上（TR）/ 左中（ML）/ 正中（MC）/ 右中（MR）/ 左下（BL）/ 中下（BC）/ 右下（BR）]< 左上（TL）>："。选择"正中（MC）"，如图 8-109 所示。在"制图"单元格中选择右下角点。

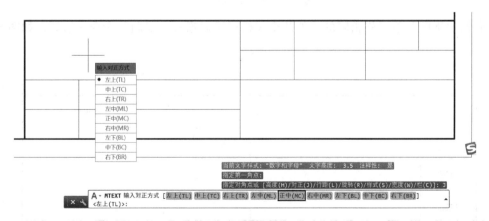

图8-109 填写标题栏（三）

④ 选中右下角点后，将弹出输入文字的窗口，在"文字样式"窗口中选择"汉字"样式，在输入窗口中输入"制图"。选中"制图"两字，将文字大小改为"5"并回车，如图 8-110、图 8-111 所示。

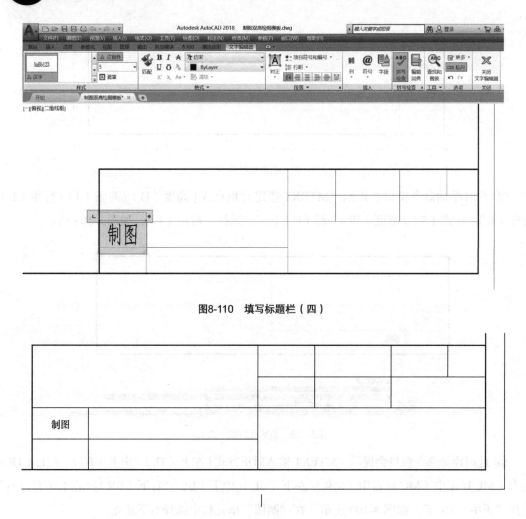

图8-110　填写标题栏（四）

图8-111　填写标题栏（五）

⑤ 与"制图"单元格相同的其他几个表格栏可以通过"复制"命令先填写，如图 8-112 所示。

图8-112　填写标题栏（六）

再对其他几个表格栏中的文字进行编辑，改成相应的名称，如图 8-113 所示。

图8-113 填写标题栏（七）

⑥ 其余表格栏的填写方式类似，不再赘述，结果示例如图 8-114 所示。

图8-114 填写标题栏（八）

▼

第五节 AutoCAD绘制零件图

一张完整的零件图包括四个方面的内容，即：

1）一组图形。用必要的基本视图、剖视图、断面图及其他表达方法和规定画法等，完整、正确、清晰地表达零件的内外形状和结构。

2）尺寸标注。完整、正确、清晰、合理地标注零件所必需的全部尺寸。

3）技术要求。用规定的符号或文字说明零件在制造、检验时应满足或达到的要求。

4）标题栏。填写绘制图样的相关信息及相关人员的签名等。

下面，以如图 8-115 所示"CAD 技能一级（计算机绘图）考试试题——工业产品类"的考题——底座零件图为例，介绍 AutoCAD 绘制零件图的方法和步骤。

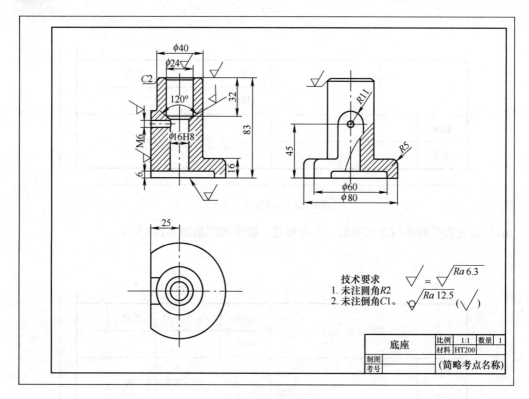

图8-115　底座零件图

一、绘制底座零件视图

1. 形体分析

Auto CAD 绘制
零件图（一）

通过读图分析，可以认为该零件由三个部分组成：带凹槽的不完整圆柱形底板、与底板沿轴线对正且在底板上表面贴合的圆筒，以及沿圆筒左侧与之相交的圆顶凸台，该凸台也与底板上表面贴合，其上有一与圆筒贯通的螺纹孔。构成的形体仅前后对称。

2. 绘制底座零件的三视图

1）由上面分析不难得出，底座零件的三个绘图基准分别是：圆筒和圆柱形底板的轴线为长度基准，形体前后对称平面为宽度基准，底面为高度基准。按照绘制三视图的方法，在绘图区域恰当位置分别作出长、宽、高三个基准，如图 8-116 所示。

图8-116　绘制零件图基准

2）分别绘制完成底板、圆筒和凸台（包括底板的切割）外部轮廓的三视图，如图 8-117、图 8-118、图 8-119 所示。

3）分别完成零件的内部结构的三视图，如图 8-120、图 8-121、图 8-122 所示。

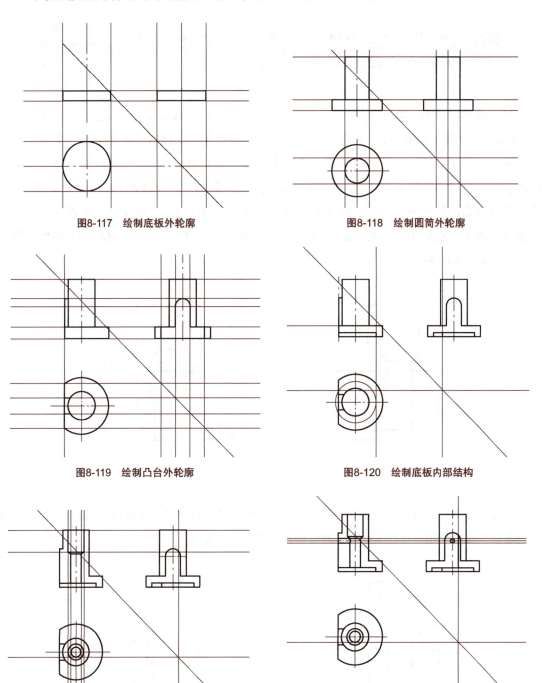

图8-117 绘制底板外轮廓

图8-118 绘制圆筒外轮廓

图8-119 绘制凸台外轮廓

图8-120 绘制底板内部结构

图8-121 绘制圆筒内部结构

图8-122 绘制凸台内部结构

4）绘制倒角和圆角。

① 绘制 C2 倒角。单击"默认"选项卡"修改"面板中的"倒角"按钮 倒角，此时在浮动命令窗口会显示"CHAMFER 选择第一条直线或 [放弃（U）/ 多段线（P）/ 距离（D）/ 角度

（A）/修剪（T）/方式（E）/多个（M）]:"，如图 8-123 所示。

图8-123　倒角命令

键入或选择字母"D"，回车，浮动命令窗口会显示"CHAMFER 指定第一个倒角距离 <0.0000>:"。键入数值"2"，回车，浮动命令窗口会显示"CHAMFER 指定第二个倒角距离 <2.0000>:"。直接回车（默认是数值"2"），浮动命令窗口会显示"CHAMFER 选择第一条直线或 [放弃（U）/多段线（P）/距离（D）/角度（A）/修剪（T）/方式（E）/多个（M）]:"。选择需要倒角的第一条直线后，浮动命令窗口会显示"CHAMFER 选择第二条直线，或按住 Shift 键选择直线以应用角点或（距离（D）/角度（A）/方法（M）]:"。选择需要倒角的第二条直线，结果如图 8-124 所示。

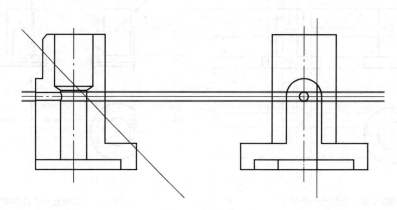

图8-124　绘制 C2 倒角

重复回车并按上述方法绘制，直至全部 C2 倒角完成，如图 8-125 所示。（如需绘制倒角圆的外轮廓，需要使用"直线"命令，通过绘制直线的方式完成。）

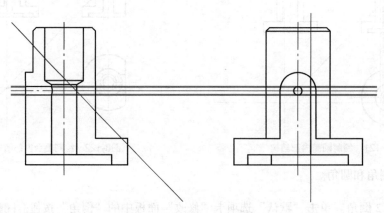

图8-125　绘制完成全部 C2 倒角

② 绘制 R5 圆角。单击"默认"选项卡"修改"面板中的"圆角"按钮 圆角（通过单击"倒角"按钮旁边的下拉三角形符号即可展开"圆角"工具，单击"圆角"按钮即选中），此时在浮动命令窗口会显示"FILLET 选择第一个对象或 [放弃（U）/ 多段线（P）/ 半径（R）/ 修剪（T）/ 多个（M）]："，如图 8-126 所示。

图8-126　圆角命令

键入或选择字母"R"，回车，浮动命令窗口会显示"指定圆角半径 <0.0000>："。键入数值"5"，回车，浮动命令窗口会显示"FILLET 选择第一个对象或 [放弃（U）/ 多段线（P）/ 半径（R）/ 修剪（T）/ 多个（M）]："。选择需要倒圆角的第一个对象后，浮动命令窗口会显示"FILLET 选择第二个对象，或按住 Shift 键选择对象以应用角点或 [半径（R）]："。选择需要倒圆角的第二个对象，其结果如图 8-127 所示。

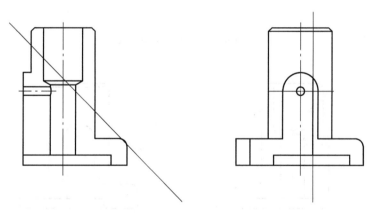

图8-127　绘制 R5 圆角

重复回车并按上述方法绘制，直至全部 R5 圆角完成，如图 8-128 所示。

按照相同的方法完成 R2 圆角的绘制，如图 8-129 所示。

5）绘制剖视图。

① 绘制局部剖视图的剖切范围。制图标准规定，绘制局部剖视图时一般用波浪线将剖切的区域与未剖切区域分界。在 AutoCAD 中，可使用"样条曲线"命令来绘制波浪线，其具体的操作方法如下。

将图层转换至"细实线"图层，单击"默认"选项卡"绘图"面板中的下拉符号，完全打开"绘图"面板，找到"样条曲线"按钮 并单击，此时在浮动命令窗口会显示"SPLINE 指定第一个点或 [方式（M）/ 节点（K）/ 对象（O）]："。在需要绘制波浪线的地方拾取一点，浮动命令窗口会显示"SPLINE 输入下一个点或 [起点切向（T）/ 公差（L）]："。再次在需要绘制波浪线的地方拾取一点，浮动命令窗口会显示"SPLINE 输入下一个点或 [端点相切（T）/ 公差（L）/ 放弃（U）]："。再次在需要绘制波浪线的地方拾取一点，浮动命令窗口会显示"SPLINE 输入下一个点或 [端点相切（T）/ 公差（L）/ 放弃（U）/ 闭合（C）]："。直接回车即完成波浪线绘制，如图 8-130 所示。（如不回车，在浮动命令窗口始终会弹出选择的命令行。）

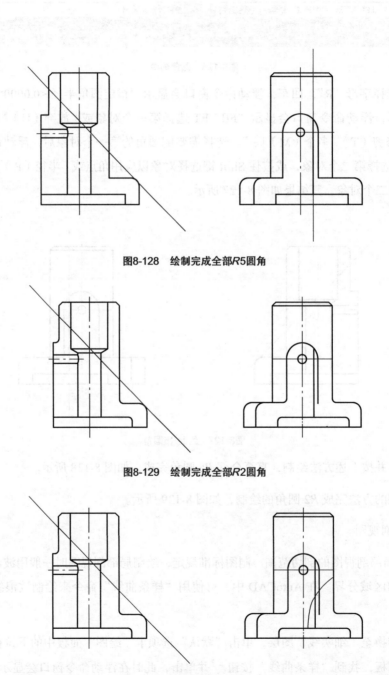

图8-128　绘制完成全部R5圆角

图8-129　绘制完成全部R2圆角

图8-130　绘制波浪线

修剪图形，完成局部剖视图的剖切区域的绘制，如图 8-131 所示。

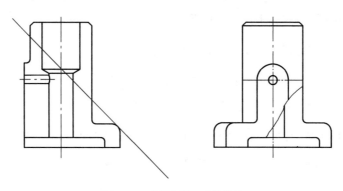

图8-131　完成剖切区域的绘制

【友情提示】

如果选中已绘制的"样条曲线"，对其"夹点"进行"拖曳"，可以改变"样条曲线"的形状。

② 填充"剖面符号"。国家标准规定，在剖视图中，剖切到的实体部分应绘制剖面符号。在不专门指代绘制的材料时，可以绘制通用的剖面符号，即通常所说的相互平行、间隔均匀的 45° 细实线。AutoCAD 中通过用"图案填充"命令来绘制剖面符号，其具体的操作方法如下。

将图层转换至"细实线"图层，单击"默认"选项卡"绘图"面板中的"图案填充"按钮，此时在浮动命令窗口会显示"HATCH 拾取内部点或 [选择对象（S）/ 放弃（U）/ 设置（T）] ："，如图 8-132 所示，而在功能选项卡中，则出现"图案填充创建"选项卡和对应面板，如图 8-133 所示。

图8-132　图案填充命令

图8-133　"图案填充创建"选项卡

我们可以利用功能面板进行"剖面符号"设置，也可以在浮动命令窗口显示"HATCH 拾取内部点或 [选择对象（S）/ 放弃（U）/ 设置（T）] ："下键入或选择字母"T"，在弹出的对话框中对填充的图案进行设置。此时，键入或选择字母"T"后回车，弹出"图案填充和渐变色"对话框，如图 8-134 所示。

a）在"图案填充"选项栏中，设置如下：

"图案"选用"ANSI31"（通过图案下拉菜单选择）。

"角度"选择默认的"0"。在默认状态下，剖面符号是向左倾斜 45°，如果要将剖面线的方向改为向右倾斜 45°，则应在"角度"设置中选择"90"。

"比例"选择默认的"1"。如果要改变剖面符号的间距大小，可以通过改变该值的大小来实现。数值＞1 时，剖面符号间距加大；数值＜1 时，剖面符号间距变小。

b）在"边界"选项栏中，通常使用有"添加：拾取点"和"添加：选择对象"两个选项。选择"添加：拾取点"时，该"图案填充和渐变色"对话框消失返回到"模型"界面，如只要在各需要绘制剖面符号的封闭区域内拾取一个点，则这些区域内的"剖面符号"就会被设置的图案完成"图案填充"。回车后结束"图案填充"指令，结果如图 8-135 所示。

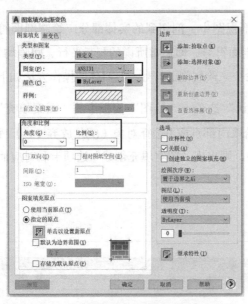

图8-134　"图案填充和渐变色"对话框

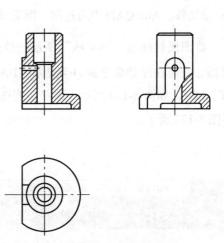

图8-135　完成剖切区域的图案填充

Auto CAD 绘制零件图（二）标注尺寸

二、标注尺寸

在前面已经对尺寸标注的标注样式进行了设置，下面，结合本案例就尺寸标注中常用的几个标注命令进行讲解。

1. 线性标注

1）线性标注用于标注图形对象的线性尺寸，操作方式如下。

将图层置于"细实线"图层，单击"默认"选项卡"注释"面板中的下拉符号，在打开的选项中选择"标注样式"项中的"标注"选项，标注样式就选定为自己所设置的标注样式，如图 8-136 所示。

以标注底板高度"16"为例，讲解线性标注的方法。

单击"注释"面板中的"线性"标注按钮，此时在浮动命令窗口会显示"DIMLINEAR 指定第一个尺寸界线原点或＜选择对象＞:"。选择底板底面上一点，选择完毕后，浮动命令窗口会显示"DIMLINEAR 指定第二条尺寸界线原点:"。再选择底板上表面上一点，此时，浮动命令窗口会显示"DIMLINEAR [多行文字（M）/ 文字（T）/ 角度（A）/ 水平（H）/ 垂直（V）/ 旋转（R）] :"，而光标处显示"指定尺寸线位置"和实际的测量值，此时，只需要在恰当的位置单击鼠标左键即完成对底板高度的标注，如图 8-137 所示。

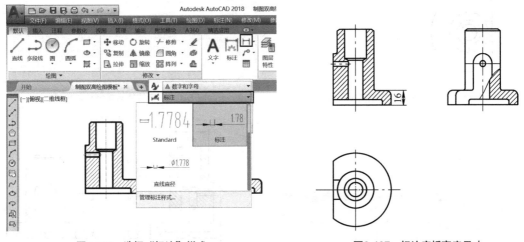

图8-136　选择"标注"样式　　　　　图8-137　标注底板高度尺寸

按照同样的方法完成尺寸"32""83"等的标注，如图 8-138 所示。

2）为标注非圆周上的直径尺寸，需要设置"直线直径"的标注样式。方法如下。

打开"标注样式管理器"，基于先前的标注样式设置，新建"直线直径"样式，在"新建标注样式"对话框中，在"前缀"处输入"%%C"即可。此时标注的线性尺寸前都加有字母"Φ"了，如图 8-139 所示。

下面来标注零件图中的直线直径。单击"默认"选项卡"注释"面板中的下拉符号，在打开的选项中选择"标注样式"项中的"直线直径"选项，如图 8-140 所示。

按照前述"线性尺寸"的标注方法，完成"$\phi40$""$\phi24$"等尺寸的标注，如图 8-141 所示。

其他类型的尺寸如"对齐"标注、"直径"标注、"半径"标注等，因篇幅的关系，在此不再详述，请读者自行练习掌握。

完成底座零件图的尺寸标注，如图 8-142 所示。

2. 编辑尺寸

1）前面的标注中，圆筒内径为"$\phi16H8$"和螺纹孔"M6"的标注还不正确，因此，必须对这两个尺寸进行编辑，方法如下。

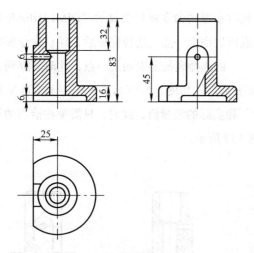

图8-138　标注底座其他高度尺寸

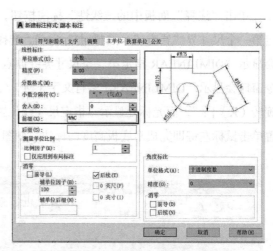

图 8-139　设置直线直径标注样式

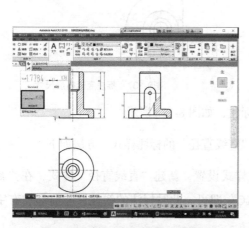

图8-140　选择"直线直径"标注样式

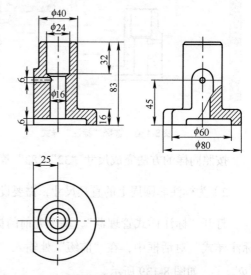

图8-141　标注"直线直径"

双击"$\phi16H8$"的尺寸数字，弹出的界面如图 8-143 所示；移动键盘上的方向右键至"$\phi16$"尾部并键入"H8"，然后将鼠标移至图形之外并单击鼠标左键，即完成该尺寸的编辑，如图 8-144 所示。

用同样的方法完成"M6"的编辑。

2）如需要标注"$\phi16H8$"的极限偏差（其 ES = +0.015mm，$EI = 0$），可以按照下述方法进行。

双击"$\phi16H8$"的尺寸数字，在弹出的界面中"$\phi16$"后面键入"+0.015^ 0"（注意"0"前需键入一个空格），如图 8-145 所示；然后选中"+0.015^ 0"进行堆叠。堆叠完成后，将鼠标移至图形之外并单击鼠标左键即可完成极限偏差的标注，如图 8-146 所示。

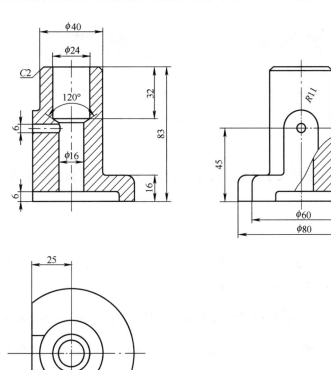

图8-142 底座零件图的尺寸标注

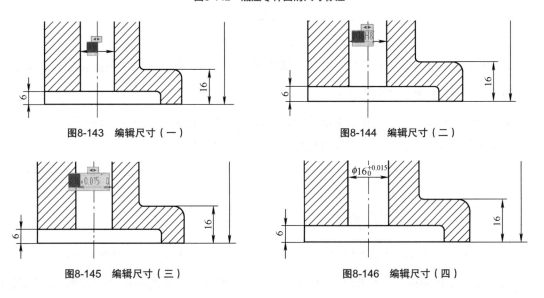

图8-143 编辑尺寸（一）　　　　　　　　　图8-144 编辑尺寸（二）

图8-145 编辑尺寸（三）　　　　　　　　　图8-146 编辑尺寸（四）

堆叠的方法：选中输入的偏差，然后在"文字编辑器"选项卡的"样式"面板中选择字体高度为"2.5"（尺寸标注的字体高度为3.5mm，极限偏差的字体较尺寸标注的数字字体小一号），在"格式"面板中选择"堆叠"按钮，如图8-147所示。

图8-147 堆叠的操作

三、标注技术要求

零件图中的技术要求包括尺寸公差、表面结构和几何公差。下面就表面结构和几何公差的标注讲解。

1. 表面结构的标注

（1）表面结构符号的画法 根据国家标准的规定，当数字和字母高度为3.5mm时，将表面结构符号的线宽设置为0.35，具体的画法如下：

1）绘制一条水平直线，通过"偏移"命令将该直线分别向上偏移5mm和10.5mm。

2）通过"直线"命令将"极轴追踪"设置为"30，60，…"，绘制完成两条斜线。

3）删除三条水平线，即完成表面结构基本符号的绘制，如图8-148所示。

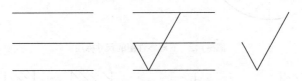

图8-148 绘制表面结构基本符号

4）分别在表面结构基本符号之上加上横线或者内切圆，即完成加工表面符号和非加工表面结构符号的绘制，如图8-149所示。

5）当需要注写表面的表面粗糙度值时，可以通过"多行文字"命令，根据注写值的位置选择"左中"对齐的方式，注写表面粗糙度值，如图8-150所示。

图8-149 加工表面和非加工表面结构符号   图8-150 标注表面粗糙度值

（2）表面结构的标注 根据图样中各表面结构的要求，在标注完成某一处的表面粗糙度后，可以通过复制及文字编辑的方式，完成零件图中其他表面粗糙度的标注，如图 8-151 所示。

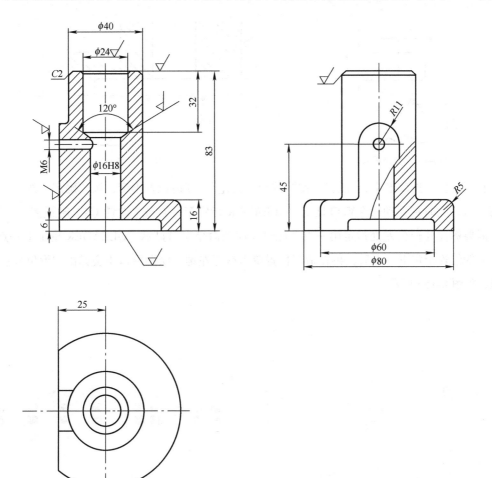

图8-151　完成底座零件图表面粗糙度的标注

2. 几何公差的标注

几何公差的标注涉及基准符号和几何公差框格两项内容。

（1）基准符号的绘制　根据国家标准的规定，选取 0.35mm 线宽绘制基准符号，如图 8-152 所示。

（2）标注几何公差　假如本例圆筒轴线相对于底面有垂直度的要求，标注步骤如下：

1）标注基准，如图 8-153 所示。

2）标注几何公差。将图层置于"细实线"图层，在浮动命令窗口键入快捷命令"LE"（快速引线标注命令），回车，此时在浮动命令窗口显示"QLEADER 指定第一点或 [设置（S）] ＜设置＞:"，键入字母"S"后回车或直接回车（因目前默认为"设置"），弹出"引线设置"对话框，如图 8-154 所示。

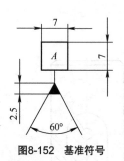

图8-152 基准符号

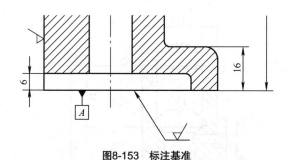

图8-153 标注基准

在"注释"选项卡中,"注释类型"选择"公差",其他设置不变,按"确定"按钮,回到绘图窗口,此时在浮动命令窗口显示"QLEADER 指定第一点或 [设置(S)]< 设置 >:"。我们在需要标注几何公差处指定第一点,此时在浮动命令窗口显示"QLEADER 指定下一点:"。在合适的位置指定下一点后,再在适当位置单击鼠标左键,绘图窗口中会弹出"形位公差"对话框,如图 8-155 所示。

图8-154 "引线设置"对话框

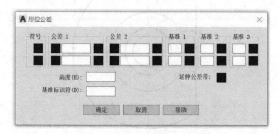

图8-155 "形位公差"对话框

单击第一行"符号"选项,弹出"特征符号"对话框,显示几何公差项目特征符号,如图 8-156 所示。

选择"垂直度"符号后,单击"公差 1"第一个框格,根据公差带要求选填"ϕ",如图 8-157 所示。

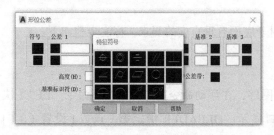

图8-156 几何公差项目特征符号

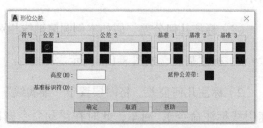

图8-157 几何公差选项设置

在"公差1"的第二个框格中填写公差值"0.1"后，单击第三个框格，弹出"附加符号"对话框，如图 8-158 所示，选取空白（即不选）。"公差 2"框格根据要求可选填或不选填。

在"基准1"中键入字母"A"，其余不填，如图 8-159 所示。单击"确定"，回到绘图窗口，完成几何公差的标注，如图 8-160 所示。

图8-158 几何公差项目附加符号

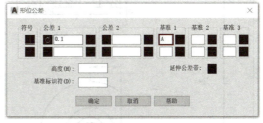

图8-159 填写基准符号

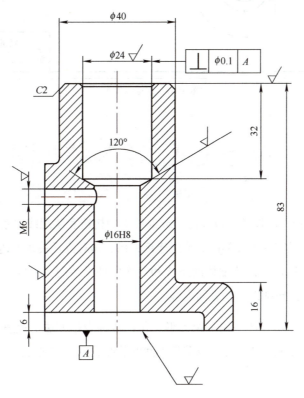

图8-160 几何公差标注示例

其余的技术要求，按照要求书写即可。

四、填写标题栏

填写完成标题栏，即完成底座零件图的绘制，如图 8-161 所示。

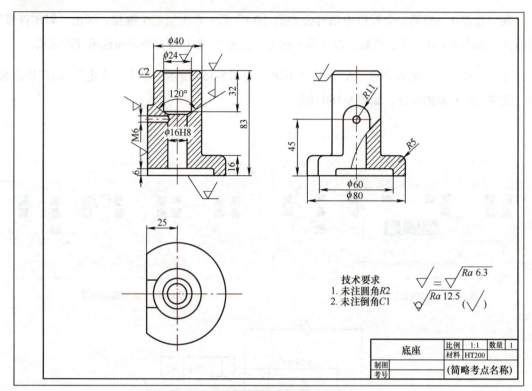

图8-161　底座零件图

第六节　AutoCAD绘制装配图

Auto CAD 绘制
装配图

装配图是反映机器或部件各组成零件（或部件）的构造和装配线关系的图样，表达的重点是将各组成零件（或部件）装配连接关系、相对位置关系表达清楚。通过对装配图的识读可以清楚该装配体的组成和工作原理及装配、检验、调试和安装工作的要求。装配图包括以下四方面内容。

（1）一组视图　用一组图形（包括各种表达方法）完整、清晰地表达机器或部件的工作原理、零件（或部件）间的装配关系、连接方式、相对位置、传动路线及零件的主要结构形状。

（2）必要的尺寸　装配图中应标注出反映机器或部件的性能、规格、外形以及装配、检验、安装时所需要的一些尺寸。

（3）技术要求　装配图中需用文字或符号准确、简明地表示机器或部件的性能、装配、检验、使用、维修等方面的要求。

（4）标题栏、零件序号和明细栏　根据生产组织和技术管理工作的要求，按一定的格式，对零、部件进行编号，并填写明细栏和标题栏。

下面针对 AutoCAD 绘制装配图的方法进行讲解。

一、绘制装配图

中国图学学会的"工业产品类 CAD 技能一级（计算机绘图）"（俗称制图员考试）的考试中，是通过给出机器或部件的装配示意图或立体图，以及各组成零件的零件图来拼画装配图的。图 8-162 所示为"第 25 期 CAD 技能一级（计算机绘图）工业产品类"拼画装配图的立体图、明细栏的规格和组成装配体的各零件的零件图。

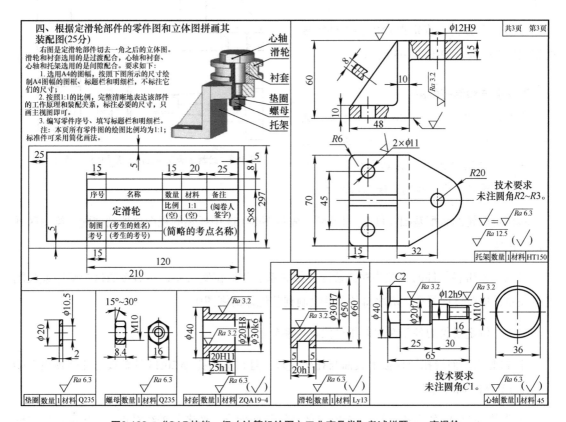

图8-162　"CAD技能一级（计算机绘图）工业产品类"考试样题——定滑轮

考试中，用 AutoCAD 绘制装配图，一般有直接绘制法和拼装绘制法。直接绘制法就是通过立体图反映的装配关系，按照装配顺序将各零件在装配图中的投影依次绘出，此处不做介绍。在这里介绍拼装绘制法绘制装配图。

1. 按照给出的零件图，绘制装配图所需要的视图或剖视图

考试中，在绘制装配体中各零件视图时，并不是把给出的各零件图全部照抄下来，而是通过分析，清楚题目要求绘制哪个方向的视图，其余的多画无用，还浪费时间。同时，我们也应该清楚，在绘制这些零件的视图时，根据绘制装配图的画法规定，倒角、圆角等工艺结构可以

省略不画，弹簧可以示意绘制，相同的零件组可以只画一组，其余只用细点画线表示其装配位置即可。同时，读者还应该清楚，装配图标注尺寸的要求与零件图不一样，不是照抄零件图的尺寸，也不需要在绘制零件视图时标注尺寸。

根据题目要求，只需绘制定滑轮的装配图的主视图。表达方案采用两处局部剖：一处主要用于表达心轴、滑轮、衬套、托架、垫圈和螺母的相对位置关系和装配连接关系；另一处用于表达托架底板两边安装孔的结构和尺寸。

根据以上分析，将定滑轮中各零件需要的视图绘制完成，如图8-163所示。

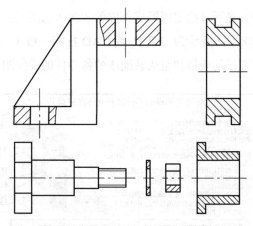

图8-163　绘制定滑轮装配体主视图中的各零件视图

2. 拼装法绘制装配图

在装配体中，一般可以认为箱体类、叉架类零件中的"××体""××座"和"××架"等零件是装配体中的装配基础零件。拼装绘制装配图时，应先绘制装配基础零件。

本例定滑轮的装配基础零件是"托架"。先将图8-163中托架的视图放置到装配图绘图区域的恰当位置。

其次，分析各零件的装配顺序或装配连接关系、相对位置关系，然后按照这个顺序或装配连接关系、相对位置关系，依次将各零件绘制到装配体的视图中。

（1）本例定滑轮的各零件间的相对位置关系分析

① 衬套大端面沿托架顶板上表面与托架接触，且衬套内孔 ϕ20H8 的轴线与托架顶板上端面孔 ϕ12H9 的轴线对正。

② 滑轮 ϕ30H7 的内孔与衬套 ϕ30k6 的外圆柱面配合，两者的轴线对正，安装的正确位置是滑轮套装时的下端面与衬套法兰盘的上端面接触。

③ 心轴的轴线与衬套 ϕ20H8、托架 ϕ12H9、衬套 ϕ30k6 和滑轮 ϕ30H7 的轴线对正，安装的正确位置是心轴穿过衬套 ϕ20H8、托架 ϕ12H9 的内孔，且心轴头部的下端面与装配好的滑轮的上端面接触。

④ 垫圈 ϕ10.5mm 的孔向上穿过心轴与托架顶板下端面接触，且其轴线与托架 ϕ12H9 内孔的轴线对正。

⑤ 螺母 M10 的内螺纹孔向上通过心轴，M10 的内螺纹的旋合到与垫圈的下端面接触。

显然，螺母 M10 的轴线应与垫圈 ϕ 10.5mm 孔的轴线对正。

分析完毕，开始绘制装配图。

【友情提示】

在拼装绘制装配图的过程中，为保证先绘制好的图形不至于丢失或者因编辑错误而导致重新绘制，一般采用"复制"后"粘贴"或"粘贴为块"命令，将要进行装配的零件的视图复制出来，再绘制装配图。

（2）本例定滑轮装配图的绘制方法与步骤

1）复制托架的主视图到绘图区域的适当位置，如图 8-164 所示。

2）拼装完成衬套在装配图中的投影。

① 选中衬套视图，单击鼠标右键，弹出快捷菜单，选择"剪贴板"→"复制"或"带基点复制"（需要指定基点），如图 8-165 所示；然后在将要绘制装配图的区域再次单击鼠标右键，在弹出的快捷菜单中选择"粘贴"或"粘贴为块"（即粘贴的对象为一个整体），如图 8-166 所示，将衬套视图放置在托架主视图附近，如图 8-167 所示。

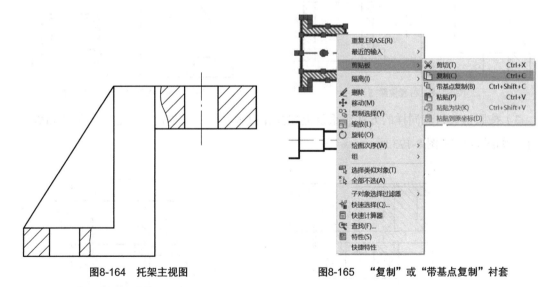

图8-164　托架主视图　　　　　图8-165　"复制"或"带基点复制"衬套

操作时，推荐采用"带基点复制"和"粘贴为块"。

② 通过"旋转"命令将衬套视图摆正，如图 8-168 所示。

③ 通过"移动"命令将衬套视图放置在正确位置。衬套内孔轴线与托架右端圆孔轴线对齐，且衬套法兰下端面与托架右端上端面平齐，如图 8-169 所示。

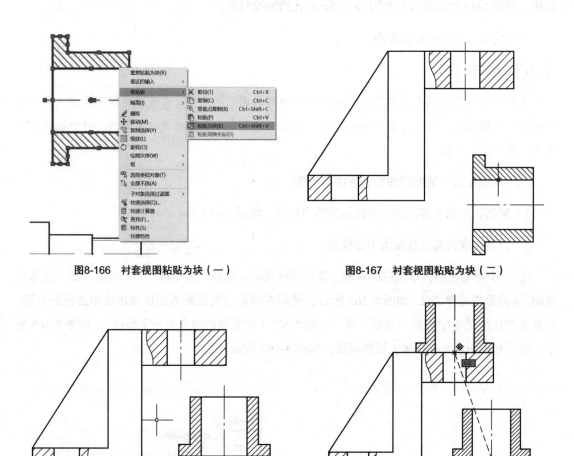

图8-166　衬套视图粘贴为块（一）　　　　　　图8-167　衬套视图粘贴为块（二）

图8-168　衬套视图摆正　　　　　　　　　　图8-169　移动衬套到正确位置

3）按照拼装衬套同样的方法，重复上述操作过程，依次完成滑轮、心轴、垫圈和螺母的装配，如图 8-170～图 8-173 所示。

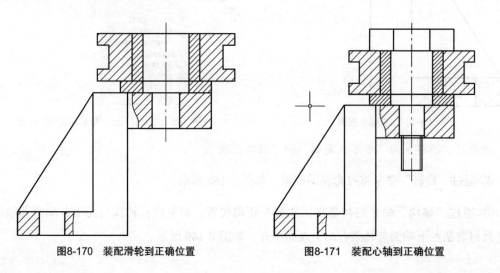

图8-170　装配滑轮到正确位置　　　　　　　图8-171　装配心轴到正确位置

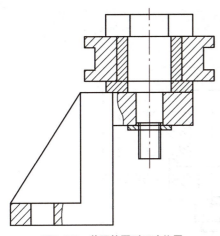

图8-172　装配垫圈到正确位置

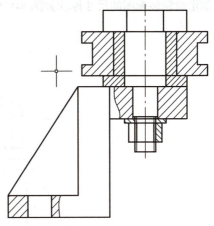

图8-173　装配螺母到正确位置

4）装配完成后，根据遮挡关系和装配体绘制的相关规定，完成定滑轮装配图，如图 8-174 所示。本装配图中，垫圈和螺母按照装配图绘制的规定，均按照不剖切处理。

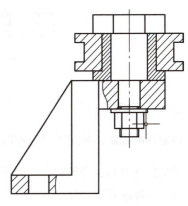

图8-174　定滑轮装配图

【友情提示】

在拼装完成装配图中各个零件后进行编辑时，要分析零件间的遮挡关系，结合装配图的规定画法和特殊画法，对图形进行编辑、修改，直至完成。在这一过程中，要特别注意以下问题：

① 零件图的表达方案是否符合装配图的要求。

② 相邻零件的剖面线是否存在显著差异、能够区分，以及同一零件在不同视图的规格是否相同。

③ 对于螺纹旋合、齿轮啮合等常用件和标准件和实心轴类零件等，标准规定了其装配图中的画法，在编辑、修改时要特别注意是否符合国家标准的规定。

④ 多余的重叠图线是否已经删除。

二、标注尺寸

装配图与零件图的作用不一样，因此对尺寸标注的要求也不同。装配图中，不必注全所含零件的全部尺寸，只需标注用以说明机器或部件的性能、工作原理、装配关系和安装要求等方面的尺寸。一般只标注性能尺寸（规格尺寸）、装配尺寸、安装尺寸、外形尺寸和其他重要尺寸。

本例定滑轮装配图的尺寸标注如图 8-175 所示。

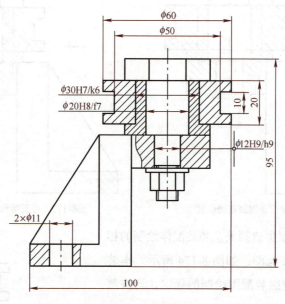

图8-175 定滑轮尺寸标注

三、编写零件序号

国家标准规定，装配图中的零件和部件都必须编写序号，同时要编制相应的明细栏。

参照前述几何公差的标注，对多重引线样式进行设置后再编写零件序号。也可以采用以下方式完成零件序号的编写。

1）在浮动命令窗口键入"le"后回车，此时浮动命令窗口显示"QLEADER 指定第一点或[设置（S）]<设置>："，键入或点选"S"，弹出"引线设置"对话框，如图 8-176 所示。

2）在"注释"选项卡中，设置"注释类型"为"多行文字"，其他可以选择默认选项，如图 8-176 所示；在"引线和箭头"选项卡中，"箭头"选择"小点"，如图 8-177 所示；在"附着"选项卡中，勾选"最后一行加下划线"，如图 8-178 所示；设置完毕后单击"确定"按钮，进入绘图窗口，这时就可以开始对装配图中的所有零件进行编号。

3）如图 8-179 所示，选取心轴作为 1 号零件。

在心轴的可见轮廓之内拾取一点（单击鼠标左键），在单击处会出现一小圆点，在浮动命令窗口出现提示"QLEADER 指定下一点："；按照该提示在装配图轮廓之外恰当位置拾取一点（单击鼠标左键），拾取完成后，浮动命令窗口继续出现提示"QLEADER 指定下一点："；按照该提示在水平（或竖直）方向恰当位置拾取一点（单击鼠标左键），拾取完成后，浮动命令窗口出现提示"QLEADER 指定文字宽度 <0>："；不做任何设置，直接回车，回车后，浮动命令窗口出现提示"QLEADER 输入注释文字第一行 < 多行文字（M）> ："；输入"1"后回车，浮动命令窗口又出现提示："QLEADER 输入注释文字下一行："；回车即完成心轴序号 1 的标注，如图 8-179 所示。

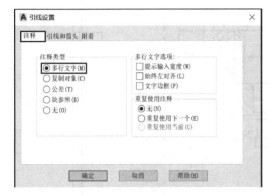

图8-176 "引线设置"对话框

图8-177 引线和箭头设置

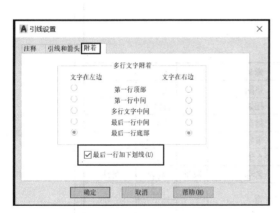

图8-178 附着设置

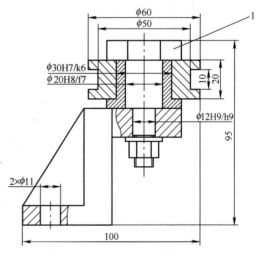

图8-179 编写零件序号

继续单击鼠标左键，按照同样的方法完成定滑轮其他零件序号的编写。

四、填写标题栏和明细栏

装配图标题栏和明细栏可参照第四节关于标题栏填写方式填写，也可以通过 AutoCAD "创建新的表格样式"定义表格中文字、数字等属性，然后通过插入表格、编辑表格等完成表格的填写。创建和填写的方式，请读者参阅其他资料。填写完成标题栏和明细栏后，最终完成定滑轮装配图，如图 8-180 所示。保存文件后退出 AutoCAD 2018。

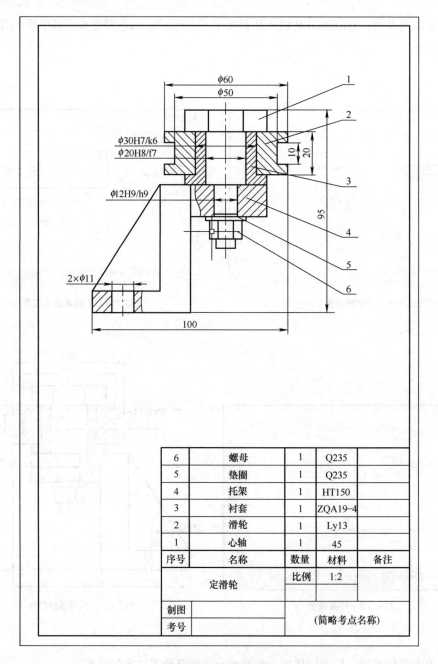

图8-180 定滑轮装配图

6	螺母	1	Q235	
5	垫圈	1	Q235	
4	托架	1	HT150	
3	衬套	1	ZQA19–4	
2	滑轮	1	Ly13	
1	心轴	1	45	
序号	名称	数量	材料	备注
定滑轮		比例	1:2	
制图			(简略考点名称)	
考号				

【本章小结】

本章主要是针对全国 CAD 技能等级考试"工业产品类一级（二维计算机绘图）"考试展开讲解的，涉及的内容包括 AutoCAD 2018 的基本知识、基本操作和常见绘图工具、修改工具、注释工具的基本使用方法。只要读者多练，熟悉并掌握这些方法，完全能够达到全国 CAD 技能等级考试"工业产品类一级（二维计算机绘图）"的技能考核要求。

【知识拓展】

CAD 技能等级考评大纲（摘自中国图学学会网站）

说明

计算机辅助设计（Computer Aided Design，简称 CAD）技术推动了产品设计和工程设计的革命，受到了极大重视并得到了广泛应用。计算机绘图与三维建模作为一种工作技能，有着强烈的社会需求，熟练掌握这些技能是广大从业人员拓展就业空间的需要。在此背景下，中国图学学会联合国际几何与图学学会，本着更好地服务于社会的宗旨，开展"CAD 技能等级"培训与考评工作。为了科学、规范地进行培训与考评工作，学会组织了有关专家，制定了《CAD 技能等级考评大纲》（以下简称《大纲》）。

（1）本《大纲》以现阶段 CAD 从业人员所需技能水平和要求为目标，充分考虑了经济发展、科技进步和产业结构调整的影响，对 CAD 技能的工作范围、技能要求和知识水平作了明确规定。

（2）本《大纲》的制定参照了有关技术规程的要求，既保证了《大纲》体系的规范化，又体现了以就业为导向、以就业技能为核心的特点，同时也使其具有根据科技发展进行调整的灵活性和实用性，符合培训和就业的需要。

（3）本《大纲》将 CAD 技能分为三级，一级为二维计算机绘图，具有计算机绘图师的水平；二级为三维几何建模，具有三维数字建模师的水平；三级为复杂三维几何建模，具有高级三维数字建模师的水平。根据设计对象的不同，每一级又分为两种类型，即"工业产品类"和"土木与建筑类"。

鉴于建筑信息模型（Building Information Modeling，简称 BIM）技术的快速发展和应用，本《大纲》不再设置土木与建筑类的第三级考评。需要申请土木与建筑类更高级别技能证书的人员可参见中国图学学会制定的《BIM 技能等级考评大纲》，并参加其考评。

（4）本《大纲》内容包括技能概况、基本知识要求、考评要求和考评内容比重表四个部分。

（5）本《大纲》是在各有关专家和实际工作者的共同努力下完成的。

（6）本《大纲》自 2019 年 1 月 1 日起施行。《大纲》的解释权归全国 CAD 技能等级考评工作办公室。

1. 技能概况

1.1 技能名称

计算机绘图与三维建模技能，简称 CAD 技能。

1.2 技能定义

CAD技能是指使用计算机通过操作CAD软件，将工程或产品设计中产生的各种图样，制作成可用于设计和后续应用所需的二维工程图样、三维几何模型和其他有关的图形、模型和文档的能力。

1.3 技能等级

本技能共设两种类型，即"工业产品类"和"土木与建筑类"。工业产品类又设三个等级，分别为一级（二维计算机绘图）、二级（三维几何建模）、三级（复杂三维几何建模）；土木与建筑类又设两个等级，分别为一级（二维计算机绘图）、二级（三维几何建模）。凡报考某类型、某等级技能考评并通过者，可获得该类型和该等级的CAD技能考评通过证书。

1.4 基本文化程度

具有工业产品类和土木与建筑类相关专业中专以上学历（或其同等学历）。

1.5 培训要求

1.5.1 培训时间

（1）全日制学校教育，根据其培养目标和教学计划确定。

（2）没有接受过CAD技能有关的学校教育或培训者，推荐的培训时间为：一级不少于200小时，二级不少于200小时，三级不少于150小时。高级别的培训时间是指在低级别培训时间基础上的增加时间。

1.5.2 培训教师

培训CAD技能等级的教师应持有教师资格证。

1.5.3 培训场地与设备

计算机及三维CAD软件；投影仪；采光、照明良好的房间。

1.6 考评要求

1.6.1 适用对象

需要具备本技能的人员。

1.6.2 报考条件

考生应掌握相应的国家标准，基本的专业知识和本《大纲》规定的CAD实际操作技能，根据考评要求确定报考的类型和级别。

（1）CAD技能一级（具备以下条件之一者可报考本级别）

1）达到本技能一级所推荐的培训时间；

2）连续从事CAD二维绘图或相关工作1年以上者。

（2）CAD技能二级（具备以下条件之一者可报考本级别）

1）达到本技能二级所推荐的培训时间；

2）连续从事工业产品或土木建筑物体三维几何建模工作2年以上者；

3）业已取得本技能一级考评证书者。

（3）CAD技能三级（具备以下条件之一者可报考本级别）

1）达到本技能三级所推荐的培训时间；

2）连续从事工业产品三维几何建模工作2年以上者；

3）业已取得本技能二级考评证书者。

1.6.3　考评方法

采用现场技能操作方式进行CAD技能等级考评，成绩达到60分以上（含60分）者为合格并通过。

1.6.4　考评人员与考生配比

考评员与考生配比为1:15，且每个考场不少于2名考评员。

1.6.5　考评时间

各等级的考评时间均为180分钟。

1.6.6　考评场地与设备

计算机、三维CAD软件及图形输出设备；考评全程录像设备；采光、照明良好的房间。

2　基本知识要求

2.1　制图的基本知识

2.1.1　投影知识

正投影、轴测投影、透视投影。

2.1.2　制图知识

（1）技术制图的国家标准知识（图幅、比例、字体、图线、图样表达、尺寸标注等）；

（2）形体的二维表达方法（视图、剖视图、断面图和局部放大图等）；

（3）标注与注释（几何公差、表面结构、极限与配合、其他技术要求等）；

（4）工业产品类或土木与建筑类专业图样的基本知识（例如零件图、装配图、建筑施工图、结构施工图等）。

2.2　计算机绘图的基本知识

（1）有关计算机绘图的国家标准知识；

（2）二维图形绘制；

（3）二维图形编辑；

（4）图形对象的特性；

（5）图形显示控制；

（6）辅助绘图工具和图层；

（7）标注、图案填充和注释；

（8）专业图样的绘制知识及定义常用的专业符号等；

（9）图形文件管理与图形文件转换。

2.3　三维建模的基本知识

（1）几何变换的基本知识；

（2）草图绘制与编辑；

（3）特征创建与编辑；

（4）曲面创建与编辑；

（5）零件或物体的造型知识；

（6）装配建模知识；

（7）由三维实体模型生成二维工程图；

（8）表面纹理粘贴；

（9）模型渲染；

（10）动画制作；

（11）模型文件管理与模型文件转换。

3 考评要求

3.1 CAD 技能一级（二维计算机绘图）

3.1.1 工业产品类（一级，见表 8-1）

表 8-1 工业产品类 CAD 技能一级考评表

考评内容	技能要求	相关知识
二维绘图环境设置	新建绘图文件及绘图环境设置	制图国家标准的基本规定（图纸幅面和格式、比例、图线、字体、尺寸注法等） 绘图软件的基本概念和基本操作（坐标系与绘图单位，绘图环境设置，命令与数据的输入等）
二维图形绘制与编辑	平面几何图形绘制与编辑；形体的表达与绘制	绘图命令 图形编辑命令 设置或修改图形对象的特性 图形显示控制命令 辅助绘图工具、图层、图块 图案填充等
文字和尺寸标注	平面图形的文字注释和尺寸标注	国家标准对文字、专业符号和尺寸标注的基本规定 组合体的尺寸标注 绘图软件文字和尺寸标注的功能及命令（样式设置、标注、编辑，定义符合国家标准规定的"工程字"字样和尺寸标注的样式等）
零件图绘制	零件图绘制	形体的二维表达方法 零件的视图选择 文字、专业符号和尺寸的标注 表面结构、几何公差的标注 标准件和常用件画法
装配图绘制	装配图绘制	装配图的图样画法 装配图视图选择 装配图的标注、零件序号和明细栏 拼画二维装配图
图形文件管理	图形文件管理与图形文件转换	图形文件操作命令 图形文件格式及格式转换

3.1.2　土木与建筑类（一级，见表 8-2）

表 8-2　土木与建筑类 CAD 技能一级考评表

考评内容	技能要求	相关知识
二维绘图环境设置	新建绘图文件及绘图环境设置	制图国家标准的基本规定（图纸幅面和格式、比例、图线、字体、尺寸注法等） 绘图软件的基本概念和基本操作（坐标系与绘图单位，绘图环境设置，命令与数据的输入等）
二维图形绘制与编辑	平面几何图形绘制与编辑；形体的表达与绘制	绘图命令 图形编辑命令 设置或修改图形对象的特性 图形显示控制命令 辅助绘图工具、图层、图块 图案填充等
文字和尺寸标注	平面图形的尺寸标注（线性尺寸、半径、直径、角度和弧度标注等）；施工图的文字注写和尺寸标注	国家标准对文字和尺寸标注的基本规定 施工图尺寸标注的基本要求 绘图软件文字和尺寸标注的功能及命令（样式设置、标注、编辑）
建筑施工图绘制	总平面图、建筑平面图、建筑立面图、建筑剖面图、建筑详图的绘制	建筑施工图的图示内容及表达方法 建筑施工图的标注（文字、尺寸、轴号、指北针、标高、剖切符号、图名及比例等）
结构施工图绘制	钢筋混凝土结构平面图、钢结构图、构件详图、节点详图的绘制	结构施工图的图示内容及表达方法 结构施工图的标注（文字、尺寸、轴号、标高、构件代码及编号、钢筋等级、钢筋数量及截面尺寸等）
图形文件管理	图形文件管理与图形文件转换	图形文件操作 图形文件格式及格式转换

注：土木与建筑类 CAD 技能一级考评的图样为土木与建筑中的部分图样，规定如下：
1. 建筑施工图，例如总平面图、平面图、立面图、剖面图和详图等。
2. 结构施工图，例如钢筋混凝土结构平面图、构件详图、节点详图等。
3. 不包括房屋设备施工图，例如暖通图、空调和电气设备图，给排水管道的施工图等。

CAD 技能二级（三维几何建模）、CAD 技能三级（复杂三维几何建模）考评表略。

4 考评内容比重表

4.1 工业产品类（省略二级、三级）（表 8-3）

表 8-3　工业产品类 CAD 技能等级考评内容比重表

一级	
考评内容	比重（%）
二维绘图环境设置	10
二维图形绘制与编辑、补画形体的第三视图	25
文字和尺寸标注	10
零件图绘制	30
装配图绘制	20
图形文件管理	5

4.2 土木与建筑类（省略二级）（表 8-4）

表 8-4　土木与建筑类 CAD 技能等级考评内容比重表

一级	
考评内容	比重（%）
二维绘图环境设置	10
二维图形绘制与编辑	35
文字和尺寸标注	10
施工图绘制	40
图形文件管理	5

第九章

焊接图简介

【学习目标】

1. 对焊接图有一定的认知。

2. 读懂焊接符号、焊接图。

【素质目标】

1. 培养大学生勇于面对困难和挫折，让大家形成乐观的态度和坚忍不拔的意志。

2. 温室里培养不出参天大树，大树总是在风雨中成长。懂得在逆境和困难中学会的东西要比平时多得多，经历磨难的人会懂得比平时多得多的道理。

3. 通过一定的磨难，人才会更加坚强、更加成熟。培养百折不挠，越挫越勇的意志。

【重点】

1. 焊缝接头形式和焊缝的图示法。

2. 焊缝符号标注法。

3. 识读简单焊接图样。

【难点】

识读焊接图。

第一节　焊缝的标注方法

焊接是通过加热或加压，并且用或不用填充材料，使工件达到结合的一种方法。焊接是一种不可拆连接，具有施工简单、连接可靠等优点，应用十分广泛。

焊接图是焊接件进行加工时所用的图样，它应能清晰地表示出各焊接件的相互位置、焊接形式、焊接要求及焊缝尺寸等。国家标准规定了焊缝的画法、符号、尺寸标注方法和焊接方法的表示符号。本节主要介绍常见的焊缝标注的图示法和符号标注法。

一、焊接接头形式

焊接工艺的优势是接头的力学性能与使用性能良好、金属结构重量轻、节约原材料、制造周期短、成本低。但也存在焊接接头的组织和性能会发生变化、容易产生焊接裂纹、焊接后会产生残余应力与变形等问题，这些都会影响焊接结构的质量。

常见的焊接接头有：对接接头、T形接头、角接接头、搭接接头四种，如图9-1所示。

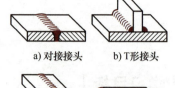

a) 对接接头　　b) T形接头

c) 角接接头　　d) 搭接接头

图9-1　焊接接头形式

二、图示法标注焊缝

焊件经焊接后所形成的结合部分（即熔合处）称为焊缝。

在技术图样中，一般按 GB/T 324—2008 和 GB/T 12212—2012 规定的焊缝符号表示焊缝，用以说明焊缝的形式和焊接要求。如需在图样中简易地绘制焊缝时，可用视图、剖视图或断面图表示，也可用轴测图示意地表示。图 9-2 所示为常见的用栅线（一系列细实线段，允许徒手绘制）和断面涂黑来表示焊缝。除此之外，国家标准还规定了允许采用轴测图和局部放大图来表示焊缝。

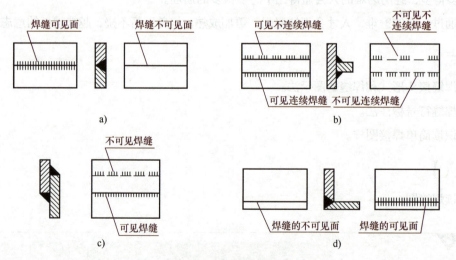

图9-2　焊缝的图示法

如图样常用图示法表示焊缝，通常应同时标注焊缝符号。

三、焊缝符号

为使图样清晰，减轻绘图工作量，国家标准规定，可采用焊缝符号表示焊缝，即标注法表示焊缝。

焊缝符号由基本符号与指引线组成。必要时还可以加注补充符号和焊缝尺寸符号等。

1. 基本符号

基本符号是表示焊缝横截面基本形式或特征的符号，近似于焊缝横截面的形状。基本符号用粗实线绘制。常用焊缝的基本符号、图示法及符号的标注示例见表9-1。

表9-1 常用焊缝的基本符号、图示法及符号的标注示例

焊缝名称	基本符号	焊缝形式	一般图示法	符号标注示例
I 形焊缝	 ‖		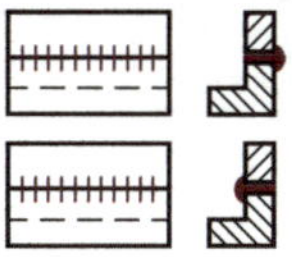	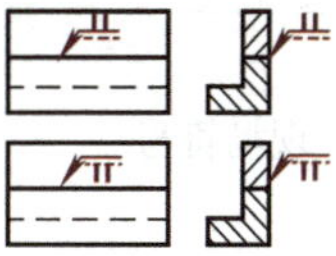
V 形焊缝	∨		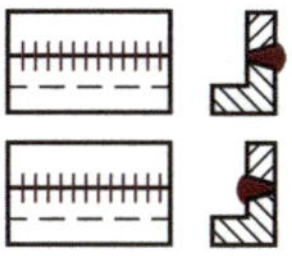	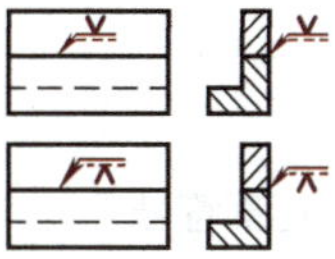
角焊缝	◿	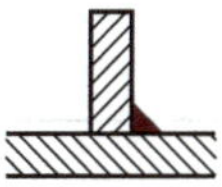	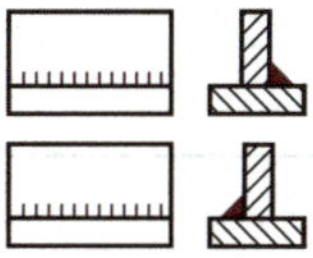	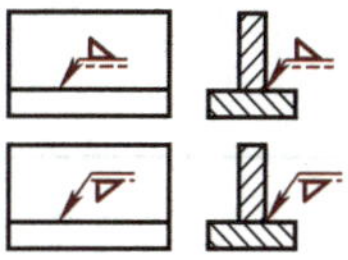

2. 补充符号

为了补充说明焊缝或接头的某些特征（如表面形状、衬垫、焊缝分布、施焊点等），用粗实线绘制补充符号，见表9-2。

表9-2 焊缝的补充符号及标注示例

名称	符号	示意图	标注示例	说明
平面符号	─		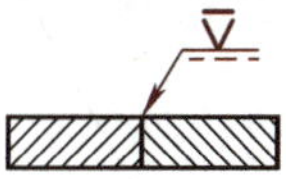	表示 V 形焊缝表面平整（一般通过加工）
凹面符号	 ‿	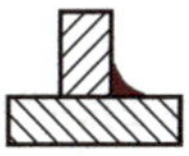	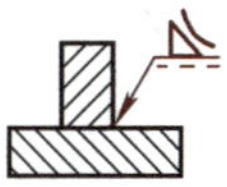	表示角焊缝表面凹陷
凸面符号	⌒		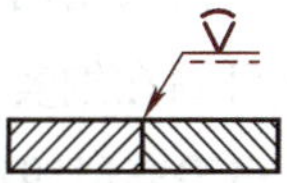	表示 V 形焊缝表面凸起
三面焊缝符号	⊏	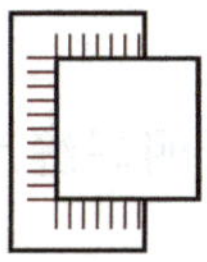	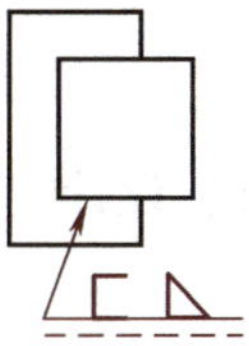	表示三面施焊的角焊缝

（续）

名称	符号	示意图	标注示例	说明
周围焊缝符号	○			表示现场沿工件周围施焊的角焊缝
现场符号	▶			
尾部符号	＜		5 250 3条	需要说明相同焊缝数量及焊接工艺方法时，可在实线基准线末端加尾部符号。图中表示有3条相同的焊缝

3. 指引线

指引线由箭头线和两条基准线（一条细实线和一条细虚线）组成，一般与图样标题栏的长边相平行；必要时，也可与图样标题栏的长边相垂直，如图 9-3 所示。

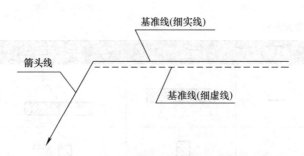

图9-3　焊缝标注指引线

指引线用细实线绘制，箭头指向有关焊缝处；基准线的上、下方用来加注各种符号和焊缝尺寸，基准线中的细虚线可画在细实线的上侧或下侧，表示的是焊缝在接头的非箭头侧。必要时允许箭头线折弯一次。当需要说明焊接方法时，可在基准线末端增加尾部符号，参见表 9-2。

4. 焊缝尺寸符号

焊缝尺寸一般不标注，设计或生产需要注明焊缝尺寸时才标注。常用焊缝尺寸符号见表 9-3。

表 9-3　常用焊缝尺寸符号及标注示例

名称	符号	示意图	标注示例
工作厚度 坡口角度 坡口深度 根部间隙 钝边	δ α H b p		
焊缝段数 焊缝长度 焊缝间距 焊脚尺寸	n l e K		
熔核直径	d		
相同焊缝 数量	N		

　　在图样中，焊缝图形符号的线宽、焊缝符号中字体的字形、字高和字体笔画宽度应与图样中其他符号（如尺寸符号、表面粗糙度符号、几何公差符号）的线宽、字体的字形、字高和笔画宽度相同。

四、焊缝符号在机械图样中的标注

　　1）当标注的箭头指向焊缝的焊接面时，基本符号必须注写在基准线的细实线一侧，如图 9-4a 所示。

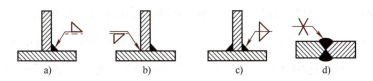

a)　　　　　b)　　　　　c)　　　　　d)

图9-4　焊缝的标注

　　2）指引线的箭头指向焊缝的非焊接面（即焊缝的背面）时，基本符号必须注写在基准线的细虚线一侧，如图 9-4b 所示。

　　3）在标注对称焊缝或双面焊缝时，允许省略细虚线，基本符号必须注写在基准线的两侧，如图 9-4c、d 所示。

4）箭头线所指明的焊缝位置一般没有特殊要求，当所标注的焊缝为单边坡口时，箭头必须指向焊缝带有坡口的一侧，如图9-5所示。

5）若有几条焊缝的焊缝符号相同时，可采用公共基准线进行标注；若焊缝符号及焊缝在接头中的位置也相同时，可将相同焊缝的条数注写在基准线的尾部，如图9-6所示。

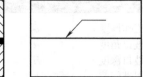

图9-5　箭头指向坡口一侧

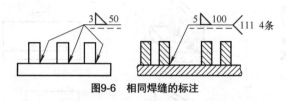

图9-6　相同焊缝的标注

6）焊缝横截面上的尺寸，如钝边高度 p、坡口深度 H、焊脚尺寸 K、余高 h、焊缝有效厚度 S、根部半径 R、焊缝宽 c、熔核直径 d 等，必须注写在基本符号的左侧，如图9-7所示。

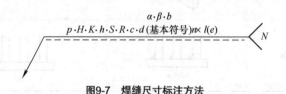

图9-7　焊缝尺寸标注方法

7）焊缝长度方向上的尺寸，如焊缝段数 n、焊缝长度 l、焊缝间距 e 等，必须注写在基本符号的右侧，如图9-7所示。

8）焊缝的坡口角度 α、坡口面角度 β、根部间隙 b，必须注写在基本符号的上侧或下侧，如图9-7所示。

9）相同焊缝数量 N 及焊接方法代号标注在尾部。焊条电弧焊或没有特殊要求的焊缝，可以省略尾部符号和标注。

10）当需要标注的尺寸数据较多，又不易分辨时，可在数据前面增加相应的尺寸符号。

11）当同一图样上全部焊缝所采用的焊接方法完全相同时，焊缝符号尾部表示焊接方法的代号可省略不注，但必须在技术要求或其他技术文件中注明"全部焊缝均采用……焊"等字样；当大部分焊接方法相同时，也可在技术要求或其他技术文件中注明"除图样中注明的焊接方法外，其余焊缝均采用……焊"等字样。

12）当同一图样上全部焊缝相同且已用图示法明确表示其位置时，可统一在技术要求中用符号表示或用文字说明，如"全部焊缝为5⊾"；当部分焊缝相同时，也可采用同样的方法表示，但剩余焊缝应在图样中明确标注。

13）在不致引起误解的情况下，当箭头线指向焊缝，而非箭头线侧又无焊缝要求时，允许省略非箭头侧的基准线（细虚线）。

14）当焊缝长度的起始和终止位置明确（已由构件的尺寸等确定）时，允许在焊缝符号中省略焊缝长度。

五、焊接方法代号

焊接方法代号是以数字简明表示各种焊接方法。可参见 GB/T 5185—2005《焊接及相关工艺方法代号》，它等同采用 ISO 4063：1998《焊接及相关工艺方法　焊接方法名称和代号》（英文版）。

常用焊接方法中，焊条电弧焊的代号为 111，埋弧焊的代号为 12，熔化极非惰性气体保护电弧焊的代号为 135，钨极惰性气体保护电弧焊的代号为 141，氧乙炔焊的代号为 311，电阻点焊的代号为 21，火焰硬钎焊的代号为 912，等离子弧焊的代号为 15 等。

第二节　识读焊接图

图 9-8 所示为支座焊接图。图中的焊缝标注表明了各构件连接处的接头形式、焊缝符号及焊缝尺寸。焊接方法在技术要求中统一说明，因此在基准线尾部不再标注焊接方法的符号。

图 9-8 中共标注了 4 处焊缝，从左至右依次解读如下：

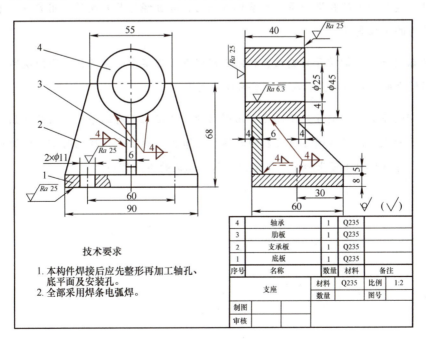

技术要求

1. 本构件焊接后应先整形再加工轴孔、底平面及安装孔。
2. 全部采用焊条电弧焊。

序号	名称	数量	材料	备注
4	轴承	1	Q235	
3	肋板	1	Q235	
2	支承板	1	Q235	
1	底板	1	Q235	

支座	材料	Q235	比例	1:2
	数量		图号	
制图				
审核				

图9-8　支座焊接图

1）▲—4▷ 表示双面角焊缝，指肋板 3 与支承板 2 的 T 形接头焊缝。肋板 3 与支承板 2 搭接处两边角焊，焊脚尺寸为 4mm。

2）▲4 表示 2 处相同角焊缝，指支承板 2 与轴承 4 的 T 形接头焊缝。支承板 2 与轴承 4 相交处角焊（共 4 处，左右及背面），焊脚尺寸为 4mm。

3）▲4▷ 表示角焊缝，指支承板 2 与底板 1 的 T 形接头焊缝，仅支承板 2 与底板 1 搭接处前端角焊，焊脚尺寸为 4mm。

4）▲4▷ 表示 2 处相同角焊缝，指肋板 3 与轴承 4、肋板 3 与底板 1 的 T 形接头焊缝。肋板 3 分别与轴承 4、底板 1 搭接处角焊（左右共 4 处），焊脚尺寸为 4mm。

【本章小结】

当焊接结构的零件较少，结构比较简单时，各组成部分不必单独绘制图样，可以将焊接结构的全部零件绘制在一张图样上，按装配图的绘制方法绘制图样。当结构比较复杂时，可以将结构的某部分单独绘制图样，表明其形状、尺寸、技术要求等，而在焊接图上只表达各组成部分的相对位置、焊接符号及没有单独绘图组件的尺寸。

【知识拓展】

工程图样是我们日常生产制造所必备的一种技术文件，它能准确地反映出产品的外观、尺寸、材料、颜色等各方面信息，指导我们依照设计要求准确完成生产制造。成熟完善的现代工业基础文件，是从历史的积累一步一步演化过来的，并且经过长时间的使用完善，才成为了我们现在所使用的工程图样。

从新石器时代，人们就开始刻画各种图案用以表示现实中的事物，我们能从留存下来的各种器皿及石壁上的刻画看到当时人们丰富的日常生活。

经过长期的发展，人们开始不满足于用刻画的方式记录已有的事物，而是开始通过刻画的方式表达自己的设想，或者阐述自己发明的各种新事物。到了春秋战国时期，已经形成了相关的书籍记载，对当时的建筑业和手工制造业起到了积极的推动作用。

附表 1　普通螺纹直径、螺距与公差带（摘自 GB/T 193—2003、GB/T 197—2018）　　　　　（单位：mm）

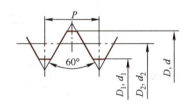

D ——内螺纹大径（公称直径）
d ——外螺纹大径（公称直径）
D_2 ——内螺纹中径
d_2 ——外螺纹中径
D_1 ——内螺纹小径
d_1 ——外螺纹小径
P ——螺距

标记示例：

M20-5e（粗牙普通外螺纹、公称直径为 20mm、螺距为 2.5mm，中径和大径（顶径）公差带均为 5e、中等旋合长度，右旋）

M24×1.5-6G-LH（细牙普通内螺纹、公称直径为 24mm、螺距为 1.5mm，中径和小径（顶径）公差带均为 6G、中等旋合长度，左旋）

公称直径（D，d）			螺距（P）	
第一系列	第二系列	第三系列	粗牙	细牙
4			0.7	0.5
5			0.8	
6			1	0.75
	7			
8			1.25	1、0.75
10			1.5	1.25、1、0.75
12			1.75	1.25、1
	14		2	1.5、1.25、1
		15		1.5、1
16			2	

（续）

公称直径（D, d）			螺距（P）	
第一系列	第二系列	第三系列	粗牙	细牙
	18			
20			2.5	
	22			2、1.5、1
24			3	
		25		
	27		3	
30			3.5	（3）、2、1.5、1
	33			（3）、2、1.5
		35		1.5
36			4	3、2、1.5
	39			

螺纹种类	精度	外螺纹的推荐公差带			内螺纹的推荐公差带		
		S	N	L	S	N	L
普通螺纹	精密	（3h4h）	（4g） *4h	（5g4g） （5h4h）	4H	5H	6H
	中等	（5g6g） （5h6h）	*6e *6f *6g 6h	（7e6e） （7g6g） （7h6h）	（5G） *5H	*6G *6H	（7G） *7H

注：1. 优先选用第一系列直径，其次是第二系列直径，最后选择第三系列直径。尽量避免选用括号内的螺距。

2. 公差带优先选用顺序：带 * 的公差带、一般字体公差带、括号内公差带。紧固件螺纹采用方框内的公差带。

3. 精度选用原则：精密—用于精密螺纹、中等—用于一般用途螺纹。

附表2　管螺纹

55° 密封管螺纹（摘自 GB/T 7306—2000）　　　　　　55° 非密封管螺纹（摘自 GB/T 7307—2001）

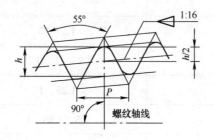
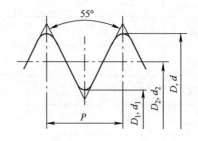

标记示例：

$R_1$1/2（尺寸代号为1/2，与圆柱内螺纹相配合的右旋圆锥外螺纹）

Rc1/2 LH（尺寸代号为1/2，左旋圆锥内螺纹）

（续）

尺寸代号	大径 d、D /mm	中径 d_2、D_2 /mm	小径 d_1、D_1 /mm	螺距 P/mm	牙高 h/mm	每 25.4mm 内的牙数 n
1/4	13.157	12.301	11.445	1.337	0.856	19
3/8	16.662	15.806	14.950			
1/2	20.955	19.793	18.631	1.814	1.162	14
3/4	26.441	25.279	24.117			
1	33.249	31.770	30.291	2.309	1.479	11
1¼	41.910	40.431	38.952			
1½	47.803	46.324	44.845			
2	59.614	58.135	56.656			
2½	75.184	73.705	72.226			
3	87.884	86.405	84.926			

附表3　六角头螺栓　　　　　　　　　　　　　　　　　　　　（单位：mm）

六角头螺栓 C 级（摘自 GB/T 5780—2016）　　　六角头螺栓 全螺纹 C 级（摘自 GB/T 5781—2016）

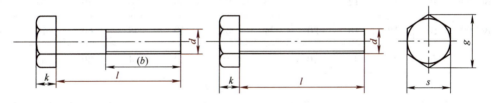

标记示例：

螺栓　GB/T 5780 M16×80（螺纹规格为 M16、公称长度 l＝80mm、性能等级为 4.8 级、表面不经处理、产品等级为 C 级的六角头螺栓）

螺纹规格		M5	M6	M8	M10	M12	M16	M20	M24	M30	M36
$b_{参考}$	$l_{公称} \leq 125$	16	18	22	26	30	38	46	54	66	—
	$125 < l_{公称} \leq 200$	22	24	28	32	36	44	52	60	72	84
	$l_{公称} > 200$	35	37	41	45	49	57	65	73	85	97
e_{min}		8.63	10.89	14.20	17.59	19.85	26.17	32.95	39.55	50.85	60.79
$k_{公称}$		3.5	4	5.3	6.4	7.5	10	12.5	15	18.7	22.5
s_{max}（公称）		8	10	13	16	18	24	30	36	46	55
$l_{范围}$	GB/T 5780	25 ~ 50	30 ~ 60	40 ~ 80	45 ~ 100	55 ~ 120	65 ~ 160	80 ~ 200	100 ~ 240	120 ~ 300	140 ~ 360
	GB/T 5781	10 ~ 50	12 ~ 60	16 ~ 80	20 ~ 100	25 ~ 120	30 ~ 160	40 ~ 200	50 ~ 240	60 ~ 300	70 ~ 360
$l_{公称}$		10，12，16，20~65（5 进位），70~160（10 进位），180~500（20 进位）									

附表 4　双头螺柱　　　　　　　　　　　　　　　　　　　　　　　　　　（单位：mm）

$b_m = 1d$（GB/T 897—1988）　$b_m = 1.25d$（GB/T 898—1988）　$b_m = 1.5d$（GB/T 899—1988）$b_m = 2d$（GB/T 900—1988）

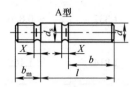
A型

B型

标记示例：

螺柱　GB/T 900　M10×50（两端均为粗牙普通螺纹，$d = 10\text{mm}$，$l = 50\text{mm}$，性能等级为 4.8 级，不经表面处理，B 型，$b_m = 2d$ 的双头螺柱）

螺柱　GB/T 900　AM10—M10×1×50（旋入机体一端为粗牙普通螺纹，旋螺母一端为螺距 $P=1\text{mm}$ 的细牙普通螺纹，$d = 10\text{mm}$，$l = 50\text{mm}$，性能等级为 4.8 级，不经表面处理，A 型，$b_m = 2d$ 的双头螺柱）

螺纹规格 d		M5	M6	M8	M10	M12	M16	M20	M24	M30	M36	M42
b_m	GB/T 897	5	6	8	10	12	16	20	24	30	36	42
	GB/T 898	6	8	10	12	15	20	25	30	38	45	52
	GB/T 899	8	10	12	15	18	24	30	36	45	54	63
	GB/T 900	10	12	16	20	24	32	40	48	60	72	84
d_{smax}		5	6	8	10	12	16	20	24	30	36	42
X_{max}		2.5P										
$\dfrac{l}{b}$		$\dfrac{16\sim22}{10}$	$\dfrac{20\sim22}{10}$	$\dfrac{20\sim22}{12}$	$\dfrac{25\sim28}{14}$	$\dfrac{25\sim30}{16}$	$\dfrac{30\sim38}{20}$	$\dfrac{35\sim40}{25}$	$\dfrac{45\sim50}{30}$	$\dfrac{60\sim65}{40}$	$\dfrac{65\sim75}{45}$	$\dfrac{70\sim80}{50}$
		$\dfrac{25\sim50}{16}$	$\dfrac{25\sim30}{14}$	$\dfrac{25\sim30}{16}$	$\dfrac{30\sim38}{16}$	$\dfrac{32\sim40}{20}$	$\dfrac{40\sim55}{30}$	$\dfrac{45\sim65}{35}$	$\dfrac{55\sim75}{45}$	$\dfrac{70\sim90}{50}$	$\dfrac{80\sim110}{60}$	$\dfrac{85\sim110}{70}$
			$\dfrac{32\sim75}{18}$	$\dfrac{32\sim90}{22}$	$\dfrac{40\sim120}{26}$	$\dfrac{45\sim120}{30}$	$\dfrac{60\sim120}{38}$	$\dfrac{70\sim120}{46}$	$\dfrac{80\sim120}{54}$	$\dfrac{95\sim120}{66}$	$\dfrac{120}{78}$	$\dfrac{120}{90}$
					$\dfrac{130}{32}$	$\dfrac{130\sim180}{36}$	$\dfrac{130\sim200}{44}$	$\dfrac{130\sim200}{52}$	$\dfrac{130\sim200}{60}$	$\dfrac{130\sim200}{72}$	$\dfrac{130\sim200}{84}$	$\dfrac{130\sim200}{96}$
										$\dfrac{210\sim250}{85}$	$\dfrac{210\sim300}{97}$	$\dfrac{210\sim300}{109}$
l 系列		12，（14），16，（18），20，（22），25，（28），30，（32），35，（38），40，45，50，（55），60，（65），70，（75），80，（85），90，（95），100，110，120，130，140，150，160，170，180，190，200，210，220，230，240，250，260，280，300										

注：螺柱的长度 l 系列尽可能不采用括号内的规格。

附表5　螺钉　　　　　　　　　　　　　　　　　　　　　　　　　　　　　　　　　（单位：mm）

开槽圆柱头螺钉（GB/T 65—2016）　　　开槽盘头螺钉（GB/T 67—2016）　　　开槽沉头螺钉（GB/T 68—2016）

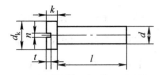 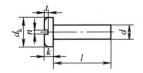 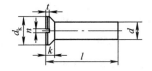

标记示例：

螺钉　GB/T 65 M5×20（螺纹规格为 M5、公称长度 $l=20$mm、性能等级为 4.8 级、表面不经处理的 A 级开槽圆柱头螺钉）

螺纹规格 d		M1.6	M2	M2.5	M3	（M3.5）	M4	M5	M6	M8	M10
$n_{公称}$		0.4	0.5	0.6	0.8	1	1.2	1.2	1.6	2	2.5
GB/T 65	d_{kmax}	3	3.8	4.5	5.5	6	7	8.5	10	13	16
	k_{max}	1.1	1.4	1.8	2	2.4	2.6	3.3	3.9	5	6
	t_{min}	0.45	0.6	0.7	0.85	1	1.1	1.3	1.6	2	2.4
	$l_{范围}$	2~16	3~20	3~25	4~30	5~35	5~40	6~50	8~60	10~80	12~80
GB/T 67	d_{kmax}	3.2	4	5	5.6	7	8	9.5	12	16	20
	k_{max}	1	1.3	1.5	1.8	2.1	2.4	3	3.6	4.8	6
	t_{min}	0.35	0.5	0.6	0.7	0.8	1	1.2	1.4	1.9	2.4
	$l_{范围}$	2~16	2.5~20	3~25	4~30	5~35	5~40	6~50	8~60	10~80	12~80
GB/T 68	d_{kmax}	3	3.8	4.7	5.5	7.3	8.4	9.3	11.3	15.8	18.3
	k_{max}	1	1.2	1.5	1.65	2.35	2.7	2.7	3.3	4.65	5
	t_{min}	0.32	0.4	0.5	0.6	0.9	1	1.1	1.2	1.8	2
	$l_{范围}$	2.5~16	3~20	4~25	5~30	6~35	6~40	8~50	8~60	10~80	12~80
$l_{系列}$		2, 2.5, 3, 4, 5, 6, 8, 10, 12, （14）, 16, 20, 25, 30, 35, 40, 45, 50, （55）, 60, （65）, 70, （75）, 80									

注：1. 尽可能不采用括号内的规格。
　　2. 商品规格为 M1.6~M10。

附表6　1型六角螺母　C级（摘自 GB/T 41—2016）　　　　　　　　　　　（单位：mm）

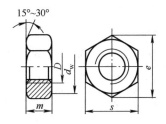

标记示例：

螺母 GB/T 41 M10
（螺纹规格为 M10、性能等级为 5 级、表面不经处理、产品等级为 C 级的 1 型六角螺母）

（续）

螺纹规格 D	M5	M6	M8	M10	M12	M16	M20	M24	M30	M36	M42	M48	M56
s_{max}	8	10	13	16	18	24	30	36	46	55	65	75	85
e_{min}	8.63	10.89	14.20	17.59	19.85	26.17	32.95	39.55	50.85	60.79	71.3	82.6	93.56
m_{max}	5.6	6.4	7.9	9.5	12.2	15.9	19	22.3	26.4	31.9	34.9	38.9	45.9

附表7 垫圈 （单位：mm）

平垫圈　A级（摘自 GB/T 97.1—2002）　　　　平垫圈　C级（摘自 GB/T 95—2002）
平垫圈　倒角型　A级（摘自 GB/T 97.2—2002）　　标准型弹簧垫圈（摘自 GB/T 93—1987）

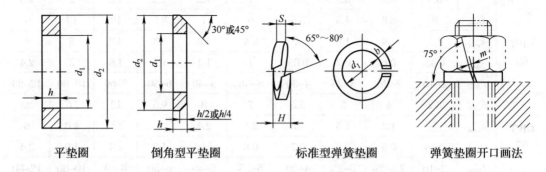

平垫圈　　　　　倒角型平垫圈　　　　标准型弹簧垫圈　　　弹簧垫圈开口画法

标记示例：
垫圈 GB/T 95 8（标准系列、公称规格 8mm、硬度等级为100HV级、不经表面处理、产品等级为C级的平垫圈）
垫圈 GB/T 93 10（规格 10mm、材料为65Mn、表面氧化的标准型弹簧垫圈）

公称尺寸 d（螺纹规格）		4	5	6	8	10	12	16	20	24	30	36	42	48
GB/T 97.1—2002（A级）	d_1	4.3	5.3	6.4	8.4	10.5	13	17	21	25	31	37	45	52
	d_2	9	10	12	16	20	24	30	37	44	56	66	78	92
	h	0.8	1	1.6	1.6	2	2.5	3	3	4	4	5	8	8
GB/T 97.2—2002（A级）	d_1	—	5.3	6.4	8.4	10.5	13	17	21	25	31	37	45	52
	d_2	—	10	12	16	20	24	30	37	44	56	66	78	92
	h	—	1	1.6	1.6	2	2.5	3	3	4	4	5	8	8
GB/T 95—2002（C级）	d_1	4.5	5.5	6.6	9	11	13.5	17.5	22	26	33	39	45	52
	d_2	9	10	12	16	20	24	30	37	44	56	66	78	92
	h	0.8	1	1.6	1.6	2	2.5	3	3	4	4	5	8	8
GB/T 93—1987	d_{1min}	4.1	5.1	6.1	8.1	10.2	12.2	16.2	20.2	24.5	30.5	36.5	42.5	48.5
	$S(b)$	1.1	1.3	1.6	2.1	2.6	3.1	4.1	5	6	7.5	9	10.5	12
	H_{max}	2.75	3.25	4	5.25	6.5	7.75	10.25	12.5	15	18.75	22.5	26.25	30

附表 8　平键及键槽各部分尺寸（摘自 GB/T 1095—2003、GB/T 1096—2003）　　　　（单位：mm）

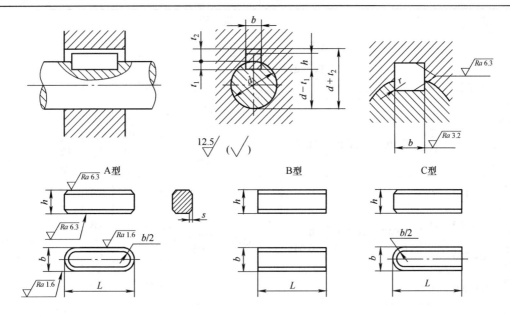

标记示例：

GB/T 1096 键 $10 \times 8 \times 70$（普通 A 型平键，宽度 $b = 10\text{mm}$、高度 $h = 8\text{mm}$、长度 $L = 70\text{mm}$）

GB/T 1096 键 B $10 \times 8 \times 70$（普通 B 型平键，宽度 $b = 10\text{mm}$、高度 $h = 8\text{mm}$、长度 $L = 70\text{mm}$）

GB/T 1096 键 C $10 \times 8 \times 70$（普通 C 型平键，宽度 $b = 10\text{mm}$、高度 $h = 8\text{mm}$、长度 $L = 70\text{mm}$）

键		键　槽										
			宽度 b				深度				半径 r	
				极限偏差			轴 t_1		毂 t_2			
键尺寸 $b \times h$	标准长度范围 L	基本尺寸 b	松联结		正常联结		紧密联结						
			轴 H9	毂 D10	轴 N9	毂 JS9	轴和毂 P9	基本尺寸	极限偏差	基本尺寸	极限偏差	最小	最大
4×4	8~45	4	+0.030 0	+0.078 +0.030	0 −0.030	± 0.015	−0.012 −0.042	2.5	+0.1 0	1.8	+0.1 0	0.08	0.16
5×5	10~56	5						3.0		2.3			
6×6	14~70	6						3.5		2.8		0.16	0.25
8×7	18~90	8	+0.036 0	+0.098 +0.040	0 −0.036	± 0.018	−0.015 −0.051	4.0	+0.2 0	3.3	+0.2 0		
10×8	22~110	10						5.0		3.3		0.25	0.04

（续）

键	键槽												
		宽度 b					深度				半径 r	
键尺寸 $b \times h$	标准长度范围 L	基本尺寸 b	极限偏差				轴 t_1		毂 t_2			
			松联结		正常联结		紧密联结						
			轴 H9	毂 D10	轴 N9	毂 JS9	轴和毂 P9	基本尺寸	极限偏差	基本尺寸	极限偏差	最小	最大
12×8	28~140	12						5.0		3.3			
14×9	36~160	14	+0.043 0	+0.120 +0.050	0 −0.043	± 0.0215	+0.018 −0.061	5.5		3.8		0.25	0.04
16×10	45~180	16						6.0		4.3			
18×11	50~200	18						7.0		4.4			
20×12	56~220	20						7.5	+0.2 0	4.9	+0.2 0		
22×14	63~250	22	+0.052 0	+0.149 0.065	0 −0.052	± 0.026	−0.022 −0.074	9.0		5.4		0.40	0.60
25×14	70~280	25						9.0		5.4			
28×16	80~320	28						10.0		6.4			
32×18	90~360	32	+0.062 0	+0.180 +0.080	0 −0.062	± 0.031	−0.026 −0.088	11.0		7.4			
$L_{系列}$	6~22（2 进位），25，28，32，36，40，45，50，56，63，70~110（10 进位），125，140~220（20 进位），250，280，320，360，400，450，500												

附表 9　圆柱销不淬硬钢和奥氏体不锈钢（摘自 GB/T 119.1—2000）　　　　　　（单位：mm）

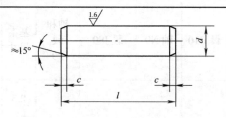

标记示例：

　销　GB/T 119.1　6 m6×30（公称直径 d=6mm、公差为 m6、公称长度 l=30mm、材料为钢、不经淬火、不经表面处理的圆柱销）

$d_{公称}$	2	2.5	3	4	5	6	8	10	12	16	20	25
$c \approx$	0.35	0.4	0.5	0.63	0.8	1.2	1.6	2.0	2.5	3.0	3.5	4.0
$l_{范围}$	6~20	6~24	8~30	8~40	10~50	12~60	14~80	18~95	22~140	26~180	35~200	50~200
$l_{公称}$	2，3，4，5，6~32（2 进位），35~100（5 进位），120~200（20 进位）											

　　注：公称长度大于 200mm，按 20mm 递增。

附表 10　圆锥销（摘自 GB/T 117—2000）　　　　　　　　　　　　（单位：mm）

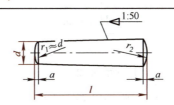

标记示例：

　销　GB/T 117　6×30（公称直径 d=6mm、公称长度 l=30mm、材料为 35 钢、热处理硬度 28~38HRC、表面氧化处理的 A 型圆锥销）

$d_{公称}$	2	2.5	3	4	5	6	8	10	12	16	20	25
$a{\approx}$	0.25	0.3	0.4	0.5	0.63	0.8	1.0	1.2	1.6	2.0	2.5	3.0
$l_{范围}$	10~35	10~35	12~45	14~55	18~60	22~90	22~120	26~160	32~180	40~200	45~200	50~200
$l_{公称}$	2, 3, 4, 5, 6~32（2 进位），35~100（5 进位），120~200（20 进位）										

注：公称长度大于 200mm，按 20mm 递增。

附表 11　滚动轴承

深沟球轴承（摘自 GB/T 276—2013）	圆锥滚子轴承（摘自 GB/T 297—2015）	推力球轴承（摘自 GB/T 301—2015）
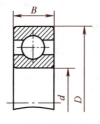	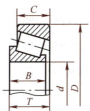	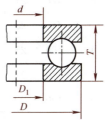
标记示例： 滚动轴承 6210 GB/T 276—2013 （深沟球轴承、内径为 50mm、直径系列代号为 2）	标记示例： 滚动轴承 30213 GB/T 297—2015 （圆锥滚子轴承、内径为 65mm、宽度系列为 0、直径系列代号为 2）	标记示例： 滚动轴承 51309 GB/T 301—2015 （推力球轴承、内径为 45mm、高度系列代号为 1、直径系列代号为 3）

轴承代号	尺寸 /mm			轴承代号	尺寸 /mm					轴承代号	尺寸 /mm			
	d	D	B		d	D	T	B	C		d	D	T	D_{1min}
尺寸系列（0）2				尺寸系列 02						尺寸系列 12				
6202	15	35	11	30203	17	40	13.25	12	11	51202	15	32	12	17
6203	17	40	12	30204	20	47	15.25	14	12	51203	17	35	12	19
6204	20	47	14	30205	25	52	16.25	15	13	51204	20	40	14	22
6205	25	52	15	30206	30	62	17.25	16	14	51205	25	47	15	27
6206	30	62	16	30207	35	72	18.25	17	15	51206	30	52	16	32
6207	35	72	17	30208	40	80	19.75	18	16	51207	35	62	18	37
6208	40	80	18	30209	45	85	20.75	19	16	51208	40	68	19	42

（续）

轴承代号	尺寸/mm			轴承代号	尺寸/mm					轴承代号	尺寸/mm			
	d	D	B		d	D	T	B	C		d	D	T	D_{smin}
尺寸系列（0）2				尺寸系列 02						尺寸系列 12				
6209	45	85	19	30210	50	90	21.75	20	17	51209	45	73	20	47
6210	50	90	20	30211	55	100	22.75	21	18	51210	50	78	22	52
6211	55	100	21	30212	60	110	23.75	22	19	51211	55	90	25	57
6212	60	110	22	30213	65	120	24.75	23	20	51212	60	95	26	62
尺寸系列（0）3				尺寸系列 03						尺寸系列 13				
6302	15	42	13	30302	15	42	14.25	13	11	51304	20	47	18	22
6303	17	47	14	30303	17	47	15.25	14	12	51305	25	52	18	27
6304	20	52	15	30304	20	52	16.25	15	13	51306	30	60	21	32
6305	25	62	17	30305	25	62	18.25	17	15	51307	35	68	24	37
6306	30	72	19	30306	30	72	20.75	19	16	51308	40	78	26	42
6307	35	80	21	30307	35	80	22.75	21	18	51309	45	85	28	47
6308	40	90	23	30308	40	90	25.25	23	20	51310	50	95	31	52
6309	45	100	25	30309	45	100	27.25	25	22	51311	55	105	35	57
6310	50	110	27	30310	50	110	29.25	27	23	51312	60	110	35	62
6311	55	120	29	30311	55	120	31.50	29	25	51313	65	115	36	67
6312	60	130	31	30312	60	130	33.50	31	26	51314	70	125	40	72
尺寸系列（0）4				尺寸系列 13						尺寸系列 14				
6403	17	62	17	31305	25	62	18.25	17	13	51405	25	60	24	27
6404	20	72	19	31306	30	72	20.75	19	14	51406	30	70	28	32
6405	25	80	21	31307	35	80	22.75	21	15	51407	35	80	32	37
6406	30	90	23	31308	40	90	25.25	23	17	51408	40	90	36	42
6047	35	100	25	31309	45	100	27.25	25	18	51409	45	100	39	47
6408	40	110	27	31310	50	110	29.25	27	19	51410	50	110	43	52
6409	45	120	29	31311	55	120	31.50	29	21	51411	55	120	48	57
6410	50	130	31	31312	60	130	33.50	31	22	51412	60	130	51	62
6411	55	140	33	31313	65	140	36.00	33	23	51413	65	140	56	68
6412	60	150	35	31314	70	150	38.00	35	25	51414	70	150	60	73
6413	65	160	37	31315	75	160	40.00	37	26	51415	75	160	65	78

注：圆括号中的尺寸系列代号在轴承型号中省略。

附表 12　标准公差数值（摘自 GB/T 1800.1—2020）

公称尺寸 / mm		标准公差等级																	
		IT1	IT2	IT3	IT4	IT5	IT6	IT7	IT8	IT9	IT10	IT11	IT12	IT13	IT14	IT15	IT16	IT17	IT18
大于	至	μm											mm						
—	3	0.8	1.2	2	3	4	6	10	14	25	40	60	0.1	0.14	0.25	0.4	0.6	1	1.4
3	6	1	1.5	2.5	4	5	8	12	18	30	48	75	0.12	0.18	0.3	0.48	0.75	1.2	1.8
6	10	1	1.5	2.5	4	6	9	15	22	36	58	90	0.15	0.22	0.36	0.58	0.9	1.5	2.2
10	18	1.2	2	3	5	8	11	18	27	43	70	110	0.18	0.27	0.43	0.7	1.1	1.8	2.7
18	30	1.5	2.5	4	6	9	13	21	33	52	84	130	0.21	0.33	0.52	0.84	1.3	2.1	3.3
30	50	1.5	2.5	4	7	11	16	25	39	62	100	160	0.25	0.39	0.62	1	1.6	2.5	3.9
50	80	2	3	5	8	13	19	30	46	74	120	190	0.3	0.46	0.74	1.2	1.9	3	4.6
80	120	2.5	4	6	10	15	22	35	54	87	140	220	0.35	0.54	0.87	1.4	2.2	3.5	5.4
120	180	3.5	5	8	12	18	25	40	63	100	160	250	0.4	0.63	1	1.6	2.5	4	6.3
180	250	4.5	7	10	14	20	29	46	72	115	185	290	0.46	0.72	1.15	1.85	2.9	4.6	7.2
250	315	6	8	12	16	23	32	52	81	130	210	320	0.52	0.81	1.3	2.1	3.2	5.2	8.1
315	400	7	9	13	18	25	36	57	89	140	230	360	0.57	0.89	1.4	2.3	3.6	5.7	8.9
400	500	8	10	15	20	27	40	63	97	155	250	400	0.63	0.97	1.55	2.5	4	6.3	9.7
500	630	9	11	16	22	32	44	70	110	175	280	440	0.7	1.1	1.75	2.8	4.4	7	11
630	800	10	13	18	25	36	50	80	125	200	320	500	0.8	1.25	2	3.2	5	8	12.5
800	1000	11	15	21	28	40	56	90	140	230	360	560	0.9	1.4	2.3	3.6	5.6	9	14
1000	1250	13	18	24	33	47	66	105	165	260	420	660	1.05	1.65	2.6	4.2	6.6	10.5	16.5
1250	1600	15	21	29	39	55	78	125	195	310	500	780	1.25	1.95	3.1	5	7.8	12.5	19.5
1600	2000	18	25	35	46	65	92	150	230	370	600	920	1.5	2.3	3.7	6	9.2	15	23
2000	2500	22	30	41	55	78	110	175	280	440	700	1100	1.75	2.8	4.4	7	11	17.5	28
2500	3150	26	36	50	68	96	135	210	330	540	860	1350	2.1	3.3	5.4	8.6	13.5	21	33

附表 13 轴的基本偏差数值（摘自 GB/T 1800.1—2020）

公称尺寸/mm 大于	至	a	b	c	cd	d	e	ef	f	fg	g	h	js	j (IT5 和 IT6)	j (IT7)	j (IT8)	k (IT4 至 IT7)
—	3	−270	−140	−60	−34	−20	−14	−10	−6	−4	−2	0	偏差 $=\pm\,\mathrm{IT}_n/2$，其中 n 是标准公差等级数	−2	−4	−6	0
3	6	−270	−140	−70	−46	−30	−20	−14	−10	−6	−4	0		−2	−4		+1
6	10	−280	−150	−80	−56	−40	−25	−18	−13	−8	−5	0		−2	−5		+1
10	14	−290	−150	−95	−70	−50	−32	−23	−16	−10	−6	0		−3	−6		+1
14	18																
18	24	−300	−160	−110	−85	−65	−40	−25	−20	−12	−7	0		−4	−8		+2
24	30																
30	40	−310	−170	−120	−100	−80	−50	−35	−25	−15	−9	0		−5	−10		+2
40	50	−320	−180	−130													
50	65	−340	−190	−140		−100	−60		−30		−10	0		−7	−12		+2
65	80	−360	−200	−150													
80	100	−380	−220	−170		−120	−72		−36		−12	0		−9	−15		+3
100	120	−410	−240	−180													
120	140	−460	−260	−200		−145	−85		−43		−14	0		−11	−18		+3
140	160	−520	−280	−210													
160	180	−580	−310	−230													
180	200	−660	−340	−240		−170	−100		−50		−15	0		−13	−21		+4
200	225	−740	−380	−260													
225	250	−820	−420	−280													
250	280	−920	−480	−300		−190	−110		−56		−17	0		−16	−26		+4
280	315	−1050	−540	−330													
315	355	−1200	−600	−360		−210	−125		−62		−18	0		−18	−28		+4
355	400	−1350	−680	−400													
400	450	−1500	−760	−440		−230	−135		−68		−20	0		−20	−32		+5
450	500	−1650	−840	−480													
500	560					−260	−145		−76		−22	0					0
560	630																
630	710					−290	−160		−80		−24	0					0
710	800																
800	900					−320	−170		−86		−26	0					0
900	1000																
1000	1120					−350	−195		−98		−28	0					0
1120	1250																
1250	1400					−390	−220		−110		−30	0					0
1400	1600																
1600	1800					−430	−240		−120		−32	0					0
1800	2000																
2000	2240					−480	−260		−130		−34	0					0
2240	2500																
2500	2800					−520	−290		−145		−38	0					0
2800	3150																

注：1. 公称尺寸小于或等于 1mm 时，基本偏差 a 和 b 均不采用。

2. 公差带 js7 至 js11，若 IT_n 是奇数，则取极限偏差 $=\pm\,(\mathrm{IT}_n-1)/2$。

（单位：μm）

差数值 — 下极限偏差 ei

左列：≤IT3, >IT7（k）；所有标准公差等级（m～zc）

k	m	n	p	r	s	t	u	v	x	y	z	za	zb	zc
0	+2	+4	+6	+10	+14		+18		+20		+26	+32	+40	+60
0	+4	+8	+12	+15	+19		+23		+28		+35	+42	+50	+80
0	+6	+10	+15	+19	+23		+28		+34		+42	+52	+67	+97
0	+7	+12	+18	+23	+28		+33		+40		+50	+64	+90	+130
								+39	+45		+60	+77	+108	+150
0	+8	+15	+22	+28	+35		+41	+47	+54	+63	+73	+98	+136	+188
						+41	+48	+55	+64	+75	+88	+118	+160	+218
0	+9	+17	+26	+34	+43	+48	+60	+68	+80	+94	+112	+148	+200	+274
						+54	+70	+81	+97	+114	+136	+180	+242	+325
0	+11	+20	+32	+41	+53	+66	+87	+102	+122	+144	+172	+226	+300	+405
				+43	+59	+75	+102	+120	+146	+174	+210	+274	+360	+480
0	+13	+23	+37	+51	+71	+91	+124	+146	+178	+214	+258	+335	+445	+585
				+54	+79	+104	+144	+172	+210	+254	+310	+400	+525	+690
0	+15	+27	+43	+63	+92	+122	+170	+202	+248	+300	+365	+470	+620	+800
				+65	+100	+134	+190	+228	+280	+340	+415	+535	+700	+900
				+68	+108	+146	+210	+252	+310	+380	+465	+600	+780	+1000
0	+17	+31	+50	+77	+122	+166	+236	+284	+350	+425	+520	+670	+880	+1150
				+80	+130	+180	+258	+310	+385	+470	+575	+740	+960	+1250
				+84	+140	+196	+284	+340	+425	+520	+640	+820	+1050	+1350
0	+20	+34	+56	+94	+158	+218	+315	+385	+475	+580	+710	+920	+1200	+1550
				+98	+170	+240	+350	+425	+525	+650	+790	+1000	+1300	+1700
0	+21	+37	+62	+108	+190	+268	+390	+475	+590	+730	+900	+1150	+1500	+1900
				+114	+208	+294	+435	+530	+660	+820	+1000	+1300	+1650	+2100
0	+23	+40	+68	+126	+232	+330	+490	+595	+740	+920	+1100	+1450	+1850	+2400
				+132	+252	+360	+540	+660	+820	+1000	+1250	+1600	+2100	+2600
0	+26	+44	+78	+150	+280	+400	+600							
				+155	+310	+450	+660							
0	+30	+50	+88	+175	+340	+500	+740							
				+185	+380	+560	+840							
0	+34	+56	+100	+210	+430	+620	+940							
				+220	+470	+680	+1050							
0	+40	+66	+120	+250	+520	+780	+1150							
				+260	+580	+840	+1300							
0	+48	+78	+140	+300	+640	+960	+1450							
				+330	+720	+1050	+1600							
0	+58	+92	+170	+370	+820	+1200	+1850							
				+400	+920	+1350	+2000							
0	+68	+110	+195	+440	+1000	+1500	+2300							
				+460	+1100	+1650	+2500							
0	+76	+135	+240	+550	+1250	+1900	+2900							
				+580	+1400	+2100	+3200							

附表 14　孔的基本偏差数值（摘自 GB/T 1800.1—2020）

基本偏差

公称尺寸/mm 大于	至	A	B	C	CD	D	E	EF	F	FG	G	H	JS	J IT6	J IT7	J IT8	K ≤IT8	K >IT8	M ≤IT8	M >IT8	N ≤IT8	N >IT8
—	3	+270	+140	+60	+34	+20	+14	+10	+6	+4	+2	0		+2	+4	+6	0	0	−2	−2	−4	−4
3	6	+270	+140	+70	+46	+30	+20	+14	+10	+6	+4	0		+5	+6	+10	−1+Δ		−4+Δ	−4	−8+Δ	0
6	10	+280	+150	+80	+56	+40	+25	+18	+13	+8	+5	0		+5	+8	+12	−1+Δ		−6+Δ	−6	−10+Δ	0
10	14	+290	+150	+95	+70	+50	+32	+23	+16	+10	+6	0		+6	+10	+15	−1+Δ		−7+Δ	−7	−12+Δ	0
14	18	+290	+150	+95	+70	+50	+32	+23	+16	+10	+6	0		+6	+10	+15	−1+Δ		−7+Δ	−7	−12+Δ	0
18	24	+300	+160	+110	+85	+65	+40	+28	+20	+12	+7	0		+8	+12	+20	−2+Δ		−8+Δ	−8	−15+Δ	0
24	30	+300	+160	+110	+85	+65	+40	+28	+20	+12	+7	0		+8	+12	+20	−2+Δ		−8+Δ	−8	−15+Δ	0
30	40	310	+170	+120	+100	+80	+50	+35	+25	+15	+9	0		+10	+14	+24	−2+Δ		−9+Δ	−9	−17+Δ	0
40	50	+320	+180	+130	+100	+80	+50	+35	+25	+15	+9	0		+10	+14	+24	−2+Δ		−9+Δ	−9	−17+Δ	0
50	65	+340	+190	+140		+100	+60		+30		+10	0		+13	+18	+28	−2+Δ		−11+Δ	−11	−20+Δ	0
65	80	+360	+200	+150		+100	+60		+30		+10	0		+13	+18	+28	−2+Δ		−11+Δ	−11	−20+Δ	0
80	100	+380	+220	+170		+120	+72		+36		+12	0		+16	+22	+34	−3+Δ		−13+Δ	−13	−23+Δ	0
100	120	+410	+240	+180		+120	+72		+36		+12	0		+16	+22	+34	−3+Δ		−13+Δ	−13	−23+Δ	0
120	140	+460	+260	+200		+145	+85		+43		+14	0		+18	+26	+41	−3+Δ		−15+Δ	−15	−27+Δ	0
140	160	+520	+280	+210		+145	+85		+43		+14	0		+18	+26	+41	−3+Δ		−15+Δ	−15	−27+Δ	0
160	180	+580	+310	+230		+145	+85		+43		+14	0		+18	+26	+41	−3+Δ		−15+Δ	−15	−27+Δ	0
180	200	+660	+340	+240		+170	+100		+50		+15	0		+22	+30	+47	−4+Δ		−17+Δ	−17	−31+Δ	0
200	225	+740	+380	+260		+170	+100		+50		+15	0		+22	+30	+47	−4+Δ		−17+Δ	−17	−31+Δ	0
225	250	+820	+420	+280		+170	+100		+50		+15	0		+22	+30	+47	−4+Δ		−17+Δ	−17	−31+Δ	0
250	280	+920	+480	+300		+190	+110		+56		+17	0		+25	+36	+55	−4+Δ		−20+Δ	−20	−34+Δ	0
280	315	+1050	+540	+330		+190	+110		+56		+17	0		+25	+36	+55	−4+Δ		−20+Δ	−20	−34+Δ	0
315	355	+1200	+600	+360		+210	+125		+62		+18	0		+29	+39	+60	−4+Δ		−21+Δ	−21	−37+Δ	0
355	400	+1350	+680	+400		+210	+125		+62		+18	0		+29	+39	+60	−4+Δ		−21+Δ	−21	−37+Δ	0
400	450	+1500	+760	+440		+230	+135		+68		+20	0		+33	+43	+66	−5+Δ		−23+Δ	−23	−40+Δ	0
450	500	+1650	+840	+480		+230	+135		+68		+20	0		+33	+43	+66	−5+Δ		−23+Δ	−23	−40+Δ	0
500	560					+260	+145		+76		+22	0					0		−26		−44	
560	630					+260	+145		+76		+22	0					0		−26		−44	
630	710					+290	+160		+80		+24	0					0		−30		−50	
710	800					+290	+160		+80		+24	0					0		−30		−50	
800	900					+320	+170		+86		+26	0					0		−34		−56	
900	1000					+320	+170		+86		+26	0					0		−34		−56	
1000	1120					+350	+195		+98		+28	0					0		−40		−66	
1120	1250					+350	+195		+98		+28	0					0		−40		−66	
1250	1400					+390	+220		+110		+30	0					0		−48		−78	
1400	1600					+390	+220		+110		+30	0					0		−48		−78	
1600	1800					+430	+240		+120		+32	0					0		−58		−92	
1800	2000					+430	+240		+120		+32	0					0		−58		−92	
2000	2240					+480	+260		+130		+34	0					0		−68		−110	
2240	2500					+480	+260		+130		+34	0					0		−68		−110	
2500	2800					+520	+290		+145		+38	0					0		−76		−135	
2800	3150					+520	+290		+145		+38	0					0		−76		−135	

JS 列：偏差 = ±IT$_n$/2，式中 n 为标准公差等级数。

注：1. 公称尺寸小于或等于 1mm 时，基本偏差 A 和 B 及大于 IT8 的 N 均不采用。

2. 公差带 JS7 至 JS11，若 IT$_n$ 是奇数，则取极限偏差 = ±(IT$_n$ − 1)/2。

3. 对小于或等于 IT8 的 K、M、N 和小于或等于 IT7 的 P 至 ZC，所需 Δ 值从表内右侧选取。

4. 特殊情况：250~315mm 段的 M6，$ES = -9\mu m$（代替 $-11\mu m$）。

（单位：μm）

数值				上极限偏差 *ES*										Δ 值					
≤ IT7				标 准 公 差 等 级 大 于 IT7										标准公差等级					
P 至 ZC	P	R	S	T	U	V	X	Y	Z	ZA	ZB	ZC	IT3	IT4	IT5	IT6	IT7	IT8
	−6	−10	−14		−18		−20		−26	−32	−40	−60	0	0	0	0	0	0
	−12	−15	−19		−23		−28		−35	−42	−50	−80	1	1.5	1	3	4	6
	−15	−19	−23		−28		−34		−42	−52	−67	−97	1	1.5	2	3	6	7
	−18	−23	−28		−33		−40		−50	−64	−90	−130	1	2	3	3	7	9
						−39	−45		−60	−77	−108	−150						
	−22	−28	−35		−41	−47	−54	−63	−73	−98	−136	−188	1.5	2	3	4	8	12
				−41	−48	−55	−64	−75	−88	−118	−160	−218						
	−26	−34	−43	−48	−60	−68	−80	−94	−112	−148	−200	−274	1.5	3	4	5	9	14
				−54	−70	−81	−97	−114	−136	−180	−242	−325						
	−32	−41	−53	−66	−87	−102	−122	−144	−172	−226	−300	−405	2	3	5	6	11	16
		−43	−59	−75	−102	−120	−146	−174	−210	−274	−360	−480						
	−37	−51	−71	−91	−124	−146	−178	−214	−258	−335	−445	−585	2	4	5	7	13	19
		−54	−79	−104	−144	−172	−210	−254	−310	−400	−525	−690						
	−43	−63	−92	−122	−170	−202	−248	−300	−365	−470	−620	−800	3	4	6	7	15	23
		−65	−100	−134	−190	−228	−280	−340	−415	−535	−700	−900						
		−68	−108	−146	−210	−252	−310	−380	−465	−600	−780	−1000						
在大于 IT7 的相应数值上增加一个 Δ 值	−50	−77	−122	−166	−236	−284	−350	−425	−520	−670	−880	−1150	3	4	6	9	17	26
		−80	−130	−180	−258	−310	−385	−470	−575	−740	−960	−1250						
		−84	−140	−196	−284	−340	−425	−520	−640	−820	−1050	−1350						
	−56	−94	−158	−218	−315	−385	−475	−580	−710	−920	−1200	−1550	4	4	7	9	20	29
		−98	−170	−240	−350	−425	−525	−650	−790	−1000	−1300	−1700						
	−62	−108	−190	−268	−390	−475	−590	−730	−900	−1150	−1500	−1900	4	5	7	11	21	32
		−114	−208	−294	−435	−530	−660	−820	−1000	−1300	−1650	−2100						
	−68	−126	−232	−330	−490	−595	−740	−920	−1100	−1450	−1850	−2400	5	5	7	13	23	34
		−132	−252	−360	−540	−660	−820	−1000	−1250	−1600	−2100	−2600						
	−78	−150	−280	−400	−600													
		−155	−310	−450	−660													
	−88	−175	−340	−500	−740													
		−185	−380	−560	−840													
	−100	−210	−430	−620	−940													
		−220	−470	−680	−1050													
	−120	−250	−520	−780	−1150													
		−260	−580	−840	−1300													
	−140	−300	−640	−960	−1450													
		−330	−720	−1050	−1600													
	−170	−370	−820	−1200	−1850													
		−400	−920	−1350	−2000													
	−195	−440	−1000	−1500	−2300													
		−460	−1100	−1650	−2500													
	−240	−550	−1250	−1900	−2900													
		−580	−1400	−2100	−3200													

附表 15　优先选用的轴的极限偏差（摘自 GB/T 1800.2—2020）　　　　　　　　　　（单位：μm）

公称尺寸/mm 大于	至	a11	b11	c11	d9	e8	f7	g6	h6	h7	h9	h11	js6	k6	n6	p6	r6	s6
—	3	−270 −330	−140 −200	−60 −120	−20 −45	−14 −28	−6 −16	−2 −8	0 −6	0 −10	0 −25	0 −60	±3	+6 0	+10 +4	+12 +6	+16 +10	+20 +14
3	6	−270 −345	−140 −215	−70 −145	−30 −60	−20 −38	−10 −22	−4 −12	0 −8	0 −12	0 −30	0 −75	±4	+9 +1	+16 +8	+20 +12	+23 +15	+27 +19
6	10	−280 −370	−150 −240	−80 −170	−40 −76	−25 −47	−13 −28	−5 −14	0 −9	0 −15	0 −36	0 −90	±4.5	+10 +1	+19 +10	+24 +15	+28 +19	+32 +23
10	14	−290 −400	−150 −260	−95 −205	−50 −93	−32 −59	−16 −34	−6 −17	0 −11	0 −18	0 −43	0 −110	±5.5	+12 +1	+23 +12	+29 +18	+34 +23	+39 +28
14	18																	
18	24	−300 −430	−160 −290	−110 −240	−65 −117	−40 −73	−20 −41	−7 −20	0 −13	0 −21	0 −52	0 −130	±6.5	+15 +2	+28 +15	+35 +22	+41 +28	+48 +35
24	30																	
30	40	−310 −470	−170 −330	−120 −280	−80 −142	−50 −89	−25 −50	−9 −25	0 −16	0 −25	0 −62	0 −160	±8	+18 +2	+33 +17	+42 +26	+50 +34	+59 +43
40	50	−320 −480	−180 −340	−130 −290														
50	65	−340 −530	−190 −380	−140 −330	−100 −174	−60 106	−30 −60	−10 −29	0 −19	0 −30	0 −74	0 −190	±9.5	+21 +2	+39 +20	+51 +32	+60 +41	+72 +53
65	80	−360 −550	−200 −390	−150 −340													+62 +43	+78 +59
80	100	−380 −600	−220 −440	−170 −390	−120 −207	−72 −126	−36 −71	−12 −34	0 −22	0 −35	0 −87	0 −220	±11	+25 +3	+45 +23	+59 +37	+73 +51	+93 +71
100	120	−410 −630	−240 −460	−180 −400													+76 +54	+101 +79
120	140	−460 −710	−260 −510	−200 −450	−145 −245	−85 −148	−43 −83	−14 −39	0 −25	0 −40	0 −100	0 −250	±12.5	+28 +3	+52 +27	+68 +43	+88 +63	+117 +92
140	160	−520 −770	−280 −530	−210 −460													+90 +65	+125 +100
160	180	−580 −830	−310 −560	−230 −480													+93 +68	+133 +108
180	200	−660 −950	−340 −630	−240 −530	−170 −285	−100 −172	−50 −96	−15 −44	0 −29	0 −46	0 −115	0 −290	±14.5	+33 +4	+60 +31	+79 +50	+106 +77	+151 +122
200	225	−740 −1030	−380 −670	−260 −550													+109 +80	+159 +130
225	250	−820 −1110	−420 −710	−280 −570													+113 +84	+169 +140
250	280	−920 −1240	−480 −800	−300 −620	−190 −320	−110 −191	−56 −108	−17 −49	0 −32	0 −52	0 −130	0 −320	±16	+36 +4	+66 +34	+88 +56	+126 +94	+190 +158
280	315	−1050 −1370	−540 −860	−330 −650													+130 +98	+202 +170
315	355	−1200 −1560	−600 −960	−360 −720	−210 −350	−125 −214	−62 −119	−18 −54	0 −36	0 −57	0 −140	0 −360	±18	+40 +4	+73 +37	+98 +62	+144 +108	+226 +190
355	400	−1350 −1710	−680 −1040	−400 −760													+150 +114	+244 +208
400	450	−1500 −1900	−760 −1160	−440 −840	−230 −385	−135 −232	−68 −131	−20 −60	0 −40	0 −63	0 −155	0 −400	±20	+45 +5	+80 +40	+108 +68	+166 +126	+272 +232
450	500	−1650 −2050	−840 −1240	−480 −880													+172 +132	+292 +252

附表16 优先选用的孔的极限偏差（摘自 GB/T 1800.2—2020） （单位：μm）

公称尺寸/mm 大于	至	A11	B11	C11	D10	E9	F8	G7	H7	H8	H9	H11	JS7	K7	N7	P7	R7	S7
—	3	+330 +270	+200 +140	+120 +60	+60 +20	+39 +14	+20 +6	+12 +2	+10 0	+14 0	+25 0	+60 0	±5	0 -10	-4 -14	-6 -16	-10 -20	-14 -24
3	6	+345 +270	+215 +140	+145 +70	+78 +30	+50 +20	+28 +10	+16 +4	+12 0	+18 0	+30 0	+75 0	±6	+3 -9	-4 -16	-8 -20	-11 -23	-15 -27
6	10	+370 +280	+240 +150	+170 +80	+98 +40	+61 +25	+35 +13	+20 +5	+15 0	+22 0	+36 0	+90 0	±7.5	+5 -10	-4 -19	-9 -24	-13 -28	-17 -32
10	14	+400 +290	+260 +150	+205 +95	+120 +50	+75 +32	+43 +16	+24 +6	+18 0	+27 0	+43 0	+110 0	±9	+6 -12	-5 -23	-11 -29	-16 -34	-21 -39
14	18																	
18	24	+430 +300	+290 +160	+240 +110	+149 +65	+92 +40	+53 +20	+28 +7	+21 0	+33 0	+52 0	+130 0	±10.5	+6 -15	-7 -28	-14 -35	-20 -41	-27 -48
24	30																	
30	40	+470 +310	+330 +170	+280 +120	+180 +80	+112 +50	+64 +25	+34 +9	+25 0	+39 0	+62 0	+160 0	±12.5	+7 -18	-8 -33	-17 -42	-25 -50	-34 -59
40	50	+480 +320	+340 +180	+290 +130														
50	65	+530 +340	+380 +190	+330 +140	+220 +100	+134 +60	+76 +30	+40 +10	+30 0	+46 0	+74 0	+190 0	±15	+9 -21	-9 -39	-21 -51	-30 -60	-42 -72
65	80	+550 +360	+390 +200	+340 +150													-32 -62	-48 -78
80	100	+600 +380	+440 +220	+390 +170	+260 +120	+159 +72	+90 +36	+47 +12	+35 0	+54 0	+87 0	+220 0	±17.5	+10 -25	-10 -45	-24 -59	-38 -73	-58 -93
100	120	+630 +410	+460 +240	+400 +180													-41 -76	-66 -101
120	140	+710 +460	+510 +260	+450 +200	+305 +145	+185 +85	+106 +43	+54 +14	+40 0	+63 0	+100 0	+250 0	±20	+12 -28	-12 -52	-28 -68	-48 -88	-77 -117
140	160	+770 +520	+530 +280	+460 +210													-50 -90	-85 -125
160	180	+830 +580	+560 +310	+480 +230													-53 -93	-93 -133
180	200	+950 +660	+630 +340	+530 +240	+355 +170	+215 +100	+122 +50	+61 +15	+46 0	+72 0	+115 0	+290 0	±23	+13 -33	-14 -60	-33 -79	-60 -106	-105 -151
200	225	+1030 +740	+670 +380	+550 +260													-63 -109	-113 -159
225	250	+1110 +820	+710 +420	+570 +280													-67 -113	-123 -169
250	280	+1240 +920	+800 +480	+620 +300	+400 +190	+240 +110	+137 +56	+69 +17	+52 0	+81 0	+130 0	+320 0	±26	+16 -36	-14 -66	-36 -88	-74 -126	-138 -190
280	315	+1370 +1050	+860 +540	+650 +330													-78 -130	-150 -202
315	355	+1560 +1200	+960 +600	+720 +360	+440 +210	+265 +125	+151 +62	+75 +18	+57 0	+89 0	+140 0	+360 0	±28.5	+17 -40	-16 -73	-41 -98	-87 -144	-169 -226
355	400	+1710 +1350	+1040 +680	+760 +400													-93 -150	-187 -244
400	450	+1900 +1500	+1160 +760	+840 +440	+480 +230	+290 +135	+165 +68	+83 +20	+63 0	+97 0	+155 0	+400 0	±31.5	+18 -45	-17 -80	-45 -108	-103 -166	-209 -272
450	500	+2050 +1650	+1240 +840	+880 +480													-109 -172	-229 -292

参 考 文 献

[1] 胡建生 . 机械制图（多学时）[M]. 5 版 . 北京：机械工业出版社，2023.

[2] 林晓新，陈亮 . 工程制图 [M]. 3 版 . 北京：机械工业出版社，2018.

[3] 王军，胡云岩 . 焊工识图 [M]. 北京：化学工业出版社，2011.